国家水体污染控制与治理科技重大专项
——"中规智库"成果（下）

城市水系统
规划建设技术研究与应用

王立秋　邵益生　龚道孝　莫　罹　等◎著

中国建筑工业出版社

图书在版编目（CIP）数据

城市水系统规划建设技术研究与应用／王立秋等著
．—北京：中国建筑工业出版社，2022.12
ISBN 978-7-112-28169-5

Ⅰ．①城⋯ Ⅱ．①王⋯ Ⅲ．①城市供水系统—供水规
划—研究 Ⅳ．①TU991

中国版本图书馆CIP数据核字（2022）第215396号

本书依托"十一五"至"十三五"期间中国城市规划设计研究院城镇水务与工程研究分院
承担的国家水体污染控制与治理科技重大专项相关领域课题的研究成果，从城市水系统规划建
设的研究背景、科技需求、理论基础、关键技术、典型城市应用案例、规划体系及管理机制等
方面进行了系统的梳理和总结。
适合相关专业管理部门人员、高等院校师生、科研院所工作人员及相关从业人员阅读、参考。

责任编辑：杨　晓　唐　旭
书籍设计：锋尚设计
责任校对：王　烨

国家水体污染控制与治理科技重大专项——"中规智库"成果（下）

城市水系统规划建设技术研究与应用

王立秋　邵益生　龚道孝　莫　罹　等 著

*

中国建筑工业出版社出版、发行（北京海淀三里河路9号）
各地新华书店、建筑书店经销
北京锋尚制版有限公司制版
北京富诚彩色印刷有限公司印刷

*

开本：880毫米×1230毫米　1/16　印张：16¼　字数：431千字
2023年3月第一版　　2023年3月第一次印刷
定价：**168.00**元
ISBN 978-7-112-28169-5
（40605）

编 委 会

序一

初心使命，责任担当

生态兴则文明兴，生态衰则文明衰。水体污染控制与治理科技重大专项（简称"水专项"）是根据《国家中长期科学和技术发展规划纲要（2006-2020年）》设立的十六个重大科技专项之一，是新中国成立以来投资最大的水污染治理科技项目，旨在为我国水体污染控制与治理提供强有力的科技支撑，改善水生态环境，缓解能源、资源和环境的瓶颈制约，推动实现经济社会又好又快发展。

水专项按照"自主创新、重点跨越、支撑发展、引领未来"指导方针，共设湖泊、河流、城市、饮用水、流域、水环境管理等六个主题，分三个阶段实施：第一阶段目标主要突破水体"控源减排"关键技术，第二阶段目标主要突破水体"减负修复"关键技术，第三阶段目标主要是突破流域水环境"综合调控"成套关键技术。通过15年的研究和示范，形成了水污染防治、水环境管理和饮用水安全保障三个技术体系，为坚决打好水污染防治攻坚战、让老百姓喝上放心水、建设美丽中国提供了强有力的支撑。

2006年开始，我与环保部吴晓青同志一同作为水专项第一行政责任人，根据两部门的工作分工，我主要负责管理城市和饮用水两个主题。水专项实施前，我国水环境面临的整体形势是局部的好转、整体的恶化。在城市层面，反映出来的主要问题就是水污染严重、饮用水安全保障水平不高。当时全国治水都面临缺技术、缺资金、缺政策等难题，其中缺技术是最首要的！如果缺乏适用技术，资金的投入就没有方向，政策的实施就没有支撑。水专项就是在这样的背景下诞生的。

中国城市规划设计研究院（简称"中规院"）是住房城乡建设部直属科研机构，也是建设部城市供水水质监测中心、城市水资源中心的挂靠单位，承担着为国家服务、科研标准规范、规划设计及社会公益和行业服务四项主要职能。根据国家需要，中规院审时度势，积极调整业务方向，组建了城镇水务与工程研究分院，有力支撑了水专项总体专家组、饮用水主题专家组的有关工作，积极承担饮用水安全保障、城市水系统研究等科研任务，在饮用水水质监测预警、供水安全监管、水系统规划等方面攻克一批关键技术，取得一大批重要成果，部分成果转化为标准规范、管理政策、应用平台，为国家城市供排水"两级网三级站"建设、全国城市供水水质督察、全国城市供水规范化评估、全国供水应急救援基地建设等管理工作提供了技术支撑，在保障我国饮用水安全、构建健康城市水循环方面发挥了重要作用。

展望未来，我们正在建设美丽中国的路上阔步向前。广大的科研工作者要牢记习近平总书记的嘱托，把论文写在祖国大地上，坚持从国家战略需求出发，重点解决关系国家全局和长远发展的城市水资源、水环境、水生态、水安全和水文化等相关的基础性、战略性、前瞻性重大科技问题，为全面建设社会主义现代化国家而努力奋斗！

住房和城乡建设部原副部长
国家水专项第一行政负责人
国务院参事
国际欧亚科学院院士

序二

开拓创新，勇毅前行

在城镇化、工业化快速推进和水污染日趋严重的背景下，2006年国家启动了水体污染控制与治理国家科技重大专项（以下简称"水专项"）的顶层设计和实施方案的编制工作，2007年12月26日国务院总理温家宝主持召开国务院常务会议，审议并原则通过了《水体污染控制与治理重大科技专项实施方案》，随后水专项正式进入实施阶段，直至2022年水专项成果评估验收结束，历时三个五年计划约15年。水专项是新中国成立以来，我国首次推出以科技创新为先导，旨在为水污染治理、水环境管理和饮用水安全保障提供全面技术支撑的重大科技专项，是《国家中长期科学和技术发展规划纲要（2006-2020年）》确定的16个国家科技重大专项之一。

水专项坚持问题导向、目标导向，面向行业需求，服务国家战略，设置了湖泊富营养化控制、河流水污染治理、流域水环境管理、城市水环境整治、饮用水安全保障及战略与政策研究等六个主题，按照控源减排、减负修复、综合调控"三步走"战略统一部署实施。通过理念创新、科技创新和管理机制创新、技术应用示范和能力建设，系统构建了水污染治理、水环境管理和饮用水安全保障三个技术体系，全面提升了我国在该领域的科技创新能力和技术水平。

水专项探索"新型举国体制"的组织实施模式，发挥我国制度优势集中力量办大事。在行政管理层面，成立了由科技部、发改委、财政部、环保部、住建部、水利部、农业部、教育部、中科院、工程院等部委机构组成的领导小组，明确由环保部和住建部牵头组织实施，科技部、财政部、发改委等"三部委"负责监督实施；在技术管理层面，相应成立咨询专家组、总体专家组、主题专家组等。2006年开始，我作为总体专家组副组长全程参与水专项的顶层设计和实施方案的编制，2008年以后转任水专项技术副总师兼饮用水主题专家组组长，全程参与水专项的组织实施、技术咨询、成果总结和评估验收。

饮用水是人类生存的基本需求，城市供水是最重要的公用事业。党中央、国务院历来高度重视，要求切实让人民群众喝上放心水。保障饮用水安全是重大民生工程，也是复杂的系统工程，需要体系化的科技支撑。水专项针对我国饮用水源普遍污染、突发事故频繁发生、供水安全隐患多、监管体系不健全等突出问题，特别设立了"饮用水安全保障技术研究与综合示范"主题，组织全国近百家单位、近万名科研人员参加技术攻关和应用示范，系统构建了"从源头到龙头"全流程饮用水安全保障技术体系，包括多级屏障工程技术、多级协同管理技术和材料设备开发技术三个技术系统，形成了一批关键技术、成套技术、重大装备、标准规范等成果，并在典型示范和推广应用中取得显著成效，为《全国城市饮用水安全保障规划（2006-2020）》《全国城镇供水设施改造与建设"十二五"规划及2020年远景目标》《全国城市市政基础设施建设"十三五"规划》（供水部分）的实施提供了重要技术支撑，为我国饮用水安全保障技术水平的全面提升作出了重要贡献。

中规院作为住房城乡建设部直属科研机构和部属城市供水水质监测中心和城市水资源中心的挂靠单位，对于国家需求和部门召唤责无旁贷。中规院科研团队具有强烈的使命感和责任感，在水专项的组织实施中勇于担当重任，积极参与饮用水安全保障、城市黑臭水体治理、城市防洪排涝、海绵城市规划建设和城市水系统规划控制等方面的研究工作，取得一批重要的研究成果，为主管部门履职尽责提供了体系化技术支撑。这次编辑出版的两部专著重点聚焦于饮用水安全保障和城市水系统规划两部分成果。

在饮用水安全保障方面，中规院团队主要承担了饮用水安全监管和饮用水技术集成方面的研究和示范任务，主要取得以下三方面重要成果：一是发展了城镇供水水质督察技术体系，促进了国家城市供水"两级网三级站"建设，支撑了全国城市和县镇的供水水质督察和安全管理规范化考核；二是构建了城镇供水应急救援技术体系，支撑了全国供水应急救援八大基地建设，填补了国家层面供水应急救援能力的空白，实现了多种突发事件下的快速响应；三是提出了南水北调受水区供水安全保障技术体系，为南水北调受水区的水资源优化配置和水源平稳切换发挥了指导作用。上述成果重点丰富了饮用水全流程协同监管技术系统，并已纳入了业务化运行，主要成果已转化形成《城镇供水水质标准检验方法》CJ/T 141-2018、《城镇供水水质在线监测技术标准》CJJ 271-2017等标准规范和政策建议，部分成果纳入《城市供水设施建设与改造技术指南》和《饮用水安全保障技术导则》，为我国城市供水行业监管能力提升和部分重点地区饮用水安全保障提供了重要技术支撑。

在城市水系统规划方面，中规院团队主要承担了城市供水系统规划、城市水环境系统规划、海绵城市建设与黑臭水体治理技术集成和雄安新区城市水系统构建等课题的研究和示范任务。通过水专项继承和发展了城市水系统控制与规划的理论体系，主要取得以下重要成果：一是集成了城市水系统综合评估、优化调度、风险调控、综合管理等成套技术，编制了《城市水系统规划技术规程》T/CECA 2007-2021、《城镇供水规划关键技术评估方法指南》T/CECA 20006-2021及《城市内涝防治规划标准（报批稿）》等标准规范。二是针对雄安新区面临的复杂水问题和多重挑战，构建了"节水优先、灰绿结合"的新型城市水系统模式，提出了"四水统筹、人水和谐"的城市水系统建设目标及绿色高效的规划建设方案，形成了"水城共融、多元共治"的城市水系统全周期管理策略，为雄安新区的水系统规划建设提供了技术支撑。三是开发了集基础信息数据库、动态仿真模型及决策支持于一体的城市供水规划决策支持系统和城市水环境仿真决策支持系统，提高了规划编制的科学性；结合地方和国家相关行业管理部门的需求，研发了海绵城市建设管理平台与国家海绵城市建设监管平台，为海绵城市系统化推进提供了有力支撑。

本书所涉项目/课题的实施过程，得到了国家水专项实施办公室、总体专家组、主题专家组和咨询专家组的指导，以及供水行业相关领域专家的支持，在此深表感谢！

国际欧亚科学院院士
国家水专项技术副总师
中国城市规划设计研究员原党委书记兼副院长

序三

书承流金，情兼使命

2022年是中国城市规划设计研究院城镇水务与工程研究分院（简称"中规院水务院"）成立十周年的纪念时刻。过去十载是党和国家事业取得历史性成就、发生历史性变革的十年，也是水务院昂扬奋进、跨越发展的十年。我作为亲历者，见证了过去十年水务院在住房和城乡建设部关心指导、中规院总院带领支持下不断发展壮大，踏出扎实历史足迹、画出优秀成长曲线的奋斗历程。

2001年，"建设部城市水资源中心"和"城市供水水质监测中心"划归中规院。为进一步加强城镇水务领域研究力量、提高服务国家城镇水务发展能力，2012年，中规院在整合已有资源的基础上，组建了水务院。十年间，水务院以非常之功、恒久之力，已经成长为专业技术人员近百位、代表着我国城市工程规划领域顶级水平的专业院，为推动国家绿色转型发展贡献了重要力量，硕果累累、成绩斐然！

立足科研、建言献策。水务院长期从事饮水安全、城市水系统和水城关系的科学研究。国家"水体污染控制与治理科技重大专项"实施以来，陆续承担了40余项独立课题及子课题研究任务。通过关键技术研发、标准规范编制和行业政策研究等，服务国家水资源安全战略、饮用水安全保障体系建设、水污染防治和水环境改善工作，为国家和行业提供全方位政策、管理和技术支撑。充分发挥生态环境和城市基础设施方面的技术优势，在南水北调供水安全、长江大保护、黄河流域高质量发展等国家战略中解决了一大批关键技术难题。

立足市政，开拓创新。水务院在各类工程规划领域展开了形式多样、内涵丰富的探索，高质量完成了一系列重要的规划设计项目，足迹遍布全国31个省份，200多个城市。结合城市规划的技术发展与需求，水务院深入开展城市水系统、生态环境、新能源、低碳、城市安全等专业领域的战略与专题研究，在技术方法、理论研究方面不断推陈出新，形成了完备的专业结构和业务框架。十年来，水务院承担了多层次、多地域、多类型的技术咨询，承接了数以千计的规划设计项目，涉及市政设施规划、海绵城市建设、黑臭水体治理、生态环境保护、低碳城市、韧性城市等多种类型。在全国城镇体系规划，京津冀、长三角、珠三角城镇群协调发展规划，"一带一路"建设、雄安新区系列规划、长江经济带国土空间规划、全国国土空间规划等各类区域规划、城镇群规划，以及北京、天津、成都等城市总体规划中，充分发挥生态环境和城市基础设施方面的技术优势，为全国城乡绿色转型发展提供技术支持，并多次荣获住房和城乡建设部科技进步奖、华夏建设科技奖、优秀城乡规划设计奖。

立足地方，勇于担当。水务院紧跟国家城镇水务发展的最新要求，坚持扎根地方、与地方城镇水务建设伴随式成长。过去十年恰逢城市水系统治理迎来变革期、破局期，亟待解决问题众多、各种矛盾尖锐复杂。水务院顺时应势，迎难而上，在海绵城市建设、内涝防治体系建设、黑臭水体治理、高品质供水等重大议题上紧密跟踪地方的建设实践，克服重重困难协助主管部门和地方政府出精品、成试点、作示范。从2012年参与国家排水防涝相关文件起草至今，水务院前后已有近百名同志参与长期驻场技术服务，第一时间响应地方需求驰援现场，在城镇水务发展方式、建设理念、技术标准方面因势利导、博采众长，编制了一大批务实、创新、可落地的实施方案，创造了一系列可复制、可推广、可借鉴的经典案例。

十周年之际，水务院出版了系列学术著作，以此承载十年流金岁月，总结形成了最具代表性、学术价值和技术含量的论著。作为读者，我不仅从中解读出水务院的家国情怀、使命担当与规划热忱，更坚信其能为相关行业发展提供重要借鉴。

新的十年已经拉开序幕，未来是我国统筹城乡建设、生态低碳绿色发展的重要窗口期。朝碧海而暮苍梧，睹青天而攀白日。只有探人之所不知，达人之所未达，才能在未来继续取得佳绩。我衷心希望，水务院继续依托自身技术、人才的丰厚积淀，秉承中规院"求实的精神、活跃的思想、严谨的作风"院训，将勇于担当、求真务实、踏实肯干的作风薪火相传。孜孜探索、自主创新，为构建中国式现代化基础设施体系、推动城市高质量发展贡献坚实的力量，也让水务院的每一位员工以自己为水院人而骄傲、自豪！

王凯

中国城市规划设计研究院院长

全国工程勘察设计大师

序四

务实笃行，行稳致远

2022年是中规院水务院成立第十年，十年是一个单位成熟的重要标志时间，这是一个值得庆祝的时刻。作为中规院成立的第一个专业院，水务院自成立伊始，便担负着探索专业院可持续发展模式的责任。历时十年时间，从一个基础弱、底子薄的部门，成长为一个百人规模、代表着国家城镇水务与基础设施规划建设领域顶级水平的专业院。

我本人与水务院也很有渊源，到现在还能记得2019年元旦后院务会调整工作分工，明确由我分管水务院工作。第二天一早我便来到水务院，在龚道孝院长办公室，与他交流、了解水务院的情况，也是从那时起，开始逐步深入地体会到一个专业院工作的复杂性、综合性。后期由于工作调整，不再分管水务院工作，但却一直在关注水务院的成长和发展，在我看来，经过十年的历练，水务院成功塑造了自己鲜明的特征和标签，学术研究有高度、领域发展有广度、业务拓展有深度、年轻人成长有热度。

有高度。近年来，恰逢我国城乡建设高质量转型发展的关键时期，城乡规划建设事业也面临重大变革，以水为核心的基础设施领域在某种程度上成为行业的"风口"，挑战与机遇并存。我很欣慰水务院同仁能够不停地创新摸索，把握机遇，积极开展学术研究和智库建设工作，为多项国家级政策出台提供了重要的技术支撑，不仅取得了显著成绩，更提升了自身的格局、视野和高度。在分管水务院期间，我也有幸参与到水务院的几项工作中，在"全国城市市政基础设施建设'十四五'规划"项目中，跟项目组专门研究探讨"现代化基础设施体系"问题，更加深刻地认识到基础设施领域的发展不平衡、不充分问题，也有幸看到规划经国务院同意，于今年成功发布实施。还曾记得，和水务院一同参加"中荷水技术发展与城镇化研讨会"时，荷兰基础设施与水管理部水利总司同仁对于水务院在海绵城市建设、水环境治理等领域开展的相关工作的赞许，印象最深的还有荷兰同仁倡导的"给水更多的空间"，我最近的工作也聚焦在城市可持续发展，也深刻感受到基于自然的解决方案，而不是基于工程的解决方案，是未来基础设施发展的核心任务。

有广度。中规院人一直有不断学习接纳新事物、新理念的传统和特质，这也是60多年来中规院一直能够做好国家智库、成为规划国家队的原因。但在分管水务院工作后，我还是对于其工作的广度感到惊讶，除了涉水核心业务外，工作内容涵盖了电力、通信、生态、人防、抗震、环卫等10余个专业方向，除水专业人数较多外，经常是3~4个人便撑起了一个业务领域，还取得了不错的成绩。近几年，水务院在绿色低碳、安全韧性等热点和新兴领域都取得了一定的突破，这也充分展现了水务院人的学习能力和适应能力，现在是一个知识不断更新与本领恐慌的年代，期待水务院同仁一方面不断学习新知识，另一方面也要多方面展开跨领域合作。

有深度。当前，我们处在知识创新时代，加之城市规划是一门复杂性科学，这需要我们不断地学习、不断地研究，更需要我们不断地实践、不断地验证，也就是我们常说的既要"高大上"，又要"接地气"，不断解决真问题，水务院在这方面一直做得不错。据我了解，水务院是中规院做内承担科研任务最多的部门，从建院伊始，承担了大量的国家级研究课题，在城市水系统、饮用水安全、新型基础设施等领域都积累了丰富的研究成果，大量的科研工作为其不断升级业务奠定了基础。近年来，水务院率先探索开展伴随式技术咨询的驻场工作模式，扎根地方，深耕一线，不断提升业务"深度"。我曾和水务院同事一道赴景德镇等地开展调研，现场见识了水务工作者"骑单车""穿雨鞋"的工作方式，切身体会到驻场服务工作的不易和艰辛，更看到了水务院年轻人们在基层工作过程中的成长。希望水务院能一如既往将这种工作作风坚持下去。

有热度。分管水务院工作时，我曾寄语水务院要建设一支能够打硬仗、有活力、有创新的队伍。之后每次来到水务院，总会发现不少新面孔，据我了解，一方面是近几年水务院成长很快，每年新人很多；另一方面是出差多，很多同志常年在项目地驻场工作，导致经常会有"老同志、新面孔"的错觉。此外，在我印象中，在院里的历次救灾扶贫工作中，水务院人总是冲在最前线，迎难而上，义无反顾，做出了突出贡献。在水务院人身上，我始终能感受到活力和热度。

展望未来，水务领域也将来到"深水区"。英国著名历史学家、游记作家约翰·朱利叶斯·诺里奇著有《伟大的城市》一书，研究了自古以来70座世界知名城市的建设发展规律，不难看出，水一直决定着一座城市的兴衰发展、规模走向和精神文化生成。不仅如此，在生态优先、绿色发展的时代背景下，水将还会是现代城市发展的核心要素，可以预见，水务领域前景广阔、未来可期。

　　风华十载再出发，砥砺奋进谋新篇。希望水务院在未来的征程上，再提"高度"，再拓"广度"，再挖"深度"，再增"热度"，务实笃行，行稳致远。在新的征途上，祝福水务院蓬勃发展，更上一层楼！

中国城市规划设计研究院副院长

前言

本书系统总结了中规院与相关合作单位以"国家水体污染控制与治理科技重大专项"(以下简称"水专项")为依托,围绕城市水系统规划建设领域开展的理论研究和应用成果。在梳理城市水系统面临的问题与挑战基础上,结合国内外相关研究进展,以理论基础、关键技术、典型城市应用案例、课题简介为主要部分组织了本书的内容章节。

理论基础方面,系统梳理了城市水系统概念的缘起及其内涵不断深化的过程,探讨了城市水系统的概念与特征、结构与功能、调控路径与统筹治水的方法,完善了城市水系统的规划体系,并提出了城市水系统全生命周期管理策略,为城市水系统的规划实施与建设运行管理提供基础理论支撑。

关键技术方面,紧密围绕城市水系统面临的新需求和新挑战:突发污染事件高发频发带来的应急供水的技术需求、人民群众对饮用水品质提升及水环境改善的技术需求、推进海绵城市建设及黑臭水体治理技术集成的需求、城市水问题日趋复杂交织及全球气候变化引发的水资源与水安全风险的挑战,研究突破了城市水系统整体优化、多水源优化配置、供水系统高危要素识别与应急能力评估、城市供水系统规划调控、水环境模拟与规划调控、城市生活污水高标准处理、城市降雨径流模拟与污染控制、海绵城市建设效果评估、城市内涝风险评估与防治等关键技术,为城市水系统规划建设实践提供了坚实的技术支撑。

典型城市示范应用案例部分,以不同地区不同类型的五个典型城市(片区)为例,在分析水系统具体特征及主要问题的基础上,应用课题突破的关键技术,提出整体优化的技术解决方案。五个典型城市应用案例分别是山东省济南城市供水系统规划调控应用研究、云南省玉溪城市供水和水环境系统规划调控应用研究、广东省东莞生态园城市水环境系统规划调控应用研究、北京市密云城市供水和水环境系统规划调控应用研究及浙江省杭州海绵城市建设技术验证研究。此外,我们在雄安新区进行了城市水系统规划技术体系的集成应用示范,相关内容在第五篇"雄安新区城市水系统构建与安全保障技术研究"课题简介中进行了概述。

课题简介部分，简要介绍了城市水系统规划建设领域所承担的11个课题、子课题或研究任务的背景与目标、技术路线、任务部署以及取得的主要结论和成果等内容。

作为本书的结语，结合新形势、新阶段、新理念、新格局、新目标、新要求，顺应城市高质量发展的新时代需求，分析了城市水系统未来发展的九大趋势，并提出了推进城市水系统规划建设的五条工作建议。

值此我院成立十周年之际，也恰逢水专项圆满收官，我院组织本书编写组系统总结我们在三个五年水专项实施的过程中，在城市水系统规划建设领域的理论研究和应用实践，具有特别的现实意义。部分课题，尤其是"十一五"时期课题，虽立项时间距离目前已近二十年，研究背景和发展环境已发生深刻变化，部分研究结论时至今日已逐渐迭代更新，但其研究思路、技术方法及理论成果等，仍对今后的研究工作有一定参考价值和借鉴意义，也展示了我们在研究过程中理论创新的逐步推进和对发展认识的逐步深化。同时，系统治水的理念已经深入人心，城市水系统规划建设实践蓬勃开展，及时总结城市水系统的理论进展与实践经验十分必要。我们希望通过本书与水务行业各位同行共同交流、共同学习、共同努力、共同致力于推进构建健康、循环、可持续的城市水系统。

本书所涉课题的相关技术成果凝聚了所有参与单位研究人员的智慧与贡献，研究过程中也得到了国家水专项管理办公室，水专项饮用水主题组、城市水环境主题组专家，水务行业及相关领域众多专家的指导帮助，在此一并致谢！本书成稿时间仓促，不足之处敬请读者鉴谅并不吝赐教！

目录

第一篇
研究背景与任务部署

第二篇
城市水系统规划理论基础

第三篇
城市水系统规划建设关键技术

第四篇
典型城市应用案例

第五篇
课题简介

第六篇
展望与建议

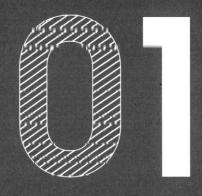

研究背景
与任务部署

第一篇

内容摘要

本篇首先综述了"十一五""十二五""十三五"期间水专项课题在立项之初，城市水系统所面临的各方面问题与挑战[1]。其次，总结了国内外城市水系统规划建设实践取得的可借鉴经验。最后，分析了城市水系统领域各方面的科技需求，并简要介绍了中规院团队承担的城市水系统领域各项水专项课题/子课题（研究任务）的任务部署。

---

[1] 本篇侧重于介绍各水专项课题在立项时所面临的问题与挑战，同时也提供了部分最新年份的数据。

1 问题与挑战

城市水系统是城市复杂大系统的重要组成部分，是水的自然水循环和社会水循环在城市空间的耦合系统，涉及城市水资源开发、利用、保护和管理的全过程。近年来，随着我国城市的快速发展，城市水资源匮乏、水环境污染、水生态恶化、内涝频发、突发公共卫生事件等问题日益突出，已经成为城市可持续发展的严峻挑战。

我国传统的城市涉水规划存在专业分工过细、部门分管过多、系统性协调性不足的问题，城市水系统规划建设和管理的"碎片化"问题突出，人为割裂了城市水循环系统，阻碍了城市水系统健康循环体系的建立，使城市水系统出现水资源、水环境、水生态、洪涝安全等各种形式的问题。

1.1 水源与供水系统存在安全隐患

随着我国工业化、城镇化进程的快速推进和经济社会的快速发展，水资源开发利用强度不断加大，水体污染日趋严重，水源水质问题日趋复杂。总体而言，我国河流、湖库乃至地下水各种类型水源均存在比较严重的污染问题，特别是在河流的下游地区，城市化进程快、土地开发强度高的地区，水源水质污染问题更为突出。目前城市河流型水源的水资源开发程度高，水源水的氨氮、有机物尤其是毒害性有机污染物含量普遍较高，嗅味问题比较普遍，有些地区还存在病原微生物污染问题；湖库型水源除了具有河流型水源的污染特征外，藻类暴发以及由此而带来的嗅味、藻毒素等问题也很严重；地下水除了由于地质原因而存在的砷、氟、铁、锰等元素含量高的问题之外，还存在氨氮、硝酸盐、有机物和病原微生物污染等主要问题。

由于我国长期以来工业布局，特别是化工石化企业布局不合理，众多工业企业分布在江河湖库附近，造成水源水污染事故隐患难以根除。据原国家环保总局2006年的调查，全国总投资近10152亿元的7555个化工石化建设项目中，81%布设在江河水域、人口密集区等环境敏感区域，45%为重大风险源。此外，长期以来对水源保护缺乏战略上的规划调控措施，交通设施建设和水源保护管理不协调，因航运和公路运输事故造成化学品泄漏，导致水源污染的事件时有发生。

2001~2004年间发生水污染事故3988件。2005年吉林石化分公司双苯厂爆炸造成松花江重大水环境污染事件，严重影响沿岸数百万居民的生产和生活。2006年湘江株洲霞湾港至长沙江段发生镉重大污染事件，湘潭、长沙两市水厂取水水源受到不同程度的污染。2007年5月底，无锡市城区出现大范围自来水发臭的问题。随后，巢湖、滇池等湖泊水库相继出现蓝藻水华暴发而引发的嗅味、藻毒素等水质问题。上述突发水污染事件多数是由工业生产和交通事故等突发性事故引起的，城市空间布局不协调是造成上述问题的重要原因。这些突发性水污染事故严重影响了饮用水水源，进而直接影响城市供水安全。今后相当长的一段时期，我国仍将处于工业化和城镇化快速推进的发展阶段，迫切需要从规划的宏观层面加强城镇空间布局的协调性研究，以有效避免和减少由布局不合理而引发的突发性水污染事故，保障城市供水安全。

与水源系统存在的水源污染、水质恶化、突发事件等问题相关联，城市供水系统本身也存在安全隐患，如多数现有水厂的传统净水工艺不能有效去除水源中的部分污染物，不适应新的生活饮用水水质标准的要求，供水管网因老化或缺乏有效的运行维护而难以保持水质，二次供水设施存在不安全因素等。与此同时，水源保护、净水处理、安全输配、水质监控等技术整体上还比较落后，水质监管还不是很到位，供水管网末梢水质不达标现象时有发生，供水系统各关键环节仍存在安全隐患，供水水质合格率还不高，与人民对美好生活的需求还有很大距离。

1.2 内涝防治系统安全保障能力不足

在全球气候变化背景下，强降雨的强度和频率都有增加的趋势。同时，我国城市化进程中不合理的城市开发模式，加重了城市内涝问题。

1984～2008年，我国平均每年洪涝灾害造成直接经济损失约为573亿元，并且南方地区损失较重。2008～2013年，我国平均每年出现暴雨过程39次。2001～2020年，我国洪涝灾害造成的年均受灾人口超过1亿人次，直接经济损失1678.6亿元。洪涝灾害造成直接经济损失占全部气象灾害损失的39.5%，死亡人口占比超过一半，是对我国社会经济影响最为严重的自然灾害之一。

住房和城乡建设部2010年对32个省的351个城市的内涝情况调研显示：自2008年，有213个城市发生过不同程度的积水内涝，占调查城市的62%。内涝灾害一年超过3次以上的城市就有137个，甚至扩大到干旱少雨的西安、沈阳等西部和北部城市。积水时间超过半小时的城市占78.9%，其中有57个城市的最大积水时间超过12小时。

2007年7月18日，山东省济南市遭遇超强特大暴雨，最大小时降水量151mm，市区排水出口小清河黄台桥水文站出现历史最高洪水位23.59m，造成市区多处严重积水，特大暴雨造成30多人死亡，170多人受伤，约33万群众受灾，全市直接经济损失约13.2亿元。

2012年7月21日，北京遭遇近61年来的最强降雨，全市平均降雨量170mm，城区平均降雨量215mm，全市最大点房山区河北镇为460mm。暴雨及其衍生的溺水、触电、房屋倒塌、泥石流等共导致79人死亡，190万人受灾，经济损失近百亿元。

2013年，台风"菲特"给浙江带来了"风、暴、潮、洪"四碰头的复合型灾害，造成严重的城市内涝。浙江宁波沿海出现30～100cm的风暴增水；"菲特"造成浙江共874.25万人受灾，死亡10人，失踪4人，倒塌房屋3.06万间；余姚、奉化、安吉、上虞等18县（市、区）城市被淹；超10万辆汽车受损；余姚市全城70%被淹5天；因灾造成直接经济损失275.58亿元。

2016年6月1日，湖北省武汉市遭遇大到暴雨袭击，武汉地势低洼、雨汛同期，地面高程低于长江平均洪水位，全城开启"看海"模式，洪山、光谷地段降雨量达97～115mm，全市20处地段出现渍水。

城市内涝的自然成因主要有短时强降雨、台风引起的强降雨、外洪入城引发大面积淹水、外水顶托引起排水不畅等。随着我国城市化的快速推进，我国城市建成区面积从2000年的2.24万km²增加到2015年的5.21万km²，2020年末更是达到6.07万km²。城市的不透水面积迅速增加，使得同样降雨量条件下，地表径流量显著增长。城市开发过程中，大量的自然水系被填埋、侵占，使得天然的暴雨行泄通道和调蓄空间大量减少。另一方面，我国城市排水防涝设施不完善、不系统。2006年全国城市雨水管道和合流制管道合计仅有17.6万km，2015年达到31.33万km，2020年进一步增加到43.6万km。但仍然有大量的管网空白区存在，并且相当较普的管网设计标准偏低，并存在管道破损、淤积等问题。以上诸多因素的叠加，导致我国城市内涝问题严重。

1.3 水生态环境综合治理任务艰巨

2006年，我国国控断面的地表水总体水质属中度污染，湖泊富营养化问题严重。Ⅰ~Ⅲ类的优良水比例仅占40%，劣Ⅴ类占比较大，达28%。主要污染指标为COD、氨氮、总氮、总磷和石油类等。随着"水十条"的实施，我国地表水环境有了明显的改善。2015年，国控断面的劣Ⅴ类比例降至8.8%，2020年进一步降至0.6%。但水体环境依然不容乐观，2015年、2020年仍分别有35.5%和16.6%的国控断面未达到Ⅲ类水标准。

虽然我国主干河流水质得到明显改善，但城市水体非国控断面的水环境质量远低于国控断面，城市建成区的水环境质量明显低于流域水系的干流及主要支流，城市黑臭水体问题仍较为突出，人民群众对绿水青山的需求还未得到满足。截至2017年2月27日，全国共认定城市黑臭水体2014个，其中，267个已完成治理，654个正在治理中，1010个在制定方案阶段，有83个仍没有启动工作。我国城市黑臭水体整治工作总体取得了一定的进展，但由于黑臭水体治理工作起步较晚，污染较为严重，城市黑臭水体治理工作仍存在黑臭水体成因复杂、污染源难以厘清；治理技术原理不清晰、适用条件难界定、影响因素不确定、种类繁多难以筛选；技术经济评估方法不成熟，工程实施效果难以评估，绩效考核方法不健全，监管体系和能力不足等问题。

我国城市污水处理设施建设滞后。截至2006年，全国共有城市污水处理厂815座，污水管道8.5万km，污水处理能力6366万m³/d，全年处理污水156.9亿m³，而全年排放的污水量为359.5亿m³。到2015年，城市污水处理设施建设有了长足进步，全国污水处理厂增加到1944座，污水管道增加到22.6万km，合流制管道10.8万km，污水处理能力增

加到1.41亿m³/d，全年处理污水410.5亿m³，而全年排放的污水量为466.6亿m³，仍存在一定的缺口。而且，仍然存在着一定数量的污水管网空白区域，污水的有效收集率相对不高，污水处理厂进水浓度过低的问题较为普遍，管网提质增效的任务艰巨。合流制溢流污染和降雨径流污染普遍，且未得到有效控制。合流制的分流改造仍存在较大争议，且工程量大、改造难度高。虽然常规污染物初步得到有效控制，但新型污染物的潜在风险仍在不断加大。

1.4 水系统规划建设缺乏系统协调性

我国现行的城市涉水规划建设体系专业分工明确，与专业学科设置和城市水务管理体制基本对应，规划建设的理论基础比较扎实，实施都有特定的责任主体，可执行性较强。但由于涉水工作条块分割，城市水系统规划建设的系统性、协调性不足的问题日益突出，相关规划建设之间交叉、重复、矛盾、缺位等问题同时存在，影响了城市健康水循环系统的构建，难以适应城市发展的新要求。这些问题主要体现在以下几个方面。

1.4.1 缺乏系统性

现行分割的涉水规划难以适应城市水系统的整体性要求。在城市水系统规模较小时，各组成部分功能相对单一，如水源子系统的主要功能是提供足够量并符合质量标准的"原料水"，排水子系统的功能是收集、净化和排放污水，虽然各子系统之间存在联系，但并不紧密。然而，随着城市规模的扩大、水源污染的加剧和用水需求的增加，各子系统之间的关系逐渐发生变化，如一些城市因水源污染而需要在净水厂前端设置"处理污水的设施"对原水进行预处理，一些城市因为缺水而需要对污水处理厂的出水进行深度处理后作再生水利用。在这种情况下，供水、排水两个子系统便相互交织成为一体。城市水源、供水、用水、排水等子系统之间的关系变得越来越密切，相互之间的制约或支撑作用

也越来越明显，客观上需要从系统的层面开展系统性的规划和关键环节的衔接。

1.4.2 缺乏协调性

目前各涉水规划建设工作基本上都是按照各自的原则和工程要求独立开展，容易造成各子系统之间的不匹配、不协调。不同涉水工作之间不协调，缺少协同一致的城市水系统建设目标和整体的空间管控要求，表现在以下两个方面：一是规划内容有交叉、重复。如在水资源综合规划中进行水源配置时，需要进行需水量预测并做供需平衡分析，而在给水规划中也有同样的规划内容。由于两个规划分属两个不同的主管部门，时常导致相同规划内容在不同规划中的结果大相径庭，进而造成规划的实施困难。二是涉水规划中一些重要内容的缺失。目前涉水规划建设工作主要针对相关基础设施和工程，对生态基础设施、非工程措施和后续管理问题考虑较少。比如，在供水规划中，缺少关于二次供水工程和饮用水安全保障的相关内容；在排水规划中，缺少关于分散式污水处理和雨水蓄积利用的相关内容；在再生水规划中，缺少对再生水水质保障和再生水系统管理方面的考虑。在城市水资源供需平衡分析中，不能有效统筹再生水、雨水、淡化海水等非常规水资源；城市排水系统建设过程中，缺少与城市河道治理、生态修复和景观打造工作的衔接；城市防洪和排涝工作在标准规范、工程体系和运行管理方面存在诸多矛盾。

1.4.3 缺乏全局性

不同涉水工作之间的相互分割，在一定程度上导致城市管理者对城市水系统认识的局限性。推进单项涉水工作可能是以牺牲城市水系统的整体效益和效率为代价的。如一些城市在水资源的开发利用和保护上，有的倾向于开发新水源，建设水源工程，甚至是宁愿斥巨资实施跨流域远距离调水，也不愿将有限资金投在污水处理及再生水利用上，这不仅会造成新水源工程的闲置浪费，还会在一定程度上助长多用水、多排水行为，进而加剧水资源短缺和水环境恶化。一些地方，由于在供水或排水规划中没有充分考虑节水、再生水利用等因素，进而导致工程规模过大和设施闲置浪费等问题。一些城市防洪工程标准过高，投资过大，忽略城市自然调蓄空间和城市低洼地的排涝需求，加剧城市内涝风险。

2 国内外经验借鉴

2.1 我国古代水系统建设理念

自古以来，人们逐水而居，对水资源的依赖决定了人、水、城之间不可分离的关系。我国历史上水患频繁，几千年来，劳动人民在长期治水的实践中，在水资源的开发与利用、水患的预防与治理等方面积累了丰富的经验，形成了相对系统和完整的理水营城理念。

2.1.1 院落/聚落尺度——微观层面的"天人合一"理念

我国古代水系统治理中，古人在聚落院落供水排水系统、雨水梯级循环利用、人水和谐互利共生等方面开展了大量实践探索，比如古人很早就意识到聚落在一定时间内排水能力有限，因此在聚落内部及周边留出地势较低的水塘、水池作为调蓄空间，在降雨较大的时候，可以起到蓄洪、缓解排水压力的作用。

中国古代院落非常注重水资源的循环利用，在院落层面，通过巧妙的设计，构建水系统基础设施，实现水的循环。在徽州四水归堂民居，通过水渠引山泉水入聚落，解决生活用水问题。通过屋顶形式和位置的特殊设计，实现雨水快速汇集，通过天沟、瓦槽、屋檐滴入天井中的水渠或下方地板孔洞，在庭院驻存。地下蓄水池具有气温调节功能，通过在天井地板开口，将水池的冷空气传到庭院，实现"水空调"。溢流的雨水再通过边沟流到房屋

外，进入河流水系。聚落道路往往都是石板路，下面有水渠可以排水。从聚落供水取水，到雨水梯级循环利用，再到聚落排水系统，这些设计充分体现了传统智慧在聚落和院落水系统建设中的应用，体现了"天人合一"理念的系统性和科学性（图1-2-1）。

2.1.2 城市尺度——中观层面的空间科学布局

我国古代城市选址和建设非常重视水安全保障，并强调科学利用地形条件进行布局建设；通过合理的空间布局，实现城市供水排水、交通航运、防洪排涝、防火、军事防御和景观营造等方面功能。人、水、城和谐的局面在很多古城遗址中都有体现，体现了城市尺度上中观层面空间科学布局的重要意义。

以苏州为例，苏州是我国也是世界最早进行水系规划的城市之一，其水陆双棋盘格局经过2500年的历史变迁，依旧较为完整地保存，是水城规划的典范。古苏州城经过长期的探索，形成了一套因地制宜、自成体系的防洪排涝系统。苏州城门分为水门和陆门，水门设闸，陆门往往有门也有闸。通过城门开关调节以发挥城市水系统功能，在晴天打开连接外部河道的水门引水入城，保障城市的供水；遇到军事防御或流域防洪需要，则关闭水路城门的闸门以抵御外敌和洪水。苏州街道石板路下多为沟渠，降雨时，水通过石板缝隙流到地下沟渠，通

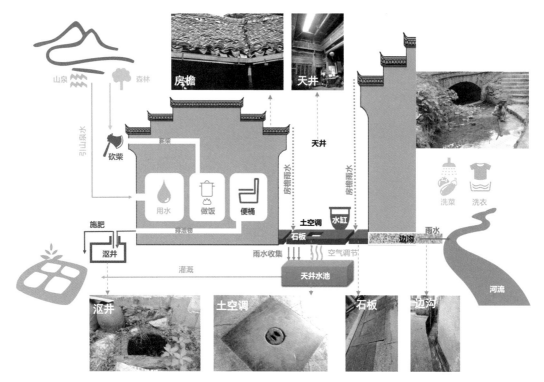

图1-2-1 徽州民居微循环系统示意图

过沟渠排入小河，进入苏州横纵交错的河网后，借助城市的竖向设计，通过东部地势较低的水门排出城市。苏州城市水系兼具军事防御、供水排水、防洪防潮、交通运输等功能，经过2500多年的风云变幻，城址没有变动且基本保留城市和水系框架的原貌，这在世界城市史上也是极为罕见的。苏州的古代防洪和治水设施建设在中国乃至世界都具有很高的历史和实践价值（图1-2-2）。

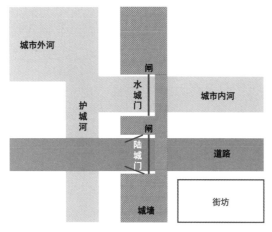

图1-2-2 苏州市水陆双城门模式示意图

2.1.3 流域尺度——宏观层面的水资源综合利用

我国古代水系治理非常重视对流域水系湖泊的系统性利用，通过开发建设和保护修复，发挥流域水系湖泊在资源供给、安全保障和环境改善等多方面的功能，积累了流域尺度上宏观层面水资源综合利用的宝贵经验。以西湖为例，其前身是潟湖，不断被雨水和溪水冲淡，变成了淡水湖。自唐代以来，通过白居易、苏东坡等先贤的建设、疏浚、整治和后世的管理，西湖与杭州城互相依存、互相作用，构成了独特的城水关系。西湖发挥了供水、农业灌溉、防洪防潮、航运等多种功能，也为老百姓提供了水产养殖、酿酒等生产空间和原料，极大地支撑了流域经济社会发展，为杭州城市的繁荣作出了巨大的贡献。历史的经验证明，维护西湖作为整个流域社会经济生活有机组成部分的完整性和系统性，对保障流域城市和聚落安全、支撑生产生活、提高环境品质至关重要。中国古代治水理念充分体现了人类社会经济、文化活动和水之间的和谐、协调关系（图1-2-3）。

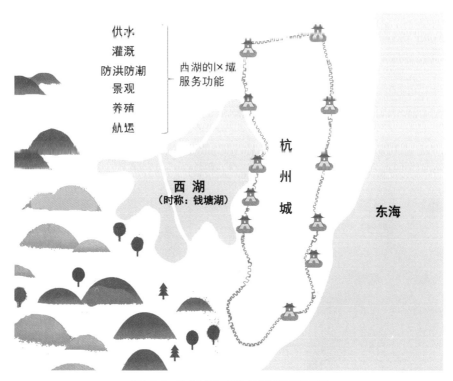

供水
灌溉
防洪防潮   西湖的区域
景观   服务功能
养殖
航运

西湖
（时称：钱塘湖）

杭州城

东海

图1-2-3   南宋时期西湖与杭州城关系示意图

2.1.4 启示

中国古代将长期观察得到的经验总结化入治水理念之中，从流域尺度水资源综合利用，到城市尺度营城理水科学布局，再到聚落尺度强调"天人合一"的低影响开发理念。重视顺应自然规律，不去破坏和侵占自然空间，善于利用地形、景观等自然本底条件，形成功能复合、绿色生态的水基础设施。这些高效、生态、低碳的水基础设施既保证了人类活动对自然的最低干扰，又贯穿了功能复合的理念，提高了设施利用率。这些理念是古代智慧的高度凝练，充分体现了系统观、辩证法和科学性，表现出了高超的智慧与远见。即使在今天看来，这些做法也是非常值得城市建设者们学习和借鉴的。

2.2 日本城市水循环系统

2.2.1 发展历程

日本城市涉水工作起步较早，20世纪50～70年代，随着日本工业化快速推进、经济高速发展，日本经历了水资源短缺、水环境污染和洪涝灾害的阵痛。其后半个世纪，日本涉水工作在基础设施、管理架构、法律法规以及技术标准等方面以其特有的精细模式逐渐演变提升。近十年来，随着日本经济社会发展模式的转变，人口老龄化和气候变暖等多种因素的影响，加之城市水资源、水环境、水安全问题仍旧凸显，日本的城市规划建设者开始意识到城市水系统是城市复杂大系统的重要组成部分，涉及城市水资源开发利用、水环境治理保护、水安全保障提升等全要素全过程，局部的涉水工作难以解决整体问题，需要用系统的思维来认识和分析面临的水问题，以城市为核心构建健康水循环才能实现城市水系统对经济社会的永续支撑。健康水循环理念得到前所未有的重视，城市水系统工作从要素治理向系统综合整治转变。

2014年日本颁布了《水循环基本法》，旨在综合性一体化推进健康水循环理念，促进经济社会健康发展，提高国民生活的稳定性。《水循环基本法》的主要理念包括四个方面：一是合理用水，确保国民在未来仍能持续享受健全健康水循环带来的福祉；二是将对水循环的影响降到最低，以维持健康的水循环；三是对流域进行综合性一体化的管理；四是加强国际协作。日本在内阁设置了水循环政策本部，综合协调健康水循环相关工作的开展。以《水循环基本法》的颁布为契机，日本将城市涉水工作以健康水循环理念为指导实现统筹衔接、系统优化、功能互补，体现了日本城市水系统工作从追求解决单项问题向探索全局最优方案转变，从分项工作提质增效向整体提升转变，代表着城市水系统建设进入了全新的历史阶段（图1-2-4）。

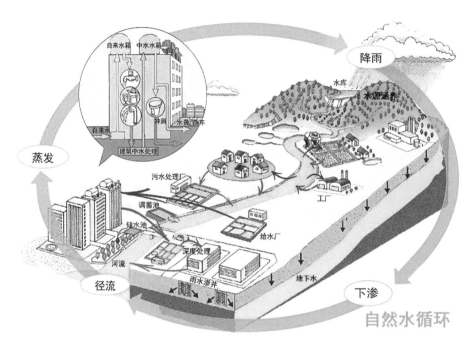

图1-2-4 日本水循环系统示意图

2.2.2 水系统组成与特征

日本的水系统可以划分为三个子系统，分别为水资源供给系统、水安全保障系统和水环境保护系统。子系统既彼此独立，又相互关联。

在资源供给方面，强调节流和开源并重。一方面，重视多渠道开源，强调生态系统的整体保护和管理，重视水的社会循环与水的自然循环的融合，加强水源涵养的同时积极利用再生水、雨水等非传统水资源。另一方面，日本对日常节水工作十分重视，很多城市出台了节水规章，推广节水型器具，实施全面的宣传教育，提高全民的节水意识。

在安全保障方面，强调系统应对洪涝灾害。日本综合采取修建大坝、河道拓宽、疏浚河道、加高堤防的措施来提升行洪排涝能力，渗滞蓄排相结合，综合缓解城市内涝灾害。日本采取源头雨水下渗滞流、管网排放和末端蓄排等综合措施，而非单纯依靠排水管网来解决城市内涝灾害。2003年，日本颁布了《特定都市河川浸水被害对策法》，该法律规定河川的管理者、下水道管理者、流域的地方公共团体有共同承担制订《流域水害对策计划》的职责，要求"流域内的居民、事业者要努力促使雨水的蓄留与渗透"。此外，日本十分重视排水管网的达标建设，近些年一直在持续推动雨水管网的建设，局部不达标地区也有相应的对策和改建计划。

在环境保护方面，强调综合系统施策。日本构建了污染物负荷总量控制系统（TPLCS），通过总量消减计划确定总量控制目标，并根据污染物排放量和受纳水体的要求，明确工业、农业、城镇生活等污染物的削减目标。日本将下水道作为其健康水循环计划的重要组成部分，建设了高效的污水收集系统，同时积极利用再生水，利用再生水补给河道促进河道的清流复兴。为了进一步对再生水进行净化，东京和日本其他城市广泛采用砾间接触氧化法原位净化污染物。采用净化槽技术处理相对分散的生活污水。在治理合流制溢流污染方面，综合采用源头—过程—末端综合治理的方式，系统控制雨天合流制溢流污染。

2.2.3 经验借鉴与启示

1. 完善的法律支撑体系

日本的法律体系可以分为宪法、法律、政令、省令和通达五个层次。通过国会颁布法律、内阁颁布政令以及省颁布省令，对涉水工作进行全面的规定。整个法律体系层次清晰、责任明确、详略互补。日本城市水系统相关法律较为丰富，核心的涉水法律有《河川法》《水资源开发促进法》《水道法》《下水道法》《水污染防治法》等十余部，覆盖了河流水系、水资源、供水、用水、排水、水环境和健康水循环理念等水系统多角度、全要素的内容，全方位指导涉水工作的开展。

2. 协调高效的管理机制

日本城市水系统的行政管理架构可以分为中央和地方自治体两级。中央层面由国土交通省、环境省、厚生劳动省、经济产业省和农林水产省五个部门之间协调合作，共同处理水系统相关问题。虽然采取"多龙治水"的结构设置和职能安排，但是涉水管理部门的责任、职权之间较为清晰，在出现工作衔接时有章可循、有法可依。地方自治体的水系统分别由都道府县、市町村下设的水道局、下水道局等公共事业部门来负责建设、管理和运维。

3. 先进的系统治水理念

日本十分重视每个子系统的解决方案之间彼此关联衔接、统筹协调：水资源供给和水安全保障在河湖水库、雨水资源收集利用方面相互衔接；水资源供给和水环境保护之间在再生水利用方面相互衔接，水安全保障和水环境保护在合流制溢流排放口的设置等方面进行统筹衔接。系统的治理思路在涉水各项工作中均有体现。

2.3 美国低影响开发理念

2.3.1 提出背景和历程

经过近一个世纪的建设，美国水资源开发利用工程已基本形成体系，对局部洪水的控制和西部水资源的配置都达到了较高水平。低影响开发设计理念（LID）是美国提出的一门新兴的雨水管理技术，其从提出到现在仅有三十年左右的时间，但是由于其成本较低、适应性强、能够有效地减少雨水径流和消除污染，在世界范围内得到了广泛的应用。目前美国的低影响开发设计理念已经进入系统化、规范化的应用阶段，并将低影响开发模式列为可持续发展技术的核心技术之一，从联邦、州到县市各级政府都将低影响开发模式作为新兴的绿色技术给予大力支持。

通过三十年的发展，低影响开发设计理论得到不断的完善，其理论目标从维持场地开发前的水文环境和地表、地下水质控制，逐步向对场地水生生命资源、生态系统的完整性，以及受纳水体生态系统的完整性，进而向自然资源、生物资源和生态环境的保护方面扩展。其理论内涵也从最初的雨洪规划与管理，向场地设计以及土地利用开发和规划的全过程方向扩展，并最终发展形成一套全新的以水文学、水文生态学为框架的城市规划理论与方法。此外，其技术手段也从最初的物理工程技术扩展到生态工程技术，并进一步向综合运用场地设计技术、生态工程技术以及教育和管理手段发展。

2.3.2 技术内容和实施途径

1. 组成与特征

运用各种结构性和非结构性的措施控制和处理雨水径流。非结构性措施，既包括政策措施，也包括场地规划设计措施，即通过与景观设计、城市规划等学科结合，将街道、建筑、绿地等进行合理的规划布局。结构性措施，是通过各种分散式的小范围雨水源头控制设施组成，也可由各式绿化景观改造而来。低影响开发设施主要包括生物滞留池、植草沟、绿色屋顶、雨水桶、植被过滤带、透水铺装、渗透沟等各种小型设施，由于低影响开发设计使用的单项设施往往具有多个功能，应根据设计目标灵活选用低影响开发设施及其组合系统，根据主要功能按相应的方法进行设施规模计算，并对单项设施及其组合系统的设施选型和规模进行优化。

在低影响开发设计框架内，任何项目建设的目标都是设计一个模拟开发前水文条件的功能场地。通过使用渗透、过滤、蒸发和在水源附近储存径流的技术来实现的。不同于依赖昂贵的大型运输和处理系统，低影响开发设计理念通过位于现场的各种小型、低成本的措施来解决雨水问题。每一种具体措施的大小规模需要根据雨情和设定的标准来确定，在美国一般都是通过数学模型来设计。

美国低影响开发技术是在基层通过多年工程实践后全面推广施行的一项绿色雨水基础设施技术，在不同类型的雨水设计、水量计算、出水水质控制方面有严格的要求和成熟的计算方法，同时在数十年的推广期间培育出了大量的相关企业，开发出大量实用的产品和装备，已经形成了一个成熟的产业。

2. 低影响开发实施途径

美国是联邦制国家，国家层面的低影响开发设计由美国环境保护局（EPA）负责，各州有指导本州低影响开发技术工程实践的设计手册，美国环境保护局编制全国性的低影响开发技术指导性文件。

（1）美国环境保护局《市政手册》

美国环境保护局于2008年在绿色基础设施框架下编制了一系列低影响开发技术指导文件（Managing Wet Weather with Green Infrastructure: Municipal Handbook）。美国环境保护局编制的《市政手册》给地方政府与社区提供了具体发展绿色基础设施的指导。手册共有6章，分别讨论了融资选择、改造政策、绿色街道、雨水收集政策、激励机制和水质计分卡。每章提供了一个有效的计划、政策的讨论和案例研究。

（2）美国国防部《低影响开发技术设计手册》

美国国防部于2004年颁布了《低影响开发技术设计手册》（Design: Low Impact Development Manual），用于指导美国陆军工程兵团等机构实施低影响开发技术。美国联邦政府负责大量基础市政工程建设以及监督各州相关政策和法规的制定工作，但由于美国的水资源属各州所有，在全国范围内推行以州为主的水资源管理体制，没有国家层面的雨洪管理法规。因此，《低影响开发技术设计手册》的内容并不十分全面，主要是关于雨洪管理方法方面的介绍。具体的技术标准以及施工要求和后期维护、公众宣传等工作要根据各地区的管理制度进行。

（3）美国各州低影响开发技术的管理

美国绝大部分州颁布了低影响开发设计手册等技术指导文件。例如亚利桑那州流域管理集团（Arizona Watershed Management Group）于2010年8月颁发的《西南地区绿色基础设施手册》、佐治亚州流域保护中心（Center for Watershed Protection）于2009年4月颁发的《沿海雨水补充到佐治亚州的雨水管理手册》、马里兰州Ellicott市流域管理中心和州环境与水管理局于2000年10月颁布的《马里兰州暴雨设计手册》，以及《纽约州雨水管理设计手册》《德克萨斯州圣安东尼奥河流域低影响开发技术指南手册》《华盛顿普吉特湾低影响开发技术指导手册》等。

2.3.3 经验借鉴与启示

低影响开发设计作为一种综合的雨水管理和场地设计技术，充分体现了城市治水的系统理念，对我国水系统建设具有借鉴意义。

1. 源头和管网协同

低影响开发设计方法在应用过程中，最理想的方法不是去盲目推翻原来的管道系统，而是一方面研究如何对原有的管道系统、调蓄系统进行优化，使其发挥最大优势；另一方面在现有管道系统的基础上，找到与低影响开发技术的对接之处，同时发挥两种方式的优点，为城市服务。

2. 多专业、多学科融合

低影响开发设计方法用生态的、自然的手段来解决城市问题，使得城市市政基础设施建设、风景园林、内涝管理等多行业共同介入城市水系统的研究、规划设计和建设，例如水植物的栽培选种、生态池的建设方式和方法等领域，必须有多学科、多专业的专业人员参与。多专业和多学科的融合打破了固有条块分割的治水思路，重塑了系统化、全局性解决城市暴雨内涝问题的理念和工作思路。

2.4 澳大利亚水敏型城市设计（WSUD）

2.4.1 提出背景和历程

澳大利亚地广人稀，2200多万人口中的绝大多数生活在气候相对湿润的陆地边缘。洪涝、干旱与气候变化是影响澳大利亚水资源可利用量的三个主要因素。澳大利亚的水敏性城市设计源自于对传统城市开发和雨水管理模式对城市水环境的负面影响的反思。城市管理部门和规划设计学界认识到，应当从物质空间整体营造的角度，寻求新的方法、策略和措施，在城市规划设计的各个阶段考虑雨水管理的相关要求，减少城市开发的不利影响，保护水环境，为城市水环境的可持续管理和利用提供物质空间基础。水敏性城市设计正是在这一背景下应运而生的。随后，在澳大利亚的多个行政州和城市中，规划管理部门、水文管理部门和科研机构都纷纷展开研究探索，使水敏性城市设计的相关研究和实践得到迅速发展。

作为城市规划设计与城市雨水管理的整合策略，水敏性城市设计已经获得澳大利亚政府、学者和城市开发机构的广泛认可，而且，随着相关规划管理制度的完善、水文管理措施和技术的最新发展，水敏性城市设计的范围和内涵逐步拓展，目前已经全面涉及城市水环境的综合保护和水文系统的可持续管理（图1-2-5）。

图1-2-5 澳大利亚水敏感城市设计（WSUD）具体目标集设定

2.4.2 系统特征和实施途径

1. 系统组成与特征

澳大利亚水敏感城市设计（WSUD）的水系统构建主要侧重于水资源供给和水环境治理方面。澳大利亚水敏感城市设计认为城市水循环中的所有水流都是资源。水敏感城市设计旨在改变传统的水循环模式（图1-2-6），通过在城市到场地的不同空间尺度上将城市规划和设计与供水、污水、雨水、地下水等设施结合起来，使城市规划和城市水循环管理有机会结合并达到最优（图1-2-7）。

2. 实施途径

（1）政策层面

澳大利亚实行联邦、州、地方三级政府体制，由联邦政府制定战略性规划作为转型指导，并制定国家层面的水敏感城市设计指南，各州依据战略性规划，制定本州的水敏感城市设计标准与指南，地方依据州的导则再行制定。

澳大利亚水敏感城市设计政策由墨尔本水务局，即雨洪管理的主管部门从设计阶段到施工阶段以及后期监管阶段总体把控。水敏感城市设计雨洪项目是由当地政府部门在各个阶段严格把控、监督和管理，再交由各个州的第三方进行建设和设计的。水敏感城市设计的初期阶段建设方和委托方要进行可

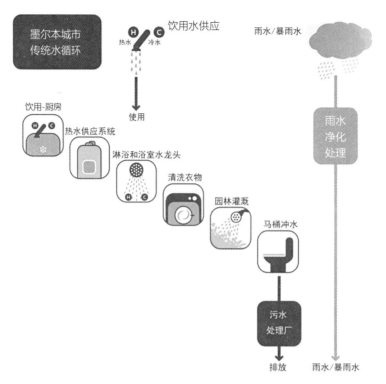

图1-2-6 墨尔本城市传统水循环示意图

（资料来源：《墨尔本市WSUD指南》）

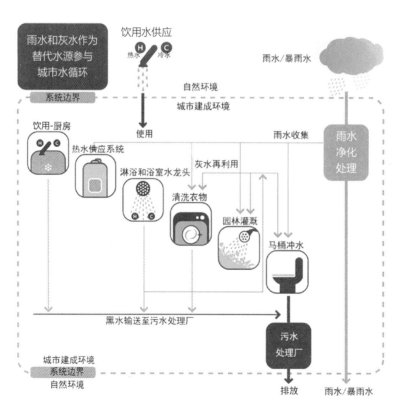

图1-2-7 墨尔本市雨水和灰水作为替代水源参与城市传统水循环示意图

（资料来源：《墨尔本市WSUD指南》）

行性研究，并提交项目雨洪管理总休规划，规划内容包括城市洪涝灾害、基地水体水质现状以及未来的成果愿景（图1-2-8）。

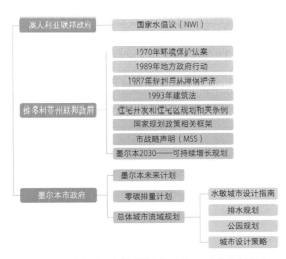

图1-2-8　澳大利亚水敏感城市设计（WSUD）各级政府立法与政策框架图

（2）观念层面

水敏感城市设计将水作为一种资源，系统整合利用水资源。以墨尔本为例，墨尔本城市水循环主要考虑三类水（饮用水、废水、雨水）的综合管理，实行饮用水保护、废水最小化、雨水管理（图1-2-7）。三大类水都有独立的水系统，饮用自来水系统、排污系统和雨水系统。雨水回收后通过后期处理达到一定的水质标准后用于热水供应系统、清洗衣物、园林灌溉和马桶冲水。

（3）空间层面

水敏感城市设计以公共开放空间为核心进行场地优化设计。公共开放空间是收集和改善水环境的主要空间地带。例如在道路尽端设置雨水收集装置收集雨水径流，开放马路牙并在周边设置绿化带收集雨水；停车场使用植草砖等透水性地面，增加雨水下渗面积；公园绿地设置雨水花园，改善区域水环境等。开放空间作为雨水径流的载体，在雨水收集、净化、存储、再利用方面潜力很大，特别是绿地空间。

（4）技术层面

技术层面主要包括工程技术、评估技术以及从业人员能力培养等方面。澳大利亚将水敏感城市设计措施和技术手段称为最佳管理实践，主要从径流控制、水质改善、水资源循环利用与景观结合等几个角度确定具体雨洪工程设施的适用尺度。通过建设项目与科研项目驱动工程技术提升，科研项目记录并分析不同过滤材质、植物品种、工程技术对污染物净化、径流控制的影响，建设项目则探索雨洪技术与设计的结合途径，使设施与景观合二为一。

2.4.3　经验借鉴和启示

水敏感城市设计是把城市发展对周边环境的水文影响减到最小的新哲学和新途径。其运作体系对我国城市水系统建设具有借鉴意义。

1．政府主导的管控体系

澳大利亚城市水管理目标及水敏感城市设计演进很大程度上得益于对行政制度障碍的跨越。众多学者认识到管理破碎化、行政惰性和缺乏对水敏感城市设计的支持等是其推广实施的最大障碍。由此开展了一系列制度建设研究，将政府主导的管控体系作为重要推手，如在某些州水敏感城市设计是特定规模和类型开发项目的前提或规划方案的法定组成部分。

2．全面细致的设计指南

澳大利亚有许多机构为水敏感城市设计提供技术支持，开展了多方面研究，如雨洪储存设计中水生植被养护及审美效应问题、湿地和池塘的形状与水力效率关系等，再如应用流域水文合作研究中心CRCCH开发的WSUD分析评估模型MUSIC（Model for Urban Stormwater Improvement Conceptualization），即在规划图上应用雨洪处置策略，系统将会模拟出因规划设计变化而产生的水质和水文变化，以便预测改善程度进而优化方案，为政策与雨水水质处理技术相结合提供了量化基础。

3．严格规范的跟踪监测

项目实施后，跟踪监测和效益评价加强设计研究，是澳大利亚水敏感城市设计不断演进的另一重要因素。如不同水敏感城市设计技术对雨洪净化效果的比较、不同粒径砂滤装置对雨洪污染的去除效果、水敏感城市设计能源消耗的影响评价、设计目标与监测目标的比较，以及传统技术与水敏感城市设计成本的比较等，为水敏感城市设计的改进与优化提供了科学依据。

2.5 新加坡ABC水计划

2.5.1 提出背景和历程

尽管新加坡拥有年均约2400mm的丰富降水，但是并不富余的国土面积及地质条件带来的储水难度，仍是造成新加坡成为公认的资源性缺水国家的主要原因。为应对这一压力，新加坡于1998年启动水务管理体制改革，通过综合水源管理政策逐步将供水、排水、水源保护、水回收处理、集水区等所有与水相关的事务整合在一起，由专职机构公共事业局（Public Utility Board, PUB）负责，以保证水源管理工作的完整性和系统性。

新加坡政府为解决人均水资源占有量低的问题，构建一个有效的城市水循环系统，从2006年开始推出了ABC（活力Active、美观Beautiful、洁净Clean）计划。ABC计划作为新加坡城市长期发展策略的一部分，旨在通过设计导则和相关策略，使水系统在防洪保护、排水和供水功能的基础上，成为崭新的城市活力休闲空间。

2.5.2 系统特征和实施途径

1. 组成与特征

ABC水计划包含三个部分，A代表活力（Active），旨在指导在水体边打造新的社区空间，鼓励市民参与环境保护与管理，并积极参加亲水活动。B代表美观（Beautiful），提倡将水道、水库等打造成充满活力、风景宜人的空间，将水系与公园、社区和商业区的发展融为一体。C代表洁净（Clean），旨在通过降低流速、清洁水源等全局性的管理手段来提高水质，美化滨水景观；通过公共教育建立人与水的关系，最大限度地降低水污染。

新加坡《ABC水计划设计导则》（*Active, Beautiful, Clean Water: Design Guidelines*）（图1-2-9）作为城市长期发展策略的环境指导，旨在转换新加坡的水体结构，使其超越防洪保护、排水和供水的功能，通过整合新加坡的水体资源（蓝色）、城市公园（绿色）和休闲设施（橙色），构建"蓝、绿、橙"综合体系，打造充满活力、能够增强社会凝聚力的可持续城市发展空间。蓝色系统构建的主要目的在于为水生动植物提供栖息地，提高水质，降低暴雨的影响，以避免洪灾、水污染对人们的生产生活造成威胁。绿色系统构建的目的在于为本土动植物提供栖息地，主要通过在流域内创造一片栖息地，或沿河流构建绿地系统来实现。橙色系统主要服务于社区，为人们提供更多与水接触的机会和娱乐空间，通过教育提高人们的环保意识。

新加坡ABC水计划的实践已具备一个有序的实施路径，从顶层设计到项目具有可落实的载体（图1-2-10）。

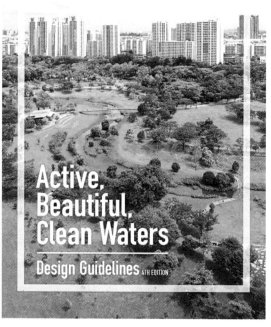

图1-2-9　ABC水计划设计导则

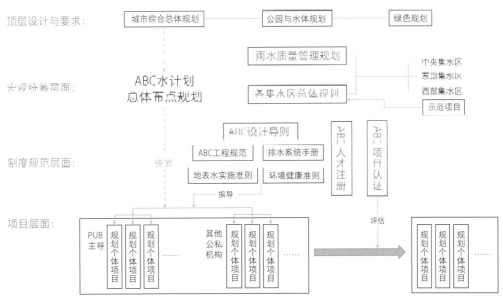

顶层设计与要求：　城市综合总体规划 —— 公园与水体规划 —— 绿色规划

宏观统筹层面：　ABC水计划总体布点规划　雨水质量管理规划　中央集水区／东部集水区／西部集水区　各集水区总体规划　示范项目

制度规范层面：　ABC设计导则　ABC工程规范／排水系统手册／地表水实施准则／环境健康准则　ABC人才注册　ABC项目认证

项目层面：　PUB主导　规划个体项目……　其他公私机构　规划个体项目……　规划个体项目

图1-2-10　新加坡ABC水计划设计框架

2．实施途径

（1）制度政策法规保障

新加坡的水资源开发、利用、保护、供水排水、水污染防治、污水处理以及雨水集水排水等一切涉水事务，都是由专职机构公共事业局（PUB）进行统一规划、统一管理。公共事业局属于国家级水务管理机构，成立于1963年，其上级部门是新加坡国家贸易和工业发展部。2001年整合成为统一的水务管理机构，负责新加坡各种规模的集水区规划政策，包括雨水管理计划、绩效目标和合规工具的制定。ABC水域总体规划于2007年推出。通过《地表排水实践法》《环境健康实践法》两部相关的法律政策来保障项目的顺利实施。由于新加坡ABC水计划的国家政策背景，专职机构公共事业局统筹负责所有与水有关的事务，对ABC水计划的项目具有主导作用。

（2）制度化的设计准则和绩效目标

ABC水计划由于具有由专职机构公共事业局实施的明确的设计指南而得以迅速发展。这个指南涉及项目位置和规模、场地条件、植物选择以及绩效目标等多个方面。制度化设计准则和绩效目标的制定对于ABC水计划的推行起到了至关重要的作用。

（3）地方社区公众参与

专职机构公共事业局与各利益相关者合作，以确保水的可持续利用。市民可以选择参加专职机构公共事业局主导的项目和活动，例如水印奖、水之友、新加坡世界水日等。2007年新加坡总理主持了"ABC水项目公展"，并推出许多宣传和社区参与计划，在各个层级开展了广泛的简报会、磋商和巡回展览，更加直接地了解普通民众的诉求，并鼓励他们广泛参与进来，形成他们对于这些项目的话语权；接触项目场地，思考如何开展与水相关的可持续活动。专职机构公共事业局通过ABC项目地点上的信息标志、出版物，教育和鼓励公民参与ABC项目地点的监督活动，从ABC水计划开始就创造了公众参与的环境管理制度。

2.5.3　经验借鉴和启示

新加坡的ABC水计划是一项具有宏观性、技术性、可实施性的公共政策与举措，对于我国城市水系统建设具有借鉴意义。

1．政府和社会资本运营模式

在新加坡ABC水计划中，政府一直在鼓励私人组织参与3P模式，将部分政府的责任转移到私人组织身上，政府和私人组织建立起"利益共享、风险共担、全程合作"的共同体关系。在此期间政府的主导作用必不可少，整体上从政策层面鼓励技术实践，新加坡ABC城市设计体系推出及实施落地大约在5～6年的时间，有效地支撑了新加坡的生态建设，保障了岛国的淡水资源有效利用，同时缓解城市内涝，提高国民与生态的距离，完成花园城市、生态国家的城市发展策略转型。私人组织的力量也十分强大，不仅在很大程度上减少了政府的财政压力，同时在推广ABC项目、水敏感性城市设计手段上有着很大的作用。

2．社区参与，共同建设

生态安全的城市环境需要公众的共同努力，同时也为每一个市民服务。新加坡ABC计划项目取得成功，很大程度上取决于广泛的公众参与，无论是在筹备之初还是项目展开过程中，都涉及大量的公众参与活动。

2.6　小结

城市水系统随着城市社会经济及技术的发展而不断发展，不断满足城市对水的各种功能需求。在工业文明的背景下，其发展历史是以集中式、大规模，以灰色基础设施为主导的服务范围和设施规模不断扩大，处理工程技术也不断精细化、复杂化，

但是新问题、新挑战依然存在，这些问题促使人们对水系统有了更深入的认识：尽管科学进步使城市涉水学科专业分工更细、更专业化，但是供水排水是相互联系、相互影响的，水问题也是相互交织而复杂的；水资源具有可再生性和稀缺性，而水环境容量和水处理效率都具有有限性；生态系统具有复杂性，污染物即便是在极低水平的浓度范围，其对人类及生物健康的影响也可能是累积的、长期的、不可预见的等等。

展望城市水系统的未来，我们更加需要应用系统思维来解决复杂的城市水问题：①城市水循环系统除了考虑水资源、水环境、排水安全及水生态修复外，还需要考虑营养物质的循环及能量的流动；②城市水系统整体优化解决方案不仅仅是给水排水的工程措施，而是需要与城市土地利用、景观、建筑等整合在一起统筹考虑，意味着对传统模式的突破、系统的每个环节都可能带来创新，并建立相应的集成的、可持续的管理措施；③城市水系统的发展受到每个城市特定的水资源条件、气候水文以及社会经济发展水平等因素的影响，每个城市都会有适合各自的优化方案；④基于各国自身的体制政策，合理的机制设计、灵活的管理工具、经济激励机制以及投融资政策设计，是推动城市水系统不断发展变革的重要保障措施。

3 科技需求与任务部署

3.1 科技需求分析

2014年习近平总书记就我国水安全问题发表重要讲话，首次提出"节水优先、空间均衡、系统治理、两手发力"的十六字治水方针，从战略全局高度对我国城市水问题提出了系统治理战略方向。我国城市水系统治理和管理工作需要从规模增长向提质增效转变，从要素治理向系统综合整治转变，从单一处理向循环利用转变。迫切需要系统总结和凝练国际先进的理念和经验，突破先污染后治理、先破坏后修复的传统发展模式，以构建良性水循环和健康水系统为目标，以城市水系统循环理论为指导，用系统的思维来认识和分析面临的水问题，阐明城市水问题产生机制，研究推进城市水系统规划建设的关键技术，构建城市水系统功能提升的整体方案，引领未来城市水系统发展方向。科技需求主要包括以下几方面。

（1）总结和发展城市水系统规划建设的理论和方法，提出顶层设计方案

为探索和构建新型城市水系统，亟待集成、创新相关研究成果，系统总结和凝练国内外先进理念和经验，以构建良性水循环和健康水系统为目标，研究整体提升城市水资源承载力、水环境承受力、水设施支撑力和水安全保障力的规划方法；研究探讨城市水系统的新型健康循环模式；基于规划协调和整体优化，研究城市水系统的空间布局模式；研究机制体制创新，提出全生命周期管理的新模式；

提出新型城市水系统构建的顶层设计，为相关规划提供理论指导和技术支撑。

（2）开展多水源的水资源优化配置研究，进行合理的城镇空间布局，提升城市水资源承载力，降低供水安全风险

随着人口和产业的增长，经济社会用水需求将继续增加，面对水资源短缺、水质型缺水的挑战，需要研究与城市发展相适应的水资源承载控制指标，提出适合不同类型的城市发展的用水量标准；研究提出本地地表水、本地地下水、外调水、雨水、再生水、海水等多水源综合利用技术，在此基础上开展基于多水源优化的水资源配置技术研究。

长期以来随着我国工业化和城镇化进程的快速推进，城市空间布局不协调的问题凸显，工业污染事故和交通事故引发的水污染事故频发，严重威胁着饮用水安全。因此，需要从规划层面研究城镇空间的合理布局，研究应急供水保障，并完善和建立相应的规划调控技术体系，以科学指导城市建设。

（3）构建城市健康水环境核心指标，创新水污染防治规划技术，优化调控城市水环境承受力

实现城市水环境健康和水环境承受力提升，需要从水系循环、水质水量控制、水生态维系等方面开展工作。需要总结国内外先进水环境建设标准和案例，构建适用于城市水环境质量保障的控制策

略、核心指标和成套技术方法。

需要重点解决管网提质增效、合流制溢流污染控制、降雨径流污染控制、黑臭水体治理与监测评估技术、城市水系重构、河湖再生水补水、底泥生态清淤等问题。在全面梳理补给水源水质保障技术、健康水环境维系技术、水环境承受能力提升技术的基础上进一步实现系统集成，为构建人工与自然相复合的水系提供技术支撑，为我国未来城市建设健康水系提供引领。

（4）构建安全韧性高效的城市排水防涝系统的规划建设技术

基于安全韧性高效的排水防涝设施建设要求，需要对国内外排水防涝设施相关标准、内涝成因、排水防涝设施布局与实施运维进行调研分析，借鉴国内外典型案例，系统研究城市排水防涝理论，科学规划、设计、管理城市排水防涝系统，做好与城市防洪的衔接，做好超标降雨的应急管理，研究调蓄设施、地下管网与河湖型湿地等基础设施的适用性、综合效益、空间布局、实施与运维管理方案，提出安全韧性高效的排水防涝设施的布局与建设技术。

3.2 研究任务总体部署

城市水问题是复杂的系统性问题，认识并解决系统性的水问题，不仅需要系统的思维和科学方法，还需要理论和方法研究作为支撑。为此，基于对城市水系统整体性、复杂性、层次性等特征的科学认识，针对我国城市水系统规划建设缺乏统筹、质量不高、系统性不强等问题，围绕城市水系统在水资源供给、水环境保护与水生态修复和水安全保障等方面的核心功能，以遵循城市水循环规律、优化水系统结构、完善水系统功能为路径，按照理论探索、建设标准、支撑技术、规划体系、系统平台、管理机制及集成应用示范等几大环节布局了一系列研究工作，为城市水系统实现健康循环提供科技支撑。

中规院团队联合多家科研机构、高等院校和供水企业，"十一五"至"十三五"期间，先后牵头承担四个课题和七个子课题（研究任务），包括"十一五"五个课题/子课题（研究任务），"十二五"三个子课题（研究任务），"十三五"三个课题/子课题，取得了一批重要科研成果，覆盖到城市水系统的各关键环节（图1-3-1、表1-3-1）。

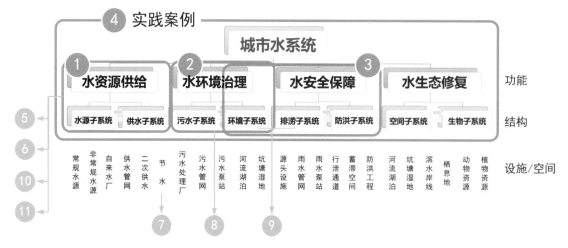

图1-3-1　城市水系统相关课题/子课题任务部署

	类型	课题/子课题名称	课题编号	负责人
①	"十一五"课题	城市供水系统规划调控技术研究与示范	2008ZX07420-006	莫罹
②	"十一五"课题	城市水环境系统的规划研究与示范	2009ZX07318-001	孔彦鸿
③	"十三五"课题	海绵城市建设与黑臭水体治理技术集成与技术支撑平台	2017ZX07403001	张全
④	"十三五"课题	雄安新区城市水系统构建与安全保障技术研究	2018ZX07110-008	龚道孝
⑤	"十一五"研究任务	基于动态规避河流水污染高峰的城市供水规划研究	2009ZX07424-006	刘广奇
⑥	"十一五"子课题	城市供水系统风险源调查	2009ZX07419-004-3	张桂花
⑦	"十一五"子课题	城市规划布局、产业结构等对城市节水影响机理研究	2009ZX07317-005-03	张桂花
⑧	"十二五"子课题	城市水污染治理规划实施评估及监管方法研究	2014ZX07323-001	孔彦鸿
⑨	"十二五"子课题	城市地表径流污染控制与内涝防治规划研究	2013ZX07304-001	谢映霞
⑩	"十二五"研究任务	宜兴市城市水系统综合规划研究	2014ZX07405002D	莫罹
⑪	"十三五"子课题	城市供水系统规划关键技术评估及标准化	2017ZX07501001-02	刘广奇

四个课题中,"城市供水系统规划调控技术研究与示范""城市水环境系统的规划研究与示范""海绵城市建设与黑臭水体治理技术集成与技术支撑平台"旨在水资源供给、水环境治理和水安全保障领域开展研究,"雄安新区城市水系统构建与安全保障技术研究"是城市水系统在雄安新区的集成示范研究。

七个子课题(研究任务)为"基于动态规避河流水污染高峰的城市供水规划研究""城市供水系统风险源调查""城市规划布局、产业结构等对城市节水影响机理研究""城市水污染治理规划实施评估及监管方法研究""城市地表径流污染控制与内涝防治规划研究""宜兴市城市水系统综合规划研究""城市供水系统规划关键技术评估及标准化",分别针对城市水系统的一些关键问题和环节展开深入研究。

城市水系统
规划理论基础

第二篇

内容摘要

　　城市水问题是复杂问题，认识并解决水问题需要运用系统思维和科学方法。近年来系统科学有了长足的发展，并在国民经济社会各领域应用广泛。生态文明是人类文明发展的必然趋势，党的十八大把生态文明建设纳入中国特色社会主义事业"五位一体"总体布局，生态文明思想逐渐深入人心，为当今时代人类如何实现社会经济与资源环境的可持续发展提供了思想指引。在市政给水排水、环境工程、城市规划学科等传统学科的基础上，引入系统科学理论和生态文明思想，将深化我们对城市与水关系的认识，为探寻应对复杂水问题、实现水系统良性循环之有效路径提供有力的理论指导。近年来在国家重大水专项的支持下，我院在城市水系统理论基础方面进行了一些探索，涉及城市水系统的理论与认识、概念与特征、结构与功能、调控路径与方法以及规划与管理等方面，促进了城市水系统规划建设理论的不断完善与发展，也为城市水系统技术方法体系构建打下了扎实的理论基础。

1 理论与认识

1.1 系统科学基础

系统科学（System Science）是一门总结复杂系统的演化规律，研究如何建设、管理和控制复杂系统的科学。它着重考察各类系统的关系和属性，揭示其活动规律，探讨有关系统的各种理论和方法。其代表性学科是系统论、控制论和信息论。

1.1.1 前两代系统论概述

系统论是系统科学的基础和核心。人类对系统概念的认识，经历了漫长的历史过程，这个过程与人们用整体的、联系的观点认识世界和改造世界的社会实践紧密地联系在一起。1945年美籍奥地利生物学家冯·贝塔朗菲发表《一般系统论》，将系统作为系统科学最基本的概念，对系统概念、整体性、集中性以及封闭系统、开放系统等作了深刻论述，奠定了现代系统论的基础。

根据现代系统论，系统指的是相互联系、相互作用的若干部分按一定规律组成的有机整体。系统的基本内涵包括以下几个方面：

（1）相互作用。如果系统的一个要素有缺陷，失去了与其他要素恰当地相互作用的能力，不能完成它特定的功能，就会影响整个系统。

（2）系统和要素的区分是相对的。一个系统只有相对于构成它的要素而言才成为系统，而相对于由它和其他要素构成的更大一级的系统而言，则是一个要素；同样的，一个要素只相对于由它和其他要素构成的系统而言才是要素，而相对于构成它的组成部分而言，则又是一个系统。

（3）系统的各要素之间，要素与整体之间以及整体与环境之间存在着一定的有机联系，从而在系统的内部和外部形成一定的结构或秩序。系统的整体功能大于要素（部分）的简单总和。因为有了对要素的组织，系统被赋予了一种新的特性和属性。很显然，松散的要素组合构不成一个系统。

（4）要素、结构、功能、活动、信息和环境以及它们之间的相互依赖、相互作用是构成系统的基本条件。要素是组成系统的基本部分；结构是指系统内诸要素的有机联系形式或排列秩序；功能是指系统与外部环境在相互联系作用过程中所产生的效能；活动是指系统的形成、发展、变化的动态过程；信息是指事物存在的方式或运动状态以及这些方式、状态的直接或间接的传播与表达；环境是指位于系统边界之外并和系统进行着物质、能量和信息交换的所有事物。

（5）每一个具体系统都具有特定的结构，规定了各个要素在系统中的不同地位和作用，同时也决定了系统的功能。在系统要素确定的条件下，系统的结构往往决定各要素之间的相互关系，进而影响到系统整体的性质和功能。因此，系统是结构和功能的统一体，任何一个系统都具有内部结构和外部功能，功能以结构为基础，结构决定了功能。

1.1.2 复杂自适应系统理论概述

复杂自适应系统理论（Complex Adaptive System, CAS），作为第三代系统论，是指系统的各主体都会对外界干扰作出自适应反应，而且各种异质的自适应主体相互之间也会发生复杂作用，造就系统的演化路径和结构。该理论提出主体、主体之间以及主体与环境交互作用的微观方面存在刺激—反应模型，以及宏观方面存在的分化、涌现等复杂的演化过程。在此基础上，重新认识城市作为复杂自适应系统的若干特征，在研究城市中"显秩序"的同时，也要重视市民及其组成的团体活动所形成的"隐秩序"。

CAS强调了主体在对外部世界进行主动认知和自我调节后产生的系统变革、系统演进和系统发展的过程，强调了系统演变和进化的关键在于个体自适应能力与环境相互影响、相互作用，更强调了随机因素在进化中的关键作用。

对城市而言，CAS理论是具有较高实用性的方法论。CAS理论是从遗传算法演化而来，根据主体的观察能力、感知能力、应对能力、学习能力，相互之间的作用，凸现出来新的结构，以便适应环境。运用CAS认识城市则其具有两大基本特征。

1. 主体性

城市是一个复杂的自适应系统，城市系统的主体是多尺度、多层次的，小到市民、家庭、企业、社会机构；大到城市建筑、社区、城市政府、城市整体甚至一片区域。各类主体在环境变化时表现出应对、学习、转型、再成长等方面的能力，个体相互依赖、相互约束、协同合作，在不断地根据周围其他个体来调整自己的行为。当这些主体在应对外界干扰时适当的行动，作出反应自我适应，现代城市作为有机体的健康运转就具备较强的保障。

城市系统的主体主动适应性（Adaptive）体现在其能够感知外界信息刺激，通过学习来调整自己的行为，并进行相互适应、相互调和和相互作用。主体间、主体与环境的相互影响和相互作用是系统演变和进化的主要动力，也正是主体的这种适应性造就了系统的复杂性。

2. 标识性

在主体聚集形成系统的过程中，标识是重要的引导物。"物以类聚、人以群分"，这里说的"类"与"群"就可以理解为一种"标识"。标识在复杂系统中的价值在于提供了主体在灾变环境中搜索和接受信息的具体实现办法，以便我们能够在复杂的灾害过程中迅速区分和锁定不同主体的特征，给予高效的相互选择，从而减少因系统整体性和个体性矛盾引发的行动错位和信息混乱。

1.1.3 控制论概述

控制论是20世纪40年代末在通信技术发展的基础上产生的，是研究系统状态的运动规律和改变这种运动规律的方法和可能性等问题的学科。美国数学家维纳被认为是现代控制论的创立者。1948年他所著的《控制论》一书的出版，标志着控制论的正式建立。1950年维纳发表了《人有人的用处——控制论与社会》一书，对控制论作了更广泛而通俗的阐述。此后，控制论的基本概念和方法被应用于各个具体科学领域，研究对象从人和机器扩展到环境、生态、社会、军事、经济等许多方面，其中也包括水系统。

系统、控制、信息、反馈是控制论中最重要的四个基本概念。系统是控制的对象，没有系统就无所谓控制。控制是指系统对自身各种要素以及自身与环境关系的调节，这种调节可以使之达到和谐，反之则谓之失控。信息是指系统内部、系统与环境之间相互联系的特定方式，是系统内部子系统之间一种特定的相互作用。因此，信息是控制的依据，没有信息就无从控制。反馈是指把系统中信息的输出又反过来作用在输入端，从而对输入产生影响的过程。因此，反馈是控制的向导，只有通过信息的反馈才能及时调整控制的行为，实现有效控制。反馈有正反馈与负反馈之分。基于以上分析，将城市水系统控制定义为：在一定的目标下，通过城市水系统状态和过程信息的反馈，对城市水系统进行调整和优化的过程。

1.2 生态文明思想理论基础

党的十八大以来，在几代中国共产党人探索实践的基础上，以习近平同志为核心的党中央继续推动生态文明理论创新、实践创新、制度创新，提出一系列新理念、新思想、新战略、新要求，开辟了生态文明建设理论和实践的新境界。其中，提出的"山水林田湖草生命共同体""城市有机生命体"等重要论断，以及"节水优先、空间均衡、系统治理、两手发力"的新时代治水思路，为城市水系统的规划建设提供了思想指引和根本遵循。

1.2.1 重要论断

党的十八大以来，习近平总书记从生态文明建设的整体视野提出"山水林田湖草是生命共同体"的论断，指出"人的命脉在田，田的命脉在水，水的命脉在山，山的命脉在土，土的命脉在树"。由山川、林草、湖沼等组成的自然生态系统，存在着无数相互依存、紧密联系的有机链条，牵一发而动全身。"山水林田湖草是生命共同体"的系统思想，要求我们在推进生态文明建设过程中，符合生态的系统性，坚持系统思维、协同推进，由各自为战转为全域治理，由多头管理转为统筹协同。比如在污染防治中，应顺应空气、水流变动不居、跨区流动的特点，更加强调不同地区之间的协调联动、相互配合，防止各自为政、以邻为壑；在环境治理中，划定生态环保红线、优化国土空间开发格局、全面促进资源节约等各方面齐头并进，更加注重不同领域之间的分工协作，避免某一个方面拖后腿；在生态文明体制改革中，更加注重各项制度之间的

关联性、耦合性，生态治理的宏观体制、中观制度、微观机制都在不断完善，治理体系更加完整、治理能力更加优化。

习近平总书记指出，城市是生命体、有机体，要敬畏城市、善待城市，树立"全周期管理"意识，努力探索超大城市现代化治理新路子。城市不是钢筋水泥的简单堆砌，更不是社会资源的机械组合，而是一个有机而复杂的生命共同体。"城市是生命体、有机体"为理解城市治理、诊断城市问题和实现城市可持续发展提供了新视角。

1.2.2 新时代治水思路

2014年，习近平总书记在中央财经领导小组第五次会议上提出了"节水优先、空间均衡、系统治理、两手发力"的治水思路，既是对我国治水实践经验的总结，也为新时期科学治水指明了方向。

节水优先，是针对我国国情水情，总结世界各国发展教训，着眼中华民族永续发展作出的关键选择，是新时期治水工作必须始终遵循的根本方针。空间均衡，是从生态文明建设高度，审视人口经济与资源环境关系，在新型工业化、城镇化和农业现代化进程中做到人与自然和谐的科学路径，是新时期治水工作必须始终坚守的重大原则。系统治理，是立足山水林田湖生命共同体，统筹自然生态各要素，解决我国复杂水问题的根本出路，是新时期治水工作必须始终坚持的思想方法。两手发力，是从水的公共产品属性出发，充分发挥政府作用和市场机制，提高水治理能力的重要保障，是新时期治水工作必须始终把握的基本要求。

2 概念与特征

2.1 城市水系统的概念

随着城市与水互动关系的加深，"城市水系统"或"城市水循环"等以全系统、全要素视角看待城市水问题的概念先后出现。不同于传统的供排水、水环境和水资源的概念范畴，新的概念涵盖了城市与水互动关系的所有要素。国际上在20世纪90年代，就出现了"综合城市水管理"（Integrated Urban Water Management，IUWM）的概念，其中"综合"体现了系统思维，在单一水管理策略难以解决全局性水问题的情况下，提出了全新的城市治水视角。"综合城市水管理"需统筹城市供水、排水、地下水、废水和雨水等多种涉水要素，以及参与城市水循环的各类基础设施和管理机制。在"综合城市水管理"的概念范畴下，各国先后提出了多个系统性解决城市水问题的概念框架，围绕这些概念开展了大量的学术研究和一系列卓有成效的实践。如前所述，美国的低影响开发设计理念（LID）、英国的可持续排水系统（SUDS）、澳大利亚的水敏感城市（WSUD）、新加坡的ABC水计划（ABC）等举措和战略均体现了城市水系统的理念内涵。

我国有关城市水系统的研究和实践可以追溯到更早时期，古代天人合一的"营城理水"思路就蕴含了系统治水的理念内涵，是世界范围内构建城市水系统的早期探索。近年来，国内学者在城市水系统的概念内涵、建设方法等方面开展了大量探索。

陈吉宁（陈吉宁，2014）认为"城市水系统"是城市中与水相关的各个组成部分所构成的水物质流、水设施和水活动；按规划、设计和管理的基础设施分类，城市水系统包括水源系统、给水系统、用水系统、排水系统、回用系统、雨水系统和城市水体。邵益生（邵益生，2004，2014）指出，城市水系统是在一定地域空间内，以城市水资源为主体，以水资源的开发利用和保护为过程，并与自然和社会环境密切相关且随时空变化的动态系统；是以水循环为基础、水通量为介质、水设施为载体、水安全为目标、水管理为手段的综合系统。王浩（王浩，2016）提出了"自然—人工"二元水循环理论，系统建立了水循环及伴生的水生态、水化学和水沙过程的综合模拟与多维调控技术体系。任南琪基于海绵城市理念提出了可持续生态净化系统的城市水循环4.0理论。张杰（张杰，2010）提出城市水系统健康循环的内涵是在水的社会循环中遵循水文规律，节制社会循环流量，控制源头污染；水的社会循环不损害水自然循环的规律，实现水资源的可持续利用。

综合以上研究和实践探索可知，城市水系统的概念在不同的国家地区和发展阶段有不同的定义内涵或侧重点。在解析城市水系统核心特征的基础上，结合我国现阶段城市水资源短缺、水环境污染、水安全威胁和水生态退化的现实矛盾，对城市水系统作出如下定义：城市水系统是城市复杂有机生命体的重要组成部分，是水的自然循环和社会循环在城市空间的耦合系统，是为满足水资源供给、水环境提升、水安全保障、水生态修复等复合功能需求的资源、生态空间、工程性及非工程性措施的集合。

2.2 城市水系统的主要特征

城市水系统具有整体性、复杂性、层次性、稳定性和动态性等特征。

整体性。城市水系统主要是由水源与供水、污水处理与水环境治理、排水防涝、水系及水生态等要素组成，要素之间通过水量、水质、能量及信息的传递与交换相互联系、相互影响，从而构成一个有机整体。

复杂性。城市水系统是城市有机生命体的重要组成部分，涉及资源、环境、生态、社会、经济、文化等诸多方面。系统内部结构复杂，外部影响因素众多、相互关系错综复杂，呈现出高度的复杂性。

层次性。从结构上看，城市水系统是个庞大的网络状、多层级大系统，具有明显的分层特征。每个子系统都包含有若干个组成要素，而每个要素则由更为具体的要素组成。城市水系统结构的层级性决定了城市水系统的规划、管理和建设的层次性。

动态性。系统的动态性一方面是由水的流动性、水的循环特性决定的，另一方面也受外部因素（外部性）影响，如水资源水量的变化主要受气象水文等自然环境影响，而供用水子系统主要受社会经济环境的影响，随着社会经济的发展及技术进步，用水需求增长、水处理的技术水平提升等等。

稳定性。系统的稳定性是人们期望实现的负反馈机制。但在现实中，系统变化是必然的，而稳定则是相对的，是有条件的。因此，要通过系统的整合、优化和协调，充分发挥水资源可循环性和可再生性的特点，最大限度地提高水的重复利用率和污水再生回用率，使有效用水量显著大于水源取水量，从而实现系统整体效益大于子系统效益总和的目标。在处理系统和环境的关系上，要保持系统与环境的物质、能量和信息的交流，以降低系统熵，使系统趋于有序，趋近平衡。

3 结构与功能

3.1 城市水系统的基本结构

　　系统分析表明，城市水系统具有明显的分层结构。2004年邵益生提出了城市水系统的三级谱系结构，城市水系统是由水源、供水、用水和排水等四大子系统组成，这四大子系统相互联合构成了城市水资源开发利用和保护的一个循环系统，每个子系统都对这个循环系统起着一定的促进或制约作用。每个子系统也都包含若干个组成自己的要素，于是系统、子系统和要素之间便形成了一个由较高层次向较低层次分解的三级谱系结构（图2-3-1）。不同层次之间相互联系，相互制约；同一层内的各子系统或要素之间既有联系，又有矛盾和冲突，因而需要在上一层次系统中加以综合与协调，以保持系统的整体性和稳定性。例如，水源、供水、用水、排水四个子系统构成了社会水循环过程，这个过程的每个环节都是不可缺少的，否则水的功能和价值就得不到体现。如果其中某个环节出现问题，则需要在系统的层级上通过调整供需关系等措施来达到子系统间的协调。

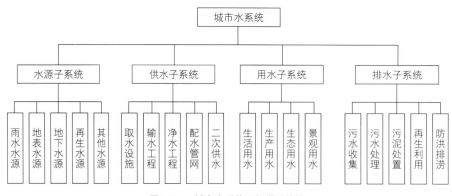

图2-3-1　城市水系统三级谱系结构

　　随着城市水问题的复杂化，保障城市排水防涝安全和修复城市水生态的需求也成为城市水系统需要统筹考虑的重要方面，在这种背景下提出了城市水系统的四级谱系结构（图2-3-2）。子系统层次上，针对我国现阶段城市水系统的主要矛盾和核心需求，城市水系统应具备水资源供给、水安全保障、水环境治理和水生态修复四大主体功能。如果把实现每个功能所必需的设施、空间等要素作为一个子系统来看待，那么城市水系统可以划分为水资源供给子系统、水环境治理子系统、水生态修复子

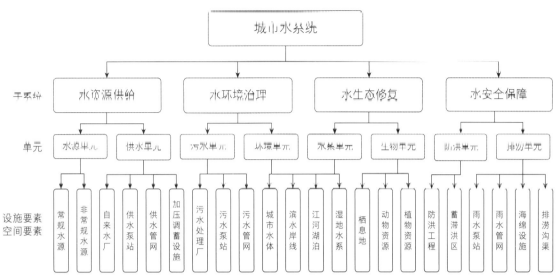

图2-3-2 城市水系统的四级谱系结构图

系统和水安全保障子系统等四个子系统。子系统还可以进一步细分为水源单元、供水单元、防洪单元、排涝单元、污水单元和环境单元等二级子系统，称为单元，即城市水系统的第三个层次。要素，对应于城市水系统的第四级的组成部分，分为设施和空间两类（子系统、要素是相对的，系统、子系统、单元和要素分别用于描述城市水系统的四级组成部分）。

3.2 城市水系统的主要功能

根据系统论原理，系统的功能和结构是统一的，功能以结构为基础，也就是说结构决定功能。城市水系统的结构是分层次的，其功能也应该是分层次的；但是系统功能的实现，必须以各层次子系统功能的实现为前提。

对应于城市水系统的三级谱系结构，邵益生提出了城市水系统的系统、子系统及要素等三个层次的功能体系（图2-3-3）。

在系统层次上，城市水系统的总体功能是满足城市社会经济和自然环境的用水需求，亦即生活、生产、生态等"三生"用水需求。考虑到城市水源是自然环境的重要组成部分，也可以将城市水系统

的功能表述为在一定的约束条件下，最大限度地满足城市社会经济的合理用水需求。这里所指的约束条件有三层含义：一是不能破坏水资源量的补排平衡；二是不能破坏水资源的质量状态；三是不能破坏水资源的赋存环境。

在子系统层次上，其功能与系统的上述功能是彼此分离的。其中，水源子系统是水资源质与量的状态系统，是供水的源泉，其主要功能是为系统提供足够数量，并符合一定质量标准的"原料水"；供水子系统的功能是开发、输送和加工"原料水"，使其成为符合一定标准的"商品水"，并将其送至各类用户；用水子系统的主要功能是消费水和节约水；排水子系统的主要功能是排放废水和净化污水。

在第三层次，即要素层次上，每个要素都有其自身的构成，在一定程度上也可被视为更次一级的子系统，并具有各自特定的功能。如取水设施的功能是提取原水；输水管道的功能是输送原水；净水设施的功能是净化水；配水管网的功能是将净水配送至用户。

对应于城市水系统的四级谱系结构，系统的功能目标是实现良性循环和可持续发展；结合城市水系统是自然循环与社会循环的耦合系统，兼具自然

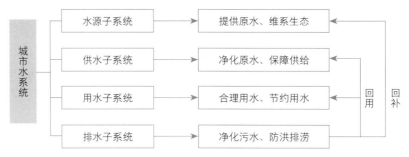

图2-3-3 城市水系统功能分解

和社会两方面属性的特点。四大子系统的功能可以描述为：（1）在满足流域水资源承载能力刚性约束的条件下，实现城市水资源的充分供给；（2）提供污水处理及水环境治理，以满足流域水污染排放的限制要求及水环境改善的目标；（3）保障城市排水防涝安全，最大限度地降低城市开发对流域自然水文循环的影响；（4）维护流域区域水生态安全格局结构与功能的完整性，实现生态产品的服务价值。单元与要素层次的功能不再赘述。

城市水系统整体功能的实现，必须以各子系统、单元及要素功能的实现为前提。城市水系统在实现上述基础功能之上，还衍生出水景观、水文化及水经济等多种复合功能。

4 路径与方法

4.1 城市水系统模式与控制路径

4.1.1 供排水传统模式和控制路径

工业化城市化的快速发展背景下，城市水资源短缺、水环境污染、洪涝频发、生态破坏等问题越来越突出，并相互影响，越来越复杂，难以在根本上有效应对。而工业文明主导下，城市水的自然循环过程没有得到充分重视，基于传统的专业学科及学科的不断细化，城市供排水往往被认为是由工程设施组成的、给水工程与排水工程两个独立的线性过程，两者之间的联系也没有被充分认识到（图2-4-1）。

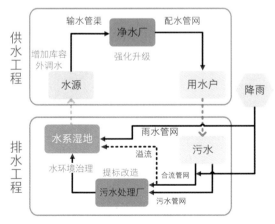

供水工程

输水管渠 → 净水厂 → 配水管网

增加库容外调水

强化升级

水源 → 用水户

降雨

排水工程

水系湿地

雨水管网

溢流

污水

水环境治理

提标改造

合流管网

污水处理厂

污水管网

图2-4-1 传统的供排水工程体系组成示意图

在解决水问题时，往往是孤立地看待每一个问题，不能统筹考虑水问题的各方面，习惯于用"头疼医头脚疼医脚"的方式来解决问题，应对措施以扩大工程措施的规模和技术升级为主。如供水水源不足，即采取增加水库库容和远距离引水的工程措施；水源水质恶化，则采取强化净水厂技术工艺的措施；水环境污染严重，则通过对污水处理工艺升级来解决；发生内涝，则提高排水管网的建设标准。

这些应对措施在短期内对特定问题起到了一定效果，在设施规模扩大的同时也实现了给水排水处理技术的不断进步。但是长期来看，由于工程规模和技术发展是有限的，新问题层出不穷，由于缺乏整体考虑，解决一个问题的同时又常常引发了其他问题，问题很难得到彻底解决。其典型地表现在以下方面：一些城市因水源短缺，不惜代价地实施跨流域、远距离调水工程，助长了水资源的浪费并增大了排水及污染排放，加剧了水环境的恶化；一些造河造湖的景观工程忽视了水资源条件的制约，水环境和水生态难以维持；城市水系湿地被盲目侵占，硬化地面不断增加，排水管网的规模和设计标准有限，难以应对超出设计标准的洪涝灾害等等。传统的发展模式和调控路径已经陷入了困境。

4.1.2 城市水系统的循环模式和控制路径

正是在城市与水相互适应的实践过程中，人们逐步认识到城市水问题的综合性以及供水排水是一个相互联系、相互作用的整体。如2014年浙江省提出了"五水共治"（治污水、防洪水、排涝水、保供水、抓节水）的工作方案，开始运用系统思维来认识城市供排水系统，并探索在系统观指导下提出新的解决思路和应对策略。

对城市水问题的复杂性及相互制约关系的认识也得到了深化。城市发展到一定规模和阶段，水资源承载能力和水环境容量的有限性将制约城市社会经济的可持续发展。随着经济水平的提高，人们对城市水系统也提出了更高的需求，包括更高的系统安全保障水平、水景观品质的提升及水生态系统的健康等等。这些水资源、水环境、水安全和水生态等问题是相互联系的、相互影响的，这方面的研究近些年引起了更多学者的关注。

如前所述，人们开始认识到，城市水系统是自然水循环与社会水循环的耦合系统，具有系统性；维持良性的自然水循环过程是城市水系统健康发展的重要基础。邵益生（邵益生，2004，2014）提出了城市水循环系统的概化图（图2-4-2），并提出了城市水系统控制的原理和控制途径。他提出目标、信息和反馈是城市水系统控制的三个重要依据；结合我国城市快速发展和水资源开发利用状况，提出了"节流优先，治污为本，多渠道开源"的新的水资源开发利用战略建议，指出至少有节水、治污和再生水回用这三种控制途径有助于改良城市水系统的循环模式（图2-4-3）；城市水系统的控制包括需求控制、污染控制、渗漏控制、节制控制及补给控制等类型。

"十三五"水专项课题研究期间，基于城市水系统最新理念和国内外案例借鉴，课题组在上述研究的基础上，对水系统的循环模式和控制路径进行了一些新的探索，深化了城市水系统模式的双循环

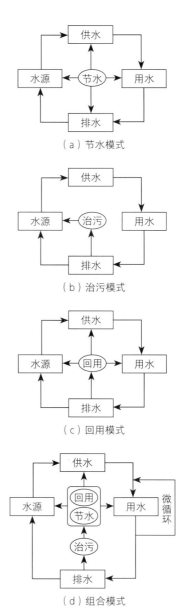

（a）节水模式

（b）治污模式

（c）回用模式

（d）组合模式

图2-4-3　城市水系统的改良模式

结构。即城市水系统是自然水循环和社会水循环耦合的复杂系统，前者以"降水—入渗—产汇流（径流）—蒸发（运移）"为基本过程，后者以"取水—供水—用水—排水"为主要过程。城市水系统是由多要素组成的、有序排列的有机整体（图2-4-4）。

对比不同城市水系统的模式图，新型城市水系统模式具有以下特点：①系统均具有双循环结构。充分认识自然水循环对城市水系统健康循环、可持续发展具有重要意义。结合自然本底条件，建设自然积存、自然渗透和自然净化的海绵城市。②自然

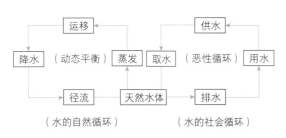

图2-4-2　自然与社会循环耦合的城市水系统模式示意

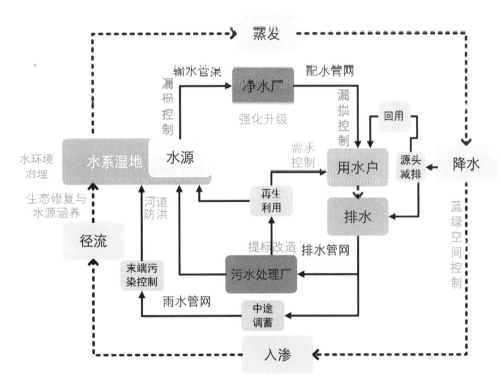

图2-4-4　新型城市水系统模式及调控路径示意图

水循环过程涉及流域范围，社会水循环涉及城市范围，两个水循环过程在不同空间尺度上通过各种要素各种过程相互联系和衔接，既体现在流域、城市层面，也包括片区和地块层面。③组成要素既包括灰色设施，也包括绿色设施，即设施和空间两类。

基于系统新模式，通过对系统全要素、全过程的调控来实现城市水系统的总体目标，调控对象为灰绿相结合的基础设施体系，既包括传统的工程设施，也包括具有一定复合功能的蓝绿空间。优化调控的思路与途径主要包括：①落实节水优先的理念，通过各类城市用户进行需求控制，降低社会水循环的通量；②强化污水再生利用和雨水资源化利用等子过程，优化系统的循环模式，促进资源的多级利用；③对各要素各过程的控制，控制方式主要包括污染控制、入渗控制、生态保护与修复、漏损控制、开发建设模式优化等，如通过生态保护与修复涵养水源，建设净化设施和人工湿地控制污染，建设源头海绵设施以加强降雨入渗，增加透水铺装优化城市开发建设模式等，从而提高系统的整体运

行效率、降低资源能源消耗。

可以看出，系统的整体性意味着系统不是各种要素、各个部分的机械组合或者简单叠加，各种要素、各个部分相互联系、相互作用形成的整体结构的稳定性是系统实现多样化功能的基础。与传统模式下以灰色工程设施为主的应对策略不同，新模式应对复杂水问题是通过对城市水系统全要素、全过程的调控来实现的。

城市水系统的理念与调控方法已经在一些项目中得到了应用，取得了良好的综合效益。如基于可持续城市水系统的理论及城市二元水循环数值模拟方法体系，陈吉宁等针对海河流域安全高效用水、经济科学减污提出了一系列的对策建议；王浩院士在深圳市坪山河干流水环境综合整治项目中，统筹考虑流域的水资源、水环境、水安全、水景观与水文化、水生态与水管理五方面的问题，提出了"流域统筹、协同治理、精准施策、智慧管控"的整治思路，已经取得了较好的成效。传统模式与水循环模式的综合对比如表2-4-1所示。

传统模式和水循环模式的比较 表2-4-1

	传统模式	水循环模式
出现的水问题	水资源、水环境、水安全	水资源、水环境、水安全、水生态；有限的资源环境承载能力
对水系统的认识	给水工程和排水工程	自然水循环+社会水循环的耦合系统
解决思路和应对策略	针对单个水问题，通过升级技术和建设工程设施来应对问题，以灰色工程设施为主	统筹考虑各方面问题，基于水系统全要素全过程提出综合的应对措施，灰绿蓝相结合的基础设施体系
效果	引发其他方面问题；问题不能彻底解决	综合目标、整体优化，系统地解决问题

4.2 新时期系统治水的理念与路径

基于我国城市水系统内外部发展形势和特征问题，凝练新时期城市水系统的治理理念和实施路径。

4.2.1 统筹治水——坚持系统思维

我国涉水基础设施逐步升级，行业服务水平明显提升，但城市水系统还存在质量不高、体系性不强等问题。一是设施和能力建设仍然存在短板。供排水管网建设滞后、老化破损，导致供水管网漏损率偏高和污水资源化程度较低等问题；厂—网—河—湖一体化运维、智慧监管和协调机制等能力建设滞后。二是整体性、系统性不足。城市水系统与山水林田湖生命共同体和城市有机生命体被人为割裂，导致城内城外不协调、灰色绿色基础设施缺衔接、水系统功能合力未发挥等问题。亟待通过系统治水理念来统筹补短板和体系化工作，解决当前城市水系统问题。

将系统思维应用于城市治水领域，统筹整体推进与重点突破。在整体推进方面，强化系统整体性和关联性，推进城市治水体系化建设，推动基础设施质量提升、效能提档。在重点突破方面，聚焦关键领域、薄弱环节，精准补齐地下管线、污水资源化设施、生态基础设施等方面的设施短板，以

及智慧监管、一体化运营、法规制度等方面的能力短板。

4.2.2 生态治水——坚持人与自然和谐共生

城市建设扩张导致城市生态空间被侵占，河道、绿地等具有蓄滞雨洪、气候调节功能的生态空间被破坏，阻断了水的自然循环，降低了城市韧性，导致城市水资源短缺、内涝频发等问题。生态治水理念的核心是促进社会水循环与人工水循环良性耦合。通过灰绿结合的生态治水理念，强调尊重、顺应和保护自然，坚持人与自然和谐共生，着眼于源头控制，着眼于分散化、循环化、小型化、本地化的建设方式。

贯彻生态治水理念，应强化城市生态基础设施建设。在资源供给方面，保护和修复城市上游水源涵养空间、建设城市污水资源化、雨水收集利用设施、推进节水型城市建设；在安全保障方面，统筹流域防洪和城市排水防涝、拓展雨洪消纳蓄滞空间、提高城市透水地面面积比例；在环境提升方面，坚持"水岸同治，厂网一体"，保持城市湖河水系连通和流动性，加强水生态修复和滨水空间建设。

4.2.3 全域治水——坚持全要素统筹

城市水系统的空间要素和设施要素，在不同尺度有不同的构成：①在流域和区域尺度上，水系统包括江河湖泊、森林草原等水源涵养空间以及大型水利工程设施。②在城市尺度上，城市水系统包括过境河流、城市内河、滨水廊道、调蓄绿地等空间以及防洪堤坝、厂（自来水厂、污水处理厂、再生水厂）、网（供水管网、污水管网、雨水管网、再生水管网）、泵（供水加压泵站、污水泵站、雨水泵站、排涝泵站）等设施。③在治水片区尺度上，城市水系统包括水塘、湿地、景观水体等空间以及市政供排水管网、小区海绵设施等设施。④在小区尺度上，城市水系统包括二次供水设施、供排水用户终端、节水器具、小区中水回用设施等设施（表2-4-2）。

城市水系统的设施、空间在不同尺度上的构成 表2-4-2

要素	流域/区域尺度	城市尺度	治水片区尺度	小区尺度
空间要素	河流、湖泊水系	城市内河、湖泊		
	林草湿地等水源涵养空间	城市绿地系统	水塘、湿地	
		城市滨水空间	景观水体	
设施要素	水库、大坝	防洪堤坝	海绵设施	二次供水设施
	河渠、防洪堤	供水设施（厂、网、泵）	供水管网	供排水用户端
		排水设施（网、泵、厂）	排水管网	节水器具
		内水设施（网、泵）	内水管网	中水回用设施

城市水系统各尺度空间和设施之间相互关联、紧密互动，才能协同发挥系统功能。不同尺度之间的统筹衔接尤为重要，全域治水思路是解决当前城市涉水问题，统筹各尺度设施和空间，构建健康城市水循环的必然路径。

落实全域治水理念，应加强各尺度协同连接。在区域流域尺度上，促进城市有机生命体与自然和谐共生，强化互联互通，推进规划协同、设施共建、服务共享、政策联动。在城市尺度加强城市内部水系、供排水系统和城市外围河湖、湿地有机连接，推动城市水系统建设方式和运营模式转型。治水片区是系统治水的基本单位，在治水片区尺度协同推进城市更新行动等各市建设工作，以"四水共治"为主要目标，增强城市韧性。在小区尺度加强源头管控，完善社区配套设施，打通城市建设管理"最后一公里"。

4.2.4 智慧治水——坚持精细化、智慧化

新时期，大数据、物联网、信息技术、人工智能、新材料、新能源和节能环保等新技术和新方向为城市水系统工作提供了未来的科技发展动力、路径和机遇。将新技术与城市涉水工作相结合，可实现城市水系统信息汇集存储、共享分发、预测预警和决策支持。城市涉水工作精细化监管需求和科学技术进步驱使智慧化成为传统涉水工作转型的必然趋势。

落实智慧治水理念，应推动城市水系统智慧化监管和一体化运营。运用先进的传感测控、通信网络、数据管理、信息处理等技术，完善城市水系统智能互联与在线监测网络，开发城市水循环全过程智能化安全监管技术，开发水质快速监测响应的水系统应急救援技术，结合城市CIM构建城市水系统规划建设管理平台；将智慧治水理念通过新技术新方法融入城市治水的方方面面。

4.3 统筹治水的方法

4.3.1 系统的内外部关系

城市水系统是社会水循环和自然水循环在城市空间耦合形成的复杂系统，具有整体性、动态性、开放性、层次性、复杂性、关联性、等级结构性等特征。城市水系统的结构以及内外部互动关系决定了其功能发挥，因此对城市水系统内外部关系进行解析是统筹治水的前提。

运用系统观念的基本思想方法，把城市水系统作为对象，将系统内外部关系从宏观到微观划分为环境、系统、子系统和要素四个层面。环境，指城市水系统的外部环境。城市水系统是自然水循环和社会水循环在城市空间的耦合，因此，外部"环境"指在自然循环中所依托的山水林田湖草沙等自然生态环境，以及在社会水循环中所服务的包括绿地系统、交通系统、环卫系统、能源系统等在内的城市人居环境（图2-4-5）。

落实系统治水，要注重水系统的整体性和功能要素的协同性，注重水系统的开放性与环境的协调

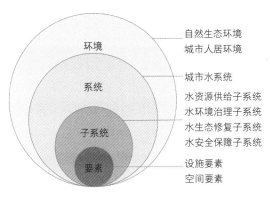

图2-4-5　城市水系统内外部结构示意

森林、农田、河流湖泊等互动关系。统筹城市水系统建设和山水林田湖草生命共同体，应加强城市生态基础设施体系建设，充分发挥山林的水源涵养功能、河流的水资源输送功能、湖泊的调蓄净化功能以及农田的蓄滞洪功能等界面功能，实现蓝绿空间统筹。

（2）统筹城市水系统建设和城市有机生命体

在与城市人居环境统筹方面，城市水系统与城市人居环境的接触界面包括水与城市内部的绿地、交通、环卫、能源、产业等系统之间的互动关系。统筹城市水系统建设和城市有机生命体，应统筹水系统、园林系统、交通系统、环卫系统、能源系统和产业系统建设，充分发挥绿地系统对初期雨水径流污染的削减、对雨水径流的控制，交通系统中路面的竖向设计对雨水排放的影响以及地下空间与市政管廊的协同，能源系统对城市水系统的动力支撑等界面功能。

性。以此为基础，研究环境、系统、子系统和要素之间的互动关系和变化规律，处理好城市水系统与外部环境以及内部功能要素的关系，是实现城市健康水循环、构建人水和谐、水城共融良好格局的关键。

4.3.2　统筹治水的方法

1．实现水系统内外统筹

城市水系统具有空间功能开放性和环境协调性的特征，人、水、城之间存在复杂交织的互动关系，在宏观层面处理好城市水系统和外部环境的关系，是系统治水的重要环节。基于城市水系统的自然社会耦合特征，城市水系统的外部环境可分为自然生态环境和城市人居环境两个大类（其中，城市人居环境从空间布局上位于自然生态环境内部，从功能上密切依托自然生态环境，因此城市人居环境在广义上属于自然生态环境的一部分）。城市水系统与外部环境有着密切的关系，包括水量、水质及能量的交换传递，产生这种关系的设施、空间及活动可以称之为"界面"。处理好城市水系统与城市发展和流域生态环境的关系，要综合考虑水与自然、水与城市、水与人之间关系，发挥和优化界面功能是做好城市水系统外部统筹的核心工作。

（1）统筹城市水系统建设和山水林田湖草生命共同体

在与自然生态环境统筹方面，城市水系统与自然生态环境的接触界面包括水与城市周边的山地、

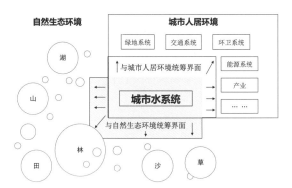

图2-4-6　城市水系统外部关系示意图

图2-4-7　城市水系统子系统与要素间关系示意图

2. 实现水系统内部统筹

在中观层面做好城市水系统内各子系统的统筹，可有效发挥子系统、要素的协同联动作用，最大化城市水系统功能价值。水资源供给、水环境治理、水生态修复和水安全保障四个子系统交叉互动密切，对它们之间的协同联动关系、运作机制进行解析，确定城市水系统内部统筹路径（图2-4-8）。

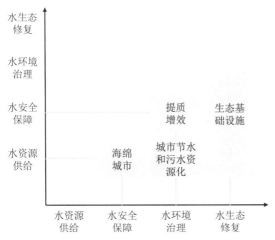

图2-4-8 城市水系统子系统统筹关系示意图

（1）统筹水资源供给和水安全保障子系统，全域系统化推进海绵城市建设

在我国城市可利用水资源量较低的大前提下，降雨量时空分布不均和气候变化带来的极端天气影响导致我国城市在水安全保障和水资源供给方面"水多""水少"问题十分突出。统筹水资源供给和水安全保障应聚焦水量通过各类设施的调配利用，尤其应聚焦雨水的问题，以缓解城市内涝为重点，推动源头减排和回用设施建设，统筹资源利用和防灾减灾工作，以全域治水、系统治水和生态治水理念为导向，建设"自然积存、自然渗透、自然净化"的海绵城市。

（2）统筹水环境治理和水资源供给子系统，强化城市节水和污水资源化工作

水环境治理和水资源供给子系统之间在水量和水质交换传递上有显著的协同效应。在水量方面，源头水资源节约设施管理手段可有效减少污废水的产生和

处理量，水环境治理中污水资源化设施和管理手段可有效提高城市可利用水资源量，从"节流"和"开源"两个方面构建水的良性循环。在水质方面，城市节水可有效减少污染物排放、提高污水处理厂进水浓度，提高水环境治理效能。统筹水资源供给和水环境治理应聚焦资源循环利用，以节水治污协同为工作重点，推进城市节水和污水资源化工作。

（3）统筹水安全保障和水环境治理子系统，推进污水提质增效工作

水环境治理与水安全保障子系统在设施和空间两个方面均有密切的互动关系。在设施方面，水环境治理所依托的污水处理设施与水安全保障所依托的防洪排涝设施在排水管网方面存在交集。污水管网和处理设施构成的污水处理系统可保障污水有效收集并处理，降低城市水环境污染负荷，提高水环境质量；雨水管网、源头减排设施和排涝渠道构成的排涝系统可保障雨水顺利排泄，降低初期径流污染，保障城市水安全。在空间方面，城市河道既是水环境的空间载体，又是水安全保障中洪涝调蓄和径流排泄的主要通道。统筹水环境治理和水安全保障应聚焦排水管网建设和河道空间保护拓展，推动污水提质增效工作，实现"源、厂、网、河、湖"一体化运行管理，推进污水提质增效工作。

（4）统筹水生态修复和其他子系统，构建连续完整的生态基础设施

水生态修复和其他子系统的互动关系主要体现水质、水量的空间传递。城市内河湖等水体是水系统的核心承载空间，四个核心功能单位均依托空间作为活动、治理和效果呈现载体，具有很强的空间协同耦合的关系。在水质方面，水环境治理带来的水质提升是改善提升水生态状况的前提条件，水生态修复带来的水体自净能力提升和雨洪调蓄空间拓展，是改善水环境、提高水资源供给能力及应对极端降雨和干旱气候的水量调节能力的有效手段。

统筹水生态修复和水系统其他子系统，应聚焦具有生态功能的设施和空间，保护和修复城市水系廊道、河湖湿地，拓展和保护城市蓝绿空间，发挥

河湖的自然生态功能，完善城市结构性绿地布局，保护城市生物多样性，构建连续完整的生态基础设施系统。

3．实现子系统内外统筹

在微观层面，各子系统通过设施和空间要素实现水量、水质的内外部传输连通。强化各子系统内外的统筹、衔接，是高效推动各项城市治水工作的重点。

（1）水资源供给子系统——统筹水源涵养和供水用水

在水资源供给子系统，水通过设施实现从城外到城内、从水源到用户的空间传输，并在供水用水过程中发生水量配置和水质变化。实现水资源供给功能，要强化子系统内外部的衔接，从促进城市水资源可持续利用的战略高度出发，统筹区域流域水源保护和城市供水用水。在水源方面，应统筹城市周边林地、湿地等水源涵养空间的保护和修复，提高城市水资源涵养蓄积能力，推动城市饮用水水源地保护和应急备用水源建设，保障城市供水水量充沛和水质安全。在城市供水用水方面，应构建安全可靠的城市多水源配置格局，将再生水、雨水、淡化海水等非常规水源纳入城市水资源统一配置，推进城市节水，提高城市用水效率。

（2）水环境治理子系统——统筹水环境提升和污水收集处理

在水环境治理子系统，污水处理设施和水体互为"源"和"汇"，水通过设施净化后从社会水循环返回自然水循环。实现水环境治理功能，要强化空间和设施的衔接，统筹环境提升和污水处理，畅通水循环净化环节。在空间方面，恢复和保持城市及周边河湖水系的自然连通和流动性，增强水体的自净能力，推动再生水回补河道。在设施方面，统筹污水收集、处理、再生回用设施建设，推行"厂网一体，水岸同治"的水环境治理模式，提高城市生活污水收集处理系统效能和污水资源化水平。

（3）水安全保障子系统——统筹城市防洪和内涝治理

在水安全保障子系统，自然水循环中的降雨径流，通过设施和空间被重塑、转化，实现有组织的蓄滞、净化和排放。实现水安全保障功能，在空间和水量上应侧重"城内和城外""大水和小水"的衔接，坚持防御外洪与治理内涝并重、生态措施与工程措施并举。在空间和布局方面，扩展城市及周边河湖水系、湿地、绿地等雨洪消纳蓄滞空间，提高城市透水铺装比例，增强城市调蓄、吸纳雨水的能力；优化城市竖向设计，做好自然地形地貌和建筑、道路、绿地、景观水体的标高衔接，为雨水有组织排放创造条件。在设施方面，统筹排水管网、雨水泵站、排涝通道和雨水源头减排工程建设。

（4）水生态修复子系统——统筹生态修复和人居环境

在水生态修复子系统，水通过工程和管理举措，恢复或趋近于自然状态，实现自然和社会水循环良性耦合，降低人类活动对水生态影响。实现水生态修复功能，要围绕人与自然和谐共生目标，统筹生态修复和人居环境构建。将城市水生态作为山水林田湖草沙生命共同体的重要组成部分，串联整合河湖水系、坑塘湿地、园林绿地、滨水区域等城市蓝绿空间，使城市内部的水生态空间与城市外围的山水林田湖草有机连接，维护生态过程。改造渠化河道，恢复自然岸线、滩涂和滨水植被群落，采取生物措施与工程措施相结合，建设滨水空间，开展生境营建，形成水清岸绿、鱼翔浅底的高品质城市滨水空间。

5 规划与管理

5.1 完善城市水系统规划体系

5.1.1 现有涉水规划体系

基于以工业文明为主导的传统认识，针对快速城镇化过程中出现的水源污染、供需失衡、洪涝频发、生态破坏等问题，同时伴随着相关专业学科的发展，涉水规划呈现出类型多、专业分工细、分管部门多等的特点，如某地级市编制的、与水相关的规划达十多项，包括供排水、防洪排涝、水系景观、节水、污泥处理处置、水源保护与生态修复、水环境整治等。这些规划对解决特定的具体问题起到了指导性作用；但同时也存在着规划层次不清、相关内容交叉重复甚至是冲突、相互间不协调等问题。这在不同程度上影响了规划的实施效果，对复杂水问题应对不力。

落实新时期系统治水的理念，也需要基于系统思维完善现有的涉水规划体系，以系统化地指导城市供水排水建设。

5.1.2 城市水系统综合规划的提出

目前涉水规划专业分割、部门分管，一些地方已经认识到规划之间不协调、缺乏对系统性的充分论证；但在现有规划编制体系框架下涉水规划的对接协调往往只能通过协调会、座谈会等方式进行，这些非强制性的协调手段，其有效性很难保证。鉴于规划体系具有分层结构的特点，不同层次的规划有不同的任务及相应的深度，上位规划对下位规划

有指导作用；结合现有涉水规划体系，类比交通规划体系，可以通过在城市国土空间规划（原城市总体规划）和现有涉水专项规划之间，增加一个综合性规划的层次——城市水系统综合规划，来实现城市水系统各部分之间的统筹协调及其整体优化，并进而向下指导协调各涉水规划（即水系统的专项规划）。

构建以城市水系统综合规划为统领，各专项规划和近期建设规划共同组成的城市水系统规划体系。城市水系统综合规划作为水系统综合治理的顶层设计，应在支撑城市国土空间规划的基础上，明确城市水系统建设目标和总体策略，从城市和区域、人工和自然、地上和地下等方面协调好与其他规划的关系。在城市水系统内部，协调好水资源、水环境、水安全与水生态之间的关系。水系统各专项规划要落实综合规划的要求，将目标分解落实成指标，并提出具体的实施路径，明确设施布局。近期建设规划要明确近期建设重点，建立项目库，明确项目的位置、类型、数量、规模、完成时间，提出建设时序和资金安排，落实实施主体。

实际上，近些年一些城市已经开展了综合性水系统规划的探索，如《深圳水战略（2004-2007）》，提出了水资源保障、水环境修复、水安全保障、水文化提升四大战略；《杭州城区水系综合整治与保护规划（2006-2007）》，结合自身特点确定了以水系为载体，以治污为前提，挖掘水文化，发展水经济

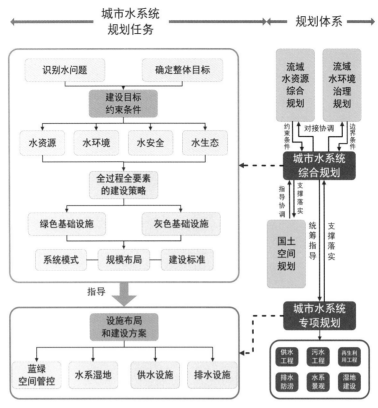

图2-5-1 城市水系统综合规划主要任务

和提升水环境服务全社会的综合目标，通过多专业协作和综合统筹制定了水系综合整治方案。《贵安新区核心区城市水系统综合规划（2013-2030）》针对水环境高度敏感、水资源短缺、水安全保障提出了新区规划城市水系统建设的综合方案，并在同步编制的新区总体规划中落实了对蓝绿空间的管控。

5.1.3 城市水系统综合规划的主要任务

城市水系统综合规划，作为城市水系统的顶层设计，其主要任务包括（图2-5-1）：

（1）系统地梳理各类水问题，对接流域的水资源综合规划和水环境治理规划确定系统的水资源和水环境边界条件。

（2）确定城市水系统的整体目标，每个城市的水循环系统受到特定的自然地理、气候水文、水资源条件以及社会经济发展水平等因素的影响，不同发展阶段也有不同的主要矛盾，因此需要研究确定各阶段城市水系统发展的具体目标指标。

（3）基于对系统全要素全过程的模拟、分析及评估，通过多方案比选和优化，提出蓝绿空间的管控措施以及涉水工程设施的建设方案，包括灰绿蓝设施的系统模式、布局方案及建设标准等。

（4）为国土空间规划用地布局和开发建设模式的论证提供支撑，并为城市水系统各专项规划提供指导，后者将进一步深化落实各类设施的建设方案。

反馈调整是实现系统优化的重要途径之一。城市水系统综合规划编制过程中可以通过系统整体目标优化与各子系统单项目标优化之间的多次反馈调整，来实现城市水系统的整体优化。

5.2 健全全周期管理政策体系

5.2.1 全周期管理政策框架

结合国际经验及我国城市水系统管理存在的现实问题，城市水系统全周期管理的主要内容应在尊重水系统循环而生的发展规律的基础上，从全要素、全过程、全场景等角度，实现全力由统筹。即统筹城市水系统管理与山水林田湖综合治理，实现城市有机生命体与生命共同体的有效结合，提高管理的整体性；统筹水资源、水环境、水安全，实现全要素管控，提高管理的全局性；统筹各管理部门，实现横向互动，打通"条块分割"格局，提高管理的系统性；统筹规划、建设、管理三大环节，

实现全流程监管，提高管理的协同性；统筹政府、企业、公众三大主体，强化闭环管理、分级管理，实现城市水系统的共建共治共享。

结合5大类政策工具，建议构建由管理目标、供给措施、行业需求、管理环境和评估手段组成的城市水系统全周期管理整体性框架（表2-5-1），形成由自上而下的引领与自下而上的反馈相结合的闭环政策体系（图2-5-2）。

城市水系统全周期管理整体性框架　　　　　　　　　　　　　　表2-5-1

工具类型	二级指标	主要内容
战略面 （管理目标）	规划、纲要	明确城市水系统发展战略定位，对区域内水系统发展进行中长期规划
供给面 （供给措施）	资金支持	政府从资金方面直接对行业管理提供支持
	技术支持	政府通过人才培养、技术研发、技术成果转让等协助行业管理
	信息支持	政府通过信息平台、资料库等信息基础设施为行业管理提供信息服务
需求面 （行业需求）	水资源供给	开源节流、循序利用等多措并举实现城市供水水量充沛和水质安全
	水环境治理	强化水污染治理、系统推进污水处理提质增效等多措并举改善城市水环境
	水安全保障	流域协同、空间管控、全域推进海绵城市建设等保障城市防洪排涝安全
环境面 （管理环境）	政务环境	加强政府部门组织领导建设，明确全周期监管方式及具体实施措施
	法规环境	政府通过法律法规加强市场监管，完善相关标准规范行业发展
	产业环境	政府制定财政补贴、税收减免等政策等推进产业发展，通过融资、风险投资、贷款担保等措施鼓励企业融资创新
评估面 （评估手段）	评估考核	政府通过对城市水系统管理政策实施效果评估，促进政策改进和新政策制定
	公众参与	政府推动社会多元主体参与实现共建共治共享

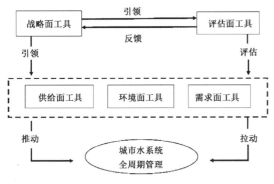

图2-5-2　城市水系统5类政策工具相互关系示意图

（1）战略面（管理目标）。根据城市水系统发展定位目标，制定城市水系统中长期发展规划，发挥战略引领作用，引导行业管理方向，把握政策工

具应用方向。

（2）供给面（供给措施）。政府通过部分提供或通过引导市场提供相关资源，强化水系统建设资金供给，加强城市水系统专业技术及综合管理人才培养，加大科研支撑，建立健全城市水系统全流程监测和规划建设管理一体化平台等，改善资金、技术、信息服务等要素的供给状况。

（3）需求面（行业需求）。政府通过政策导向，引导行业发展，调动市场积极性，进而拉动城市水系统的品质提升。具体表现：一是推动水资源节约与高效利用，推进节水型城市建设，建立从水源地到水龙头全流程供水安全保障系统；二是改善城市水环境，补齐城镇污水收集和处理设施短板，推

进污水处理提质增效;三是保障城市水安全,固守底线,系统化全域推进海绵城市建设,构建"源头减排、雨水蓄排、排涝除险"的城市排水防涝体系建设。

(4)环境面(管理环境)。政府通过完善组织领导,建立健全协同高效的水系统管理体制机制,开展同级政府之间横向互动,打通传统治理体系"条块分割"格局;建立健全推动高品质饮用水、有利于污水再生利用、保障防洪排涝安全等的相关法律法规和标准体系;创新财税金融措施,完善税收、用电用地等优惠政策,建立多渠道、多元化的建设投资机制,优化营商环境,吸引社会资本。多措并举,营造城市水系统发展的良好政务环境、法规环境和产业环境。

(5)评估面。政府结合城市体检、海绵城市监测评估、市政基础设施建设评估等工作,定期或不定期地组织对水系统管理政策制定、执行过程、实施效果等内容的评估,动态反馈城市水系统管理现状,将评估结果作为城市水系统管理政策优化调整的重要依据。同时,强化社会多元主体共同参与,构建现代城市水系统共治新秩序。

5.2.2 管理政策措施建议

城市水系统全周期管理应以整体性框架为基础,健全完善城市水系统管理政策体系。

从战略方面,建议编制水系统综合规划,明确发展目标;从供给面,建议加大水系统建设资金保障、人才培养和智慧化建设,保障内生动力;从需求方面,建议以节水型城市建设为抓手完善专业技术政策,推进水系统健康循环;从环境方面,建议推动水系统协调统筹管理机制,健全水系统法律法规、标准规范,完善有利于再生水循序利用的供水价格和污水处理费政策,创新融资途径;从评估方面,建议加强评估考核和公众参与,推动城市水系统全周期管理能力动态提升。

在具体政策实施方面,建议分为以下三个层级。

(1)地方性法规。建议制定城市水系统综合管理条例,为统筹全要素管控和全流程监管提供法律依据。集中水系统综合管理权,规定流域管理部门和各涉水主管部门权责范围,促进形成"统一指挥、整体联动、部门协作、快速反应、责任落实"的一体网格化联动协调管理新机制。同时明确建设资金、智慧平台、科研投入等资源供给。

(2)城市级规范性文件。建议科学编制水系统综合规划,在服从战略规划的基础上,从宏观层面对城市水系统及其基础设施进行总体部署,从用地、竖向及设施等方面与流域规划、城市道路交通、公园绿地、市政基础设施建设等专项规划做好协调衔接,同时作为供水、节水、排水等涉水专项规划的依据和前提。

(3)部门及规范性文件。建议制定促进水资源循环高效利用、系统化全域推进海绵城市建设、强化厂网河一体化综合治理等相关政策,健全规划建设标准体系,建立水系统建设资金统筹使用机制及管理考核实施办法。创新投融资管理模式,鼓励实力较强的企业采用并购、重组等方式整合增加投资收益,提高产业集中度。推进城市水系统管理"最后一公里"的优化延伸,推动水系统共建共治共享。

5.3 创新城市水系统管理实施机制

5.3.1 加强部门协调联动

在全周期管理理念下加强统筹协调,可通过成立高级别的综合性管理机构,加强部门横向联动。由政府主管领导担任机构领导,办公室设于城市建设主管部门,承担机构日常工作。研究审议重大政策、重大项目、制定年度工作安排等,优化城市水系统管理的政务环境。同时出台相关法规文件规范机构运行,明确政府各部门具体涉水管理任务,落实工作责任,消除管理盲区。

同级政府部门之间在强化横向联动的基础上强化应急协同处置,打通传统治理体系"条块分割"

格局。以城市防洪排涝工作为例，在城市水系统综合性管理机构的指导下，联合流域管理、城市建设、水利、应急管理、自然资源、气象等有关部门，健全监测预警联动体系，全面加强洪涝、城市内涝等监测，强化气象、水位等信息共享，实现资源的实时沟通和有效配合。

5.3.2　推动智慧化管理

"全周期管理"的科学内涵在于大数据和科学技术的支撑。城市水系统涉及不同主体、不同层级、不同区域等维度，应有效发挥现代信息技术的支撑作用，实现系统内数据聚合、关联和激活，构建城市水系统智慧管理体系。在已有管线普查基础数据、地理信息系统基础上，全面落实城市水系统基础设施普查建档制度，进一步摸清城市水系统各类基础设施现状底数，并进行动态更新。在掌握全面及时准确的信息基础上，结合城市信息化模型（CIM）建设，形成城市水系统规划建设管理"一张图"。建立集供水服务、污水收集处理、排水防涝监测与应急响应等为一体的城市水系统规划建设管理平台，不断完善集中管理、统一调拨、采储集合等全要素管理模式。同时，依托平台，对城市水系统的规划实施、建设进展、运行效率、设施水平以及安全性、协同性等方面进行评估，动态跟踪城市水系统建设管理情况，评估结果作为城市水系统管理优化调整的重要依据。

5.4　构建城市水系统评估指标体系

5.4.1　开展定量化评估与反馈

建立城市水系统规划建设的指标体系，进行定量化的评估并不断反馈，是促进城市水系统不断优化的重要方式。

城市水系统的总体目标是实现良性循环和可持续发展，从自然属性和社会属性两个层面出发，按照由目标层、准则层到指标层逐级分解的逻辑路径，分别建立城市水系统的构建标准和城市水设施

的建设标准（指标在两个层面的划分也不是绝对的）。

指标选取遵循以下原则：系统性和完整性相结合；典型性和代表性相结合；因地制宜和理念创新相结合；定量与定性相结合；具有可操作性，简单明了，可统计并便于核算。

5.4.2　城市水系统构建标准

基于维持良性自然水循环的目标，提出了水资源、水环境、水生态和水安全4个维度的城市水系统构建的总体目标：①以水资源承载能力为刚性约束，满足流域水资源的可持续利用的控制要求；②以水环境承受能力为刚性约束，满足流域区域水环境质量的目标；③以排水安全为前提，践行海绵城市理念，最大限度地降低城市开发对流域自然水文循环的影响；④以水生态健康为底线，维护流域水生态安全格局结构与功能的完整性。从上述四个维度出发，研究提出对应的10条准则、29项控制指标组成的城市水系统构建标准（表2-5-2）。

1.　水资源维度

水资源维度包括三条准则和八项控制指标。

（1）节水优先准则。提出了人均综合用水量、人均新鲜水用水量和人均居民家庭用水量三项控制指标，分别旨在提高城市生产生活用水、生活用水的用水效率和节水水平，人均新鲜水用水量指标间接反映水资源重复利用及非常规水资源的利用水平。

（2）推动非常规水资源利用的准则。提出雨水替代率和污水资源化利用两项控制指标：前者旨在鼓励雨水的资源化利用，并替代一定比例的供水；后者旨在引导城市生活污水的全收集、全处理和全利用。

（3）促进流域水资源的可持续性准则。考虑落实"以水定城"的发展理念，设置三项控制指标：①水资源开发利用率统计范围是流域，城市建设是影响该指标的重要组成部分，但并不完全决定该指标值。②为实现地下水采补平衡，设置地下水超采率目标。③跨流域外调水资源量不增加，设立本指

标旨在落实节水优先、水资源承载力为刚性约束的规划理念，以流域水资源承载力作为刚性约束，倒逼转型发展，通过加大节水、加大非常规水资源的利用、统筹优化区域外调水的优化配置等措施来解决发展的水资源需求，实现跨流域调水量不增加的目标。

2.水环境维度

水环境维度包括三条准则和五项控制指标。

（1）满足流域的水功能区/断面水质目标，对应的控制指标为断面水质达标率、水功能区达标率、集中式饮用水源地达标率三项。

城市水系统构建指标体系表 表2-5-2

维度	目标层	准则层		指标层	
水资源	水资源承载能力为刚性约束	促进流域水资源的可持续利用	节约优先	1	人均综合用水量
				2	人均新鲜水用水量
				3	人均居民家庭用水量
			发展非常规水资源利用	4	雨水替代率
				5	污水资源化利用率
			促进流域水资源的可持续性	6	水资源开发利用率
				7	地下水超采率
				8	跨流域外调水资源量
水环境	水环境承受能力为刚性约束	推动流域水环境质量的持续改善	满足流域的水功能区/断面水质目标	9	断面水质达标率
				10	水功能区达标率
				11	集中式饮用水源地达标率
			满足流域城镇污水厂排放标准目标	12	城镇污水处理厂排放达标率
			满足受纳水体水污染物排放总量控制目标	13	污染排放总量
水安全	水安全为前提	践行海绵城市理念，尽可能地降低对流域水文循环的影响	全频率降雨径流过程线不变化	14	设计降雨频率
				15	径流总量控制率
				16	径流峰值流量
				17	径流峰值到达时间
水生态	水生态为底线	维护流域水生态安全格局结构与功能的完整性，促进流域生态系统的修复	严守生态红线，城镇用地布局生态优先	18	空间布局和结构	蓝绿空间占比
				19		水面率
			严格管控生态空间，建设生态网络	20		水系连通性水平
				21		生态岸线比例
				22		河道弯曲程度
			维持生态系统的物理化学及生物完整性，恢复和修复水系生态系统	23	水文	生态流量保证率
				24		生态水深
				25		生态水流速
				26	水质	BOD$_5$
				27		营养物质指标-TN
				28		营养物质指标-TP
				29	生物多样性	土著物种数量

（2）满足流域城镇污水处理厂排放标准目标，对应控制指标为城镇污水处理厂排放达标率。

（3）为满足入河水污染物排放总量控制目标，对应指标为入河污染物排放总量，旨在与流域水环境治理规划的要求相衔接，其具体取值由流域相关规划确定。

3. 水安全维度

从海绵城市的核心要义出发，在充分借鉴欧盟理念及相关标准的基础上，创新提出了全频率降雨过程线不变化的准则，旨在尽量地降低城市开发对原有水文循环的影响。建议根据城市具体情况确定设计重现期标准，至少包括典型年、2年~5年、20年~100年等设计重现期；针对不同频率设计降雨，控制指标不仅包括了径流总量控制率，还包括径流峰值流量控制和径流峰值到达时间等指标。

4. 水生态维度

水生态维度包括3条准则和12项控制指标，体现生态优先、"水清岸绿、鱼翔浅底"的规划理念和目标。

坚持生态底线思维，落实城镇用地空间布局生态优先的理念，涉及蓝绿空间占比和水面率两项控制指标。

严格管控生态空间，建设生态网络，对生态空间结构的连续性、完整性及形态提出控制要求，包括生态岸线比例、水系连通性水平、河道弯曲程度三项控制指标；避免在新区开发建设中再出现水系被过度填埋、裁弯取直等老问题。

维持生态系统的物理化学及生物完整性，恢复和修复水系生态系统，对应提出七项控制指标。

（1）水文方面，除了生态流量保证率外，还增加了生态水深和生态流速两项指标，生态流量保证率是维系河湖生态功能的重要指标，是基于最小生态流量计算的，后者指能够满足河流生态稳定和健康所允许的流量最小值。生态水深对河道生态健康功能的保障具有重要意义，可根据鱼类优势种群的体长设定生态水深下限。生态流速是指使河道生态系统保持其水生态功能的水流流速，河道流速不宜过大或过小，流速过小，无法刺激鱼类产卵，且河道泥沙易淤积，流速过大，则不适宜部分鱼类生存，且河流无法充分发挥自净功能。

（2）水质方面，选取了BOD、TN、TP三项典型水质指标，其目标值可参照国内外相关水质标准设定。

（3）生物多样性方面，选取了一项代表性指标，即生物物种数量，建议应根据现状生态调查数据进一步确定，并进行长期跟踪监测。

5.4.3 城市水设施建设标准

在实现健康自然水循环的基础上，城市水系统具有社会属性，从社会水循环发挥功能的角度出发构建城市水设施建设标准。从城市水资源供给、水环境治理、有效应对洪涝及水生态产品供给四个维度的服务范围、服务水平及效率、资源环境效益、安全性及技术经济性等方面确定总体目标，以充分体现公共服务全覆盖、绿色低碳、资源节约、环境友好等发展理念；包括相应的准则及控制指标28项，其中每项功能设施都需要充分考虑技术经济性，具体计算指标及其目标值可依据规划设计运行各阶段的实际研究确定（表2-5-3）。

1. 水资源供给维度

水资源供给维度包括八项指标。为引导实现公共供水全覆盖和全域高品质饮用水供给，设置则公共供水普及率和高品质饮用水覆盖率指标。

从节约资源能源的角度出发，提出供水管网漏损率和吨水能耗两项指标。

基于提高应急供水能力及供水安全保障水平，提出三项定性的控制指标：水源互补性、应急备用水源供水能力和应对突发性水污染类型。水源互补性，主要是针对水源类型单一、供水风险较大提出的。应急备用水源能力和应对突发性水污染类型，建议作为定性的导向型控制指标。首先进行水源风险分析，以进一步确定合理的应急备用水源规模和水源风险类型。

维度	目标层	准则层		指标层
水资源供给	服务功能及水平	服务全覆盖	1	公共供水普及率
		供水保证水平	2	供水保证率
		水质安全	3	高品质饮用水覆盖率
	资源和环境效益	减少资源浪费	4	供水管网漏损率
		减少能源消耗	5	吨水能耗
	安全性	水源类型及组成	6	水源互补性
		应急处理能力	7	应急备用水源供水能力
			8	应对突发性水污染类型
水环境治理	服务功能及水平	生活污水全收集全处理	9	污水集中收集处理率
		污泥无害化全处理	10	污泥无害化处理处置率
		控制径流污染	11	年径流污染控制率
	资源和环境效益	污水处理后全回用		（污水资源化利用率）
		能源自给率水平	12	吨水电耗
		物质（营养元素）回收利用	13	氮元素回收率
			14	磷元素回收率
		污泥资源化利用	15	污泥土地利用率
	安全性	厂网联动	16	厂网设置
		应急调蓄能力	17	事故池设置
有效应对洪涝灾害（水安全）	服务功能及水平	保留蓝绿空间		（蓝绿空间比例）
		工程设施建设	18	工程防洪标准
			19	内涝防治标准
			20	管网设计重现期
水生态产品的供给	服务功能及水平	感官水质良好	21	透明度
		景观娱乐功能	22	亲水便利性
			23	公共岸线比例
			24	美学价值
		文化功能	25	水文化传承
	资源和环境效益	碳汇作用	26	单位面积碳汇量
技术经济性	经济性	优化建设运行成本	27	建设成本
			28	运行成本

注：（ ）为与城市水系统构建指标体系重复的指标。

2. 水环境治理维度

水环境治理维度包括八项指标。

引导城市生活污水全收集全处理，设置污水集中收集处理率指标，该指标以污染物的量进行统计。

基于资源和环境效益提出吨水电耗、氮元素回收率、磷元素回收率及污泥土地利用率四项指标。

在安全方面，考虑污水处理的运行风险，提出厂网联动和事故池设置两项定性控制指标，旨在降低由于污水处理运行事故可能带来的环境风险。

3. 有效应对洪涝灾害维度

本维度包括三项指标，含防洪标准、内涝防治标准、雨水管渠设计标准。

4. 水生态产品供给维度

落实以人为本的规划理念选取典型指标六项。

感官水质指标选取透明度，主要参考《城市污水再生利用 景观环境用水水质》等标准。

选取亲水便利性、公共岸线比例、美学价值和文化传承等定性或定量指标，引导城市水系岸线和滨水空间的规划设计。亲水便利性，是指公众能够接近河道景观地带并且利用其空间资源的自由程度和方便程度，此外，还包含亲水设施的建设情况和便利情况。公共岸线比例，应考虑到一些河道岸线承担着特殊用途。美学价值，其美观程度体现河流的娱乐功能和美学功能，可在相当程度上反映景观河道的健康水平，也是水系社会属性的重要方面。水文化传承，是体现"人水和谐"的重要方面。

城市生态空间具有碳汇作用，选取单位面积碳汇量的控制指标，旨在引导未来实现碳达峰碳中和目标。

城市水系统规划建设关键技术

内容

摘要

本篇以规划建设健康循环的城市水系统为目标，以"创新引领、重点突破、分步推进、系统构建"的理念为指导，按照城市水系统领域的科技需求及国家水专项的总体任务部署，结合水务院"十一五"以来承担的相关课题研究和若干项关键技术的突破，通过整合梳理，形成了包含体系层、领域层、方向层等三个层级，覆盖水资源供给、水环境治理、水安全保障和水生态修复等领域，涉及规划建设和管理评估等各环节的城市水系统规划建设技术体系。

本篇分为5章，第1章为技术体系概述。阐明技术的内容与特点，要素与功能，层级与组成，简述关键技术间的关联性和层级性。第2章为城市水系统综合调控技术集群。阐述了城市水系统模式综合评估、城市水安全保障需求分析、城市水系统多过程耦合优化等体系层关键技术。第3章为城市水资源配置及供水系统优化领域技术集群。阐述了城市供水系统规划技术评估、规划方案评估等领域层关键技术，和水资源配置、供水系统优化、城市节水等方向层关键技术。第4章为城市水环境治理及水生态修复领域技术集群。阐述了城市水环境规划优化、健康水环境调控等领域层关键技术，和水污染控制、水环境治理等方向层关键技术。第5章为海绵城市建设及水安全保障领域技术集群。阐述了海绵城市建设评估等领域层关键技术和源头雨水调控、内涝防治等方向层关键技术。

1 技术体系概述

1.1 技术内容与特点

城市水系统规划建设关键技术，是依托相关课题研究取得的核心技术集合。各技术之间相互联系，按照一定的结构方式组成技术体系，覆盖城市水资源供给、水环境治理、水安全保障、水生态修复等四大领域，涉及城市水系统的规划、建设、运行和管理等各个环节。该技术集合具有如下特点。

（1）层次性：基于不同技术的实施层级和纵向联系，分为体系层、领域层和方向层。既有调控城市水系统全局的综合调控和整体优化技术，又有覆盖单个领域的集成技术，还有针对特定优化方向的关键技术。

（2）交互性：不同技术的研究对象涉及水源与供水、污水处理与水环境治理、海绵城市及排水防涝、城市水系及水生态等要素，基于城市水系统复杂要素之间相关影响、相互作用，技术之间具备一定的关联性和交互性。

（3）整体性：技术集合的实现目标是支撑城市水系统这一有机整体的整体优化，不同技术的对象范围相互关联，横向覆盖城市水系统各要素，纵向覆盖规划建设管理各层级，空间覆盖片区、城市、流域等尺度，形成一个整体的技术体系结构。

（4）功能性：各技术按照一定结构和一定关联组成有机整体，不同技术具有各自的技术目标，不同层次的技术集群具有特定功能，可为完成相应层次的规划建设任务提供技术依据。

1.2 技术要素与功能

城市水系统规划建设技术体系具有层次性，结合城市水系统的层次结构以及相关课题（或子课题）研究突破的核心技术，将技术体系分为三个层级，分别是体系层、领域层和方向层。则技术体系的组成要素分为四个类型，即技术体系、技术领域、技术方向和技术单元，各要素相关内容与具体功能如下（图3-1-1）。

（1）技术体系：在整体部署背景下，为完成特定体系化的规划设计任务，基于要素耦合和统筹协调而由功能相互联系、多层次技术要素组成的技术体系。

（2）技术领域：根据不同领域的任务需求，包括城市水资源配置及供水系统、城市水环境治理及水生态修复、城市水安全保障等各领域优化目标，而由不同技术方向、按照相互配合关系组成的技术群。

（3）技术方向：为支撑城市水资源配置、供水系统优化、城市节水、水污染控制、水环境治理、源头雨水调控、内涝防治等特定方向，由多个基本技术单

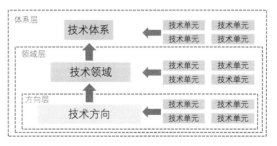

图3-1-1 城市水系统规划建设技术层级及构成要素

元组合而成的技术群。

（4）技术单元：具有独立能力，可支撑具体技术方向的基本技术单元，如城市供水系统高危要素识别及应急能力评估技术、污水处理厂高标准净化处理技术等。

1.3 技术层级与组成

城市水系统规划建设关键技术是开展城市水资源配置、水环境治理、水安全保障、水生态修复等工作的技术保障，可为水源保护—取水—供水—用水—水处理—循环利用等各环节规划建设决策提供技术依据和支撑。

根据典型性、科学性、实用性、可操作性原则，系统梳理城市水系统规划建设相关课题研究取得的近二十项核心技术。结合各项技术的内涵、特点和所属领域，将各技术单元划分为体系层技术、领域层技术、方向层技术三个层级，初步构建城市水系统规划建设关键技术架构，如图3-1-2所示。

体系层技术，服务于城市水系统规划建设的宏观尺度综合性调控技术。包含城市水系统模式综合评估技术、城市水系统安全保障技术、城市水系统多过程耦合优化技术等技术单元。

领域层技术，服务于各领域的中观调控评估类技术。城市水资源配置及供水优化领域，包含城市供水系统规划方案综合评估技术、城市供水系统规划评估技术等技术单元；城市水环境治理及水生态修复领域，包含城市水环境系统规划调控优化技术、城市健康水环境调控技术等技术单元；海绵城市建设及水安全保障领域，包含海绵城市建设评估与智能化监控关键技术等技术单元。

方向层技术，服务于各技术方向的基层技术单元。水资源配置方向，包含基于荷载双向互馈的水资源协同配置技术单元；供水系统优化方向，包含城市供水高危要素识别及应急能力评估技术、城市应急供水优化调控技术等技术单元；城市节水控制方向，包含城市规划对城市节水的影响分析及节水评价技术单元；水污染控制方向，包含城市生活污水处理厂高标准净化处理技术单元；水环境治理及水生态修复方向，包含城市水体功能区优化及水质标准控制技术、城市水体功能风险识别技术等技术单元；海绵城市建设方向，包含不同历时降雨特征下雨峰雨量控制评估技术单元；城市内涝防治方向，包含城市内涝风险评估技术、内涝防治规划编制技术等技术单元（图3-1-2）。

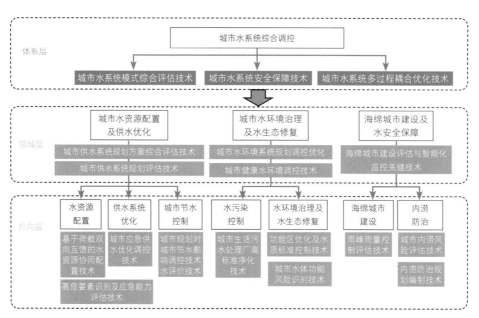

图3-1-2　城市水系统规划建设关键技术架构

2 城市水系统综合调控技术

2.1 城市水系统模式综合评估技术

2.1.1 技术背景和需求

城市水系统涉及水源—供用水—排水—污水处理回用等组成的水循环全过程，具有自然水循环与社会水循环耦合的重要特征，其可持续性除要求保证城市供排水安全之外，还涉及环境、资源、技术、社会等方面的可持续性。为提高城市水系统的可持续性，污水的源分离收集处理、污水的再生回用及雨水收集利用等新型城市水系统模式应运而生，同时国内外学者也开展了城市水系统综合评估与优化的研究。评估维度从单纯的经济和环境维度，进一步拓展到技术可靠性、资源可持续性、社会接受度等多维度，因此亟需研发包括水量水质在内的多元物质流模拟分析技术以支撑多维度指标的计算，进而建立多目标城市水系统综合评估方法。

此外，更多新模式的引入使得系统内设施的类型、布局及运行模式更加多样、设施之间动态关联更加复杂，这些都大大增加了系统方案在时间和空间上的复杂性，因此须开发基于连续采样和智能优化的城市水系统模式方案自动生成算法，以便获得充足的模式设计样本方案，进行综合评估与系统优化。

2.1.2 技术内容

综合运用物质流分析方法、生命周期分析方法、空间网络分析等方法，构建城市水系统多元物质流的时空动态模拟模型，对全过程的水量与水质（如污水子系统以COD、TN、TP为特征物质）分布特征与系统整体特征进行模拟评估，空间精度为城市地块、组团或片区，时间精度为日，并通过模型计算环境、资源、建设成本、运行成本等。建立定量化城市水系统评估的指标体系，开展城市水系统模式综合评估。

主要技术流程：确定模拟评估的系统边界，模拟物质种类和模拟精度，根据环境、资源、经济等六个维度确定综合评估的指标体系，分析供水、雨水、污水子系统及水系统过程的待评估模式，使用情景设计或优化算法对待评估系统模式的具体方案（空间布局、规模与尺寸等）进行设计，将生成的规划方案信息输入各子系统的模拟工具，对系统进行物质流模拟，计算各评价指标得分，并对方案进行排序、比选和优化。

综合评价指标体系包含环境、资源、技术、经济、社会、管理6个维度，共8~12个指标，如表3-2-1所示。同时包括基于连续采样和智能优化的城市水系统规划方案自动生成算法，供评估模拟、比选和优化，增强城市水系统规划的合理性和科学性。

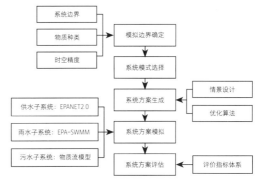

图3-2-1 水系统模式评估技术流程图

城市水系统模式综合评估指标体系　　　表3-2-1

评价维度	评估指标		
	供水子系统	雨水子系统	污水子系统
环境水质	水龄、管网水质和龙头水质、消毒剂余量	年径流污染控制率（SS、化学需氧量、重金属等）	化学需氧量排放量、总氮排放量、总磷排放量、污泥产生量
资源	新鲜水量、漏损量	雨水资源化利用量、年径流总量控制率	水资源回用量、能源使用量、氮元素回收量、磷元素回收量
经济	全生命周期的建设、运营维护成本		
社会、管理	公众接受度、管理机构复杂度		
技术	技术成熟度		

2.1.3　技术创新点

①构建了城市水系统模式综合评估指标体系，在传统的环境、技术与经济指标的基础上，增加资源回收效率、管理复杂度、社会接受度等新指标，进一步丰富评价体系内涵。

②实现了城市水系统多元物质流时空动态模拟，包含物质种类多、模拟时空精度高，使系统评估更加可靠。

③将连续采样和智能优化算法相结合，实现了多种模式下城市水系统方案的自动采样与设计，解决了系统多要素间的相互依赖在优化过程中的困难，同时保证生成待评估方案的质量。

2.1.4　应用情况及取得成效

该技术应用于雄安新区城市水系统模式评估。针对雄安新区"高起点、高标准、创新性、引领性"的建设要求，结合未来新区的发展目标及其对城市水系统的需求，从经济、环境、资源等多维度，以雄安新区城市水系统的污水子系统为例，对规划方案进行了大规模采样、评价与比选。从雄安新区起步区城市建设用地（约100km²）中提取1040个排水地块（空间精度约100m），根据规划的土地

利用类型，考虑排水量、再生水需求量的逐日变化，对新区城市水系统物质流进行建模，以资源和经济两维度作为优化算法的优化目标函数，共获得超过56万种推荐方案，方案中分别包含2～8个污水处理厂，空间布局均属于组团式。在传统模式的基础上进行连续采样，进一步获得300多万种源分离模式方案。将所有方案使用指标体系进行评估和比选，最终得到约3400种环境污染物排放少、水资源使用量少、经济成本低的推荐方案。与基于经验方案相比，本方案集可以在不增加经济成本的情况下多满足约20%的再生水需求，或系统其他性能保持不变的情况下节约经济成本约7%。

2.1.5　成果产出

形成《雄安新区城市水系统规划编制技术指南（建议稿）》，取得软件著作权：基于多元物质流模拟的城市水系统模式综合评估软件V1.0，登记号：2020SR1914127。

（技术来源："十三五"水专项独立课题，雄安新区城市水系统构建与安全保障技术研究，2018ZX07110-008）

2.2　城市水系统安全保障技术

2.2.1　技术背景和需求

全球气候变化影响加剧，自然灾害强度、频度、影响程度不断增大，人类活动对城市水系统的影响日益加剧，城市水系统面临灾害的暴露度和脆弱性与日俱增。伴随着城镇化发展，人口迁移和聚集、建筑物密度增多、产业结构调整、区域影响力增强等，导致各种突发事件灾害要素以及承灾载体密度的增大，带来更多、更复杂的新问题。亟待基于气候变化、急性冲击灾害（地震、洪水、内涝等突发事件）等影响，对城市基础设施承载能力进行不确定性分析，提出各类不确定性因素影响下城市水安全保障技术措施建议。

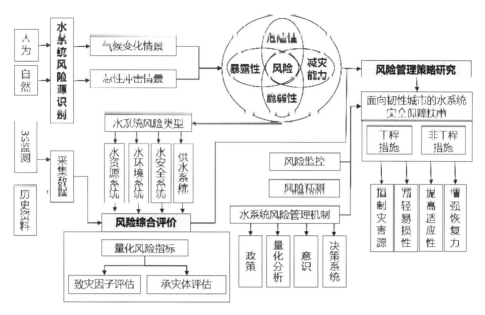

图3-2-2　面向不确定性影响的城市水系统安全保障技术流程图

2.2.2　技术内容

本研究考虑的不确定性影响主要为气候变化和急性冲击。技术分为气候变化条件下的城市水安全保障技术和面向急性冲击影响的城市水安全保障技术两部分。技术流程如图3-2-2所示。在"气候模式预估—气候变化增量分析—水系统影响风险分析"的技术框架下，集成了气候模式预估降尺度技术、气候变化增量分析技术、排水防涝风险分析技术、水环境风险分析技术等多项技术。

（1）气候变化条件下的城市水系统安全保障技术（图3-2-3）。工作流程主要包括气候模式预

估、气候变化增量分析和水系统影响风险分析。首先，采用降尺度方法，用全球气候模式驱动区域气候模式，对未来的气温、降水等气象因素进行模拟预估。其次，分析气候变化情景下气温、降水等气象因素的变化情况，重点对降水强度的变化进行分析。最后，运用排水防涝模型、水质模型等分析气候变化对城市水系统的水资源、水环境、排水防涝等各子系统的影响路径与影响程度。

（2）面向急性冲击影响的城市水安全保障技术。首先识别城市水系统面临的急性冲击风险源，采用风险分析矩阵对主要急性冲击灾害进行综合打

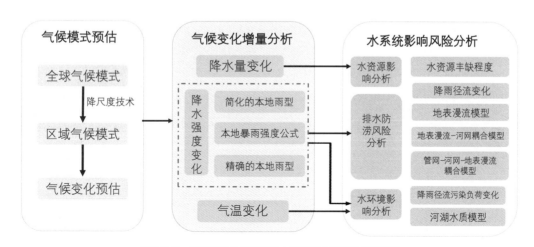

图3-2-3　气候变化条件下城市水系统安全保障技术流程图

分，分析孕灾环境的不确定性，对可能面临的自然灾害、人为事故等急性冲击风险源进行辨识。

采用定性与定量相结合的方法开展急性冲击灾害多情景多灾种安全保障的技术需求分析，分析可能遭受的急性冲击灾害类型，以及不同灾害的影响时间、影响范围、承灾体类型、损失程度及风险等级。

在此基础上，以提高韧性、适应性和应对不确定性为导向，基于韧性理论和水系统理论，建立面向不确定性影响的城市水系统安全保障指标体系（表3-2-2），提出韧性水系统规划建设策略及管控方法。

韧性城市水系统评价指标体系　　　　　　　　　　表3-2-2

维度	目标	指标
一、战略和协同	1 协同化的风险管理	1.1 与上游利益相关者积极协调
		1.2 围绕下游影响进行主动协调
		1.3 部门条块协调
	2 可持续的战略思维	2.1 水系统长期战略和行动规划的制定
		2.2 将社会、环境和经济效益纳入水系统决策
		2.3 将专家技术咨询纳入水系统决策
		2.4 将地方知识和文化纳入水系统决策
	3 适应性水系统规划	3.1 动态体检评估水系统的机制
		3.2 水源、管网和设施的冗余度
		3.3 城乡基础设施和水设施的耦合性
		3.4 水系统综合防灾标准的完备度
二、可持续和效率	4 可持续资金和融资	4.1 水设施的建设提供充足的财政资源
		4.2 水设施的维护和保养提供充足的财政资源
		4.3 确保政府有足够的资金用于水系统灾后恢复
		4.4 基于成本回收和需求管理的水费定价
	5 有效的实施监管	5.1 水系统管理高效的信息响应和传导
		5.2 水设施设计施工抵御灾害标准的实施
		5.3 各级国土空间规划中水系统相关内容的实施度
		5.4 供水服务质量的有效监管
三、弹性和适应	6 灾前预防和准备	6.1 弹性的水设施
		6.2 多样化的水设施
		6.3 水设施的监测与预警
		6.4 水环境的监测与预警
		6.5 节水措施
		6.6 地下水和地表水资源保护措施
	7 灾中的稳健应对	7.1 综合灾害监测、预报和预警系统
		7.2 水设施应急救援和抢险队伍建设
		7.3 内涝抢险应对能力
	8 灾后恢复和学习	8.1 水源水质、水量恢复能力
		8.2 供水设施功能恢复能力
		8.3 排水系统功能恢复能力
		8.4 灾后分析及学习能力
四、公平和健康	9 公平的基本服务	9.1 安全饮用水的覆盖率
		9.2 污水集中处理的覆盖率
		9.3 水资源的普遍负担能力
	10 健康的水系空间	10.1 绿色基础设施实施度
		10.2 水环境水质达标率

2.2.3 技术创新点

①提出气候变化对城市水系统影响与风险分析的"气候模式预估—气候变化增量分析—水系统影响风险分析"的技术框架。根据气候模式预估结果数据的不同精度，提出不同精度的气候变化增量分析方法。提出了分层级的气候变化背景下城市水系统影响与风险分析方法。

②提出有效识别城市水系统面临的急性冲击风险源识别方法，以及急性冲击灾害多情景多灾种风险分析方法。采用定性与定量相结合的方法，分析城市在不同发展阶段可能遭受的急性冲击灾害类型，以及不同灾害对城市水系统的影响时间、影响范围、承灾类型、损失程度及风险等级。

③建立全过程城市水系统风险评估方法及安全保障指标体系。以提高韧性、适应性和应对不确定为导向，基于韧性理论和水系统理论，从水资源、水环境、水生态、水安全、供水及排水等子系统维度，建立了涵盖"4个维度、10个目标、37个绩效指标"的面向不确定性影响的城市水系统安全保障指标体系。

④从空间角度量化评估城市水系统韧性安全状况，识别出三个主要敏感因子，并从"预防、预警、应对、重建"四个阶段建立了城市水系统规建运维全过程风险监管机制。

2.2.4 应用情况及取得成效

该技术应用于雄安新区城市水系统安全保障求分析。面向新区千年大计的城市发展，预估在未来气候变化RCP4.5和RCP8.5（RCP，Representative Concentration Pathways，即典型浓度路径）情景下年降雨量、日降雨量及小时降雨强度等变化情况，分析了气候变化带来的降雨增量，拟合生成不同气候变化情景、不同降雨历时的雨型。模拟了雄安新区起步区在不同气候变化情景、不同降雨历时的降雨径流与径流污染的增量，对于所面临的排水防涝与水环境的风险进行了分析，提出了蓝—绿—灰色基础设施相结合的应对策略。

利用风险分析矩阵对起步区开展急性冲击灾害影响下城市水系统风险评估，识别出洪涝、地震、野火、寒潮、公共卫生事件和网络与信息安全事件为雄安新区城市水系统主要面临的急性冲击风险。结合新区实际情况以及和利益相关者的讨论进行风险评估，定量评估了新区水系统应对各类急性冲击的危险性、暴露性及脆弱性。依据风险评估结果，研究城市水系统安全保障关键技术，得出了城市洪水内涝用地安全空间管制、关键水设施安全韧性保障、城市水系统灾后恢复能力提升和水安全防灾减灾应急管理平台建设等四大关键策略，提出了"城市—组团—社区"的城市水系统风险管理策略。

2.2.5 成果产出

形成《雄安新区城市水系统安全保障技术指南（建议稿）》。

（技术来源："十三五"水专项独立课题，雄安新区城市水系统构建与安全保障技术研究，2018ZX07110-008）

2.3 城市水系统多过程耦合优化技术

2.3.1 技术背景和需求

随着人口经济在城市的高度集聚，城市水源短缺、水环境污染、内涝频发和水生态恶化等问题日益突出，成为影响城市可持续发展的重要制约因素。同时，随着经济快速发展与技术不断进步，人们对水的需求也日益提高，包括更高品质的饮用水、更清洁的水环境、更绿色高效的水设施以及丰富水文化景观等等。在应对水问题和追求更高品质城市生活的实践过程中，人们也越来越认识到水问题的复杂性，"头痛医头、脚痛医脚""按下葫芦起了瓢"等单一目标优化的解决方式已不能有效应对水问题，需要以系统思维，通过系统优化方式实现城市水系统多功能目标。传统的供排水专业，已经发展并建立了各自的技术方法体系，城市水系统由取水、供水、用水、排水等多过程组成，亟须整合集成现有供水、排水专业技术方法，构建城市水系统多过程耦合与整体优化的技术框架。

2.3.2 技术内容

城市水系统是一复杂系统，各要素各过程相互联系、相互作用，并具有层次化的结构和多样化的功能目标。多过程耦合与整体优化的技术流程如图3-2-4所示。

首先，按照水资源、水环境、水安全和水生态等四个维度对城市水系统的要素结构与功能进行第一级分解；

其次，分析每一个维度下涉及的多个单过程，应用传统的模型方法实现单过程的模拟与优化；

再次，分析同一纬度下多个过程相关要素的关联关系及作用方式，通过串联或并联过程、设定控制参数、明确约束与边界条件等方式实现多过程的耦合；

最后，基于城市系统的多功能目标，通过多轮反馈优化，实现城市水系统的整体优化。

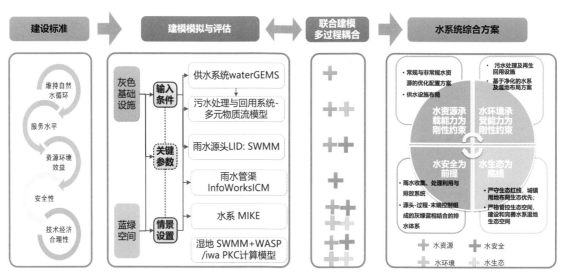

图3-2-4 城市水系统多过程耦合优化技术框架图

（1）各维度的过程组成分析

按照水资源、水环境、水安全和水生态四个维度，分析每个维度涉及的多个过程：①水资源维度涉及供水、污水及再生回用、雨水资源化利用、水系水文过程及补水需求等相关过程；②水环境维度涉及污水及再生水的处理、雨水径流污染控制、水系水文水质过程以及湿地净化等过程；③水安全维度涉及雨水源头LID系统、雨水管渠系统以及蓝绿空间等水文过程；④水生态维度涉及水系及湿地水文水质等过程。

（2）整体优化的调控路径

通过对城市水系统全要素全过程的调控来实现城市水系统的整体优化。调控对象范围为蓝绿灰相结合的基础设施体系，包括设施和空间两个方面，具体包括对单个要素、单个过程的调控，也包括对系统循环结构和模式、空间布局方式等的调控。

①对水循环全过程实施整体调控。落实节水优先的理念，对社会水循环水量实施需求控制，优化过程环节提高整体的运行效率，降低资源能源的消耗。

②对各要素的控制，控制方式主要包括污染控制、入渗控制、生态保护与修复、漏渗控制等。通过生态保护与修复以涵养水源，通过节水措施控制用水需求；通过建设净化处理设施控制水环境污染等。

③对各过程的控制。建设源头海绵设施以加强降雨的入渗过程，优化城市开发建设模式，如保护山水格局、减少硬质铺装等，以降低对自然水文过程的影响等。

④调整系统的循环模式。增加污水再生回用子

过程和雨水收集及资源化利用子过程等。

⑤优化空间布局方式。遵落实生态、绿色、低碳和微循环的理念，探索分散化或分布式的、多层次循环的、功能复合的设施空间布局模式。

（3）多样化的功能目标体系

按照城市水系统的四个维度，从城市水系统的自然循环和社会循环的两个层面、流域和城市两个范围出发，建立城市水系统的多目标指标体系。

①以水资源承载能力为刚性约束，促进流域水资源的可持续利用；以水环境承受能力为刚性约束，推动流域水环境质量的持续改善；以水安全保障为前提，践行海绵城市理念，尽可能地维持流域的自然水文循环条件；以水生态健康为底线，维护流域水生态安全格局结构与功能的完整性，促进流域生态系统的修复。

②城市水系统具有社会属性，应通过系统优化实现其多样化的社会功能目标，包括水资源供给、水环境治理、有效应对洪涝灾害及水生态产品的供给；更高的包括水景观文化功能的实现等。

2.3.3 技术创新点

①基于传统的供水排水专业已有的技术方法，结合城市水系统层次化的结构特征，解析要素的关联关系，建立了四维度、多过程耦合的技术体系框架，为城市水系统的整体模拟与优化的提供支撑。

②基于城市水系统自然循环与社会循环耦合系统的特征，建立自然与社会两个层面，水资源、水环境、水安全、水生态四个维度的目标指标体系，为城市水系统的整体优化提供了明确的目标方向。

③遵循系统论与控制论基本原理，建立了城市水系统多目标综合评估、多环反馈调控的系统优化路径。

2.3.4 技术适用性

适用于类型城市水系统的模拟、综合评估以及整体优化，包括不同空间尺度、不同循环模式、不同空间布局模式、不同设施组合的城市水系统模拟评价与多目标整体优化。

2.3.5 应用情况及取得成效

该技术应用于雄安新区城市水系统构建与综合方案的制订。在深入调研新区面临的多重水约束的基础上，开展水资源承载力配置、水环境承受力调控、水设施支撑力建设和水安全保障力提升等方面研究，构建了"节水优先、灰绿结合"的双循环新型城市水系统模式，提出了"四水统筹、人水和谐"的城市水系统建设标准，基于"过程耦合、综合评估"整体优化形成了绿色高效的水系统规划建设方案，为起步区实现高品质饮用水供应、高质量水环境维系及高标准水设施建设等目标提供了技术支撑，课题分阶段提交专题研究成果的方式，为新区城市水系统规划设计深化提供了有力支撑。

2.3.6 成果产出

相关技术内容纳入《雄安新区城市水系统规划编制技术指南（建议稿）》，该指南已通过专家评审。

3 城市水资源配置及供水系统优化领域

3.1 城市供水系统规划方案综合评估技术

3.1.1 技术背景和需求

19世纪80年代以来，为适应城镇化快速发展要求，我国供水设施建设力度持续加大，设施规模增长同时系统也更加复杂，但规划管理技术相对落后。传统城市供水工程规划目标通常技术上满足城市供水水量、水压和水质要求，同时建设成本最低，以此确定厂站及管网设施布局与规模。但是，面对城市水污染形势日趋严峻、突发性污染事故频发、水资源供需矛盾突出等现阶段水情，亟须从技术性、安全性、经济性、服务水平等多因素角度，建立定量化、多目标的供水系统方案综合评估方法，为优化城市供水系统规划方案及规划决策提供技术支撑。

3.1.2 技术内容

（1）评价指标体系构建

城市供水系统规划方案评价指标体系由技术性指标、经济性指标和安全性指标构成。

①技术性指标包括节点压力、管段压力波动、节点压力标准差及管段流速等。

管网节点压力（H_i），使用户在任何时间都能取得充足的水量，节点的最小压力是唯一重要的水力要求，同时，为了减少管网漏失及爆管引起的水量和能量浪费，必须控制节点最大压力。在满足用水量的前提下，管网节点压力约束条件：

$$H_{max} \geqslant H_i \geqslant H_{min} \ (\text{m})$$

其中，H_i——管网任意节点的自由水压（m）；H_{max}，H_{min}——允许的最大和最小自由水压（m）。

管段压力波动（P_i），反映供水系统不同运行工况调度时管网中压力的变化情况。在供水系统规划时，需要对不同工况之间转换时管段压力变化情况进行仿真模拟，分析评价其变化情况，保证管段压力波动在管网系统能够承受的范围内，以免发生爆管事故。管段压力波动的约束条件：

$$P_{max} \geqslant H_{t1}/H_{t2} \geqslant 0$$

其中，H_{t1}、H_{t2}——t1、t2时刻的该管段内的水压（m）；P_{max}——允许的最大压力波动值。

管段流速（V_i），取值受当地管道造价、电价、泵站总效率、用水量变化规律及基建投资回收期影响。采用给水排水设计手册中提到的经验公式作为经济流速的评价依据：

$$V_j = 0.1274D^{0.3}$$

其中，V_j——经济流速值（m/s）；D——管径（mm）。

②安全性指标包括水源地状况、城市供输水状况、管理调度状况等方面安全性指标。其中，水源地状况，二级指标含水源水质、供水能力、枯水期来水保证率和地下水开采率等。城市供输水状况，二级指标含用水普及率、管网漏损率、管网爆管影响度、安全加氯量等。管理调度状况，二级指标含备用水源、输水管线备用、调蓄水量比率、应急调度预案等。

③供水系统规划中，通常采用工程基建费用和 运行费用计算经济成本。供水系统运行过程中主 要是泵站运行能耗费用较高，故选取系统工程造价 和水泵年运行电耗作为经济性评价指标。

（2）综合评价模型构建

在评价指标的基础上采用模糊评判法构建评 价模型。供水规划方案的综合评价计算公式为：

$$P = \bar{\omega} R = \bar{\omega} \sum_{k=1}^{m} (\gamma_k E_k)$$

其中，P——城市供水系统规划综合评价结果； R——综合评价模糊矩阵，$\bar{\omega}$——评价指标体系 一级权重；γ——评价指标体系二级权重；E——评 价指标的隶属度函数。评价权重方面，一级评价权 重，从技术性、经济性、安全性三个层面进行划 分，由不同实际状态下二类指标在供水规划中的作 用和地位决定。二级评价权重，对节点、管段、泵 站等基本元素建立二级评价权重子集。

供水技术性评价指标体系评价标准 表3-3-1

指标 等级	水力性能					水质性能
	节点压力水头 （m）	节点压力波动	节点压力水头标准平方差（m）	1、2、3 级压力比 重（%）	管段流速 （m/s）	节点水龄
1级	h_{min}	0	0	≥80	V_j	$< T_m$
2级	$0.75h_{min} \sim 1.5h_{min}$	$0 \sim 0.5P_{max}$	$0 \sim (1.5h_{min} - 0.75h_{min})$	≥75	$0.5V_j \sim V_j$	$T_m \sim T_{max}$
3级	$1.5h_{min} \sim h_{max}$	$0.5P_{max} \sim 1P_{max}$	$(1.5h_{min} - 0.75h_{min}) \sim (h_{max} - 0.75h_{min})$	≥70	$V_j \sim 2V_j$	$> T_{max}$
4级	$h_{max} \sim 1.5h_{max}$	$1P_{max} \sim 2P_{max}$	$(h_{max} - 0.75h_{min}) \sim (1.5h_{max} - 0.75h_{min})$	≥65	$2V_j \sim 3V_j$	
5级	$>1.5h_{max}$或 $<0.75h_{min}$	$>2P_{max}$	$> (1.5h_{max} - 0.75h_{min})$	≥60	$<0.5V_j$或$>3V_j$	

供水经济性评价指标体系评价标准 表3-3-2

指标 等级	基建费用	运行费用
	单水基建费用（元/吨）	单水电耗（kWh/吨）
1级	0.10 ~ 0.15	0.20 ~ 0.25
2级	0.15 ~ 0.20	0.25 ~ 0.30
3级	0.20 ~ 0.25	0.30 ~ 0.32
4级	0.25 ~ 0.30	0.32 ~ 0.34
5级	0.30 ~ 0.35	0.34 ~ 0.36

供水安全性评价指标体系评价标准 表3-3-3

指标 等级	水源地状况			城市供输水状况				用水状况	供水管理状况	
	水源水 质类别	枯水年水 量保证率 （%）	取水 能力 （%）	自来水 普及率 （%）	管网漏 损率（%）	管网爆 管率（%）	管网水质 合格率 （%）	人均生活 用水量 （L/人·d）	备用 水源	应急 预案
1级	I	≥97	≥95	≥95	≤10	≤5	≥100	≥200	1	1
2级	II	≥95	≥90	≥92	≤12	≤8	≥97	≥160	2	2
3级	III	≥90	≥80	≥90	≤14	≤12	≥95	≥120	3	3
4级	IV	≥85	≥70	≥88	≤17	≤15	≥93	≥80	4	4
5级	IV	≥80	≥65	≥85	≤20	≤20	≥90	≥60	5	5

注：城市供水安全评价以安全指数1～5五级表达，其中1、2级表示安全，3级表示基本安全，4、5级表示不安全。

3.1.3 技术创新点

基于城市供水系统运行工况的仿真模拟，提取大量的节点水压、节点水量等系统状态变量，建立对应的服务性能评价模型，对系统整体的服务水平进行综合评价。

建立了包括技术性、经济性、安全性和可操作性等多因素的供水系统规划综合评价指标体系，实现了对供水系统规划方案的综合比选和多目标决策。

3.1.4 技术适用性

为城市供水设施改造、新建规划建设方案的优化提供分析工具，为城市供水系统规划提供多目标方案比选，为方案优化提供定量化的决策工具。

3.1.5 应用情况及取得成效

该技术应用于广东省东莞市、河南省郑州市、山东省济南市和北京市密云区等4个典型地区，为供水规划调控技术方案的优化提供了科学支撑，取得了良好的社会经济效益。

3.1.6 成果产出

基于EPANET管网水力学模型的计算实现对管网运行工况的模拟，应用城市供水系统规划方案的综合评估方法，开发了城市供水系统的动态仿真模型和决策支持系统，有效地提高了城市供水系统规划的科学性。取得1项软件著作权，《城市供水规划决策支持系统》UWPDS–v.1，登记号：2011SR061599。

（技术来源："十一五"水专项课题，城市供水系统规划调控技术研究与示范，2008ZX07420-006）

3.2 城市供水系统规划综合评估技术

3.2.1 技术背景和需求

近年来，水专项饮用水安全保障方向研究形成了较多科技成果，显著提升供水行业科技水平，但部分饮用水安全保障关键技术处于技术成果定型和

示范应用阶段，没有大规模推广应用。亟须对技术成果进一步梳理、凝练，从技术、经济、成熟度、推广应用等方面，建立科学合理的技术验证和技术评估体系，开展对技术成果的公正、客观、全面评估，纳入国家、行业标准规范等指导性文件中，通过规范化形式推广应用水专项成果。

3.2.2 技术内容

建立了适用于城镇供水系统规划技术评估的三阶段评估法，包括预评估、技术验证和技术评价（图3-3-1）。

①预评估

对技术的成熟度进行定量评价。单项技术应直接采用技术就绪度量表进行预评估。集成技术和成套技术应在技术就绪度评价方法的基础上，采用系统就绪度矩阵法进预评估。

②技术验证

主要包括实例验证法、样本率定法、定标比超法、仿真试验验证法等，分别适用于方法型技术、定性型技术、定量型技术、模型类技术等。综合型技术在进行技术验证时，可结合技术特点选择单项方法或多项方法。

③技术评价

采用定性与定量结合的方式，对技术安全可靠性、成熟度、经济效益、社会效益、创新与先进程度等指标进行评价。

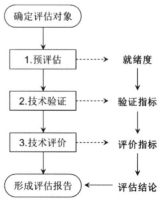

图3-3-1 技术评估基本流程

3.2.3 技术创新点

形成了适用于城镇供水系统规划技术评估的标准化、固定化的三阶段评估法，明确了技术评估各个阶段的方法和标准，为饮用水安全保障相关规划实施和"水十条"相关工作落实提供应用技术支撑，促进供水系统规划中新方法新技术推广应用，推动城镇供水系统规划技术进步提供理论评估依据。

3.2.4 技术适用性

本技术适用于受相关部门的委托，由评估验证部门组织进行的供水系统规划技术的验证评估；适用于城乡供水系统规划时，对规划技术方法的科学性、合理性、适用性的对比分析、评估和评价。

3.2.5 应用情况及取得成效

该技术应用于对供水系统风险识别与应急能力评估、多水源供水系统优化、城乡（区域）联合调度供水、应急供水规划、供水规划决策支撑系统等关键技术的评估验证。通过评估验证，进一步明确

了技术的应用条件和范围，为关键技术的应用和推广提供保障。

3.2.6 成果产出

形成团体标准《城镇供水系统规划技术评估指南》T/CECA 20006-2021。

（技术来源："十三五"水专项子课题，城市供水系统规划关键技术评估及标准化，2017ZX07501001-02）

3.3 方向层关键技术

该技术领域主要包含水资源配置、供水系统优化、城市节水控制等三个方向的关键技术集合。

3.3.1 基于水资源荷载双向互馈的水资源协同配置技术

（1）技术背景与需求

近年来，经济社会发展与生态环境保护之间竞争性用水矛盾日益突出，为确保人类社会与水资源

技术就绪度量表　　　　　　　　　　　　　　　　　　　　表3-3-4

技术就绪度	等级描述	等级评价标准	成果形式
第一级	发现基本原理或看到基本原理的报道	应用需求分析，发现基本原理或通过调研及研究分析	需求分析及技术基本原理报告
第二级	形成技术方案	提出技术概念和应用设想，明确技术的主要目标，制定技术路线，确定研究内容，形成技术方案	技术方案，实施方案
第三级	技术方案通过可行性论证	技术方案通过可行性论证或验证（计算模拟、专家论证等手段）	论证意见或可行性论证报告等
第四级	形成技术指南、政策、管理办法初稿	完成技术指南、政策、管理办法初稿	专利、软件、著作权；技术报告
第五级	形成技术指南、政策、管理办法征求意见稿	完成技术指南、政策、管理办法（征求意见稿）	技术指南、政策、管理办法（征求意见稿）
第六级	广泛征求意见或通过技术示范/工程示范验证	技术指南、政策、管理办法（征求意见稿）广泛征求意见，或在示范城市中进行示范，达到预期目标	征求意见整改反馈表、示范应用证明
第七级	通过第三方评估或相关政府认可	方法、指南、规范得到示范地区相关政府部门的认可	相关政府部门的认可文件
第八级	规范化/标准化	正式发布相关技术指南、政策、管理办法	技术指南政策管理办法
第九级	得到推广应用	在其他城市得到广泛应用	推广应用证明或相关政府文件

协调有序发展，兼顾生态环境改善与保护，亟须以水资源荷载双向互馈的水资源配置理论为基础，研究水资源配置模型与计算方法，开展水资源配置方案分析评价与动态反馈等。

（2）技术内容

根据公平、高效和可持续发展等原则，以水资源社会效益—经济效益—效率为评价准则，兼顾当前与长远利益，并保证生态环境、社会经济的协调发展，采取"控荷"和"强载"等措施，协调好各用水部门水资源利用效率，实现水资源可持续利用。通过确定评价指标，对拟定的各种工程措施以及非工程措施的水资源配置方案进行对比，分析该研究区不同水资源配置方案的综合效益，优选出最佳水资源配置方案，实现水资源荷载均衡，主要技术流程如图3-3-2所示。

在水资源供给侧，坚持空间均衡、全区域协调，通过水量优化调度、水质改善提升、水生态治

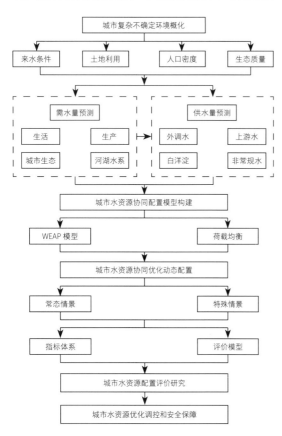

图3-3-2 水资源协同配置技术流程图

理修复等多项举措，综合利用当地地表水、地下水、外调水，以及再生水、雨水等多种水源，实现"强载"，确保区域水资源安全。

在水资源需求侧，坚持节水优先，推行节水减排控污的经济发展模式，以水定产、以水定地、以水定人、以水定城，源头上控源减排、抑制不合理的需水，通过设置用水效率准入门槛、控制水资源需求增量。

（3）技术创新点

①综合考虑气候变化、强人类活动以及变化政策干预等复杂不确定环境的影响，分析区域地表水、地下水、上游水、外调水、非常规水等不同水源供水的不确定性以及组合供水的可靠性，针对性提出区域水资源供给侧调控方法和承载力提升措施。

②在"节水优先""以水定城"的基础上，综合考虑未来经济社会发展布局和生态环境治理保护目标，提出不同情景下的区域水资源承载控制指标，动态计算城市生活生产生态和河湖水系需水。

③充分考虑水资源系统与社会、经济、生态环境等其他系统之间的协调性、匹配性，通过"强载""控荷"动态协同配置，达到"荷载均衡"，最终实现各个水源经不同水厂（水井）到不同用户的优化调配。

（4）应用情况及取得成效

该技术应用于雄安新区起步区水资源协同配置。针对新区多水源、多功能、多目标特点，构建了雄安新区起步区多水源联合配置方案集，根据水资源供需预测结果，起步区水资源配置方案共包含18个方案。按照整体与局部兼顾、常态与应急结合、水量与水质统筹的原则，开展缺水方案的水资源协同配置与优化调控，实现水资源优化配置，支撑雄安新区城市经济、社会、生态协同可持续发展。

（5）成果产出

形成《雄安新区城市水资源承载力提升（含综

（合节水）技术指南（建议稿）》。取得1项发明专利。基于集中式数据处理中心的多水源联合调配方法及系统。

（技术来源："十二五"水专项独立课题，雄安新区城市水系统构建与安全保障技术研究，2018ZX 07110-008）

3.3.2 城市供水系统高危要素识别及应急能力评估技术

（1）技术背景和需求

近年来环境污染影响城市饮用水安全的事故频发，如2005年松花江硝基苯水污染事件、广东北江锡污染事件，2006年黑龙江牡丹江市生物污染事件，2007年无锡水危机事件等，严重影响了人民群众正常的生产生活。我国仍处于工业化和城镇化快速推进阶段，各类突发性事故风险依然存在，当前供水行业应对风险的能力相对较弱，国内城市供水系统风险分析主要侧重于水源、管网供水风险及应急供水预案的编制，尚未形成完整的理论体系，缺乏系统实践，亟须系统识别供水系统存在的高危要素，科学评估城市供水系统的应急能力，进而提前提出预防调控措施。

（2）技术内容

①城市供水系统高危要素识别

不同城市供水系统的脆弱性具有不同的特点，主要考虑系统规模、用户状况、原水系统特点、水处理流程的复杂性、各种工程设施及其他因素，结合美国环保署（EPA）的相关成果，提出城市供水系统风险分析基本要素（表3-3-5）。

基于全寿命周期（LCC）识别、技术和非技术风险兼顾、交叉识别的原则，进行供水系统风险及高危要素的识别，分为技术和非技术两类25种，其

城市供水系统风险因素及分析要点   表3-3-5

风险因素		考虑要点	风险因素		考虑要点
城市供水系统特点，包括人物、目标、设施及运行特点		确定系统服务对象	分析系统由于威胁发生导致的不利后果	1	停水时长
	1	一般生活用水		2	经济损失
	2	政府用水		3	发病或死亡人数
	3	军事用水		4	对公众信心的影响
	4	工业用水		5	特殊事件的长期影响
	5	医院用水		6	其他表征损失的指标
	6	消防用水	确定破坏造成不利后果的关键设施	1	管道及传输设备
		完成任务或避免不利后果所需的关键设施、财产及政策等		2	机械性阻碍物（栅栏、格栅等）
	1	操作程序		3	取水、预处理及水处理设施
	2	管理策略		4	储水设施
	3	水处理系统		5	电力、计算机及其他自动化设备
	4	储水方式及能力		6	化学药品的使用、储存及处理设施
	5	化学药品使用和储藏		7	运行维护系统
	6	输配水系统的运行状况	分析破坏发生的可能性		分析不同破坏发生的种类和形式的概率，与城市供水系统的位置、规模等相关
	7	供电的等级			
	8	交通等级			分析人为故意破坏的可能采取的不同攻击形式
	9	化学危险品等级及使用频率			

风险因素	考虑要点		风险因素	考虑要点	
评估现有的安全措施	评估现有的供水设施"监视、延迟、反应的能力"		评估现有的安全措施	2	物理安全措施
	1	评估现有监视能力，如：在线监测及预警系统		3	入口证件控制
	2	评估现有的延迟能力，如：关键设施的保护措施、阻拦措施		4	系统运行规律和数据控制
	3	评估现有的反应能力，如：故障报警、水质异常报警等		5	化学药品控制
	网络系统、SCADA或GIS、WATERGMS等系统是否有保护措施			6	员工安全训练及考核
	1	防火墙	分析现存风险，制定降低风险计划	评估风险水平是否可接受，是否需要采取降低风险的措施	
	2	调制协调器端口协议		确定降低风险的措施，改进监视、延迟和反应能力。对于拟采取的改进措施，从近远期进行技术经济分析	
	3	互联网防侵入系统		一般情况下，可采取的降低供水系统风险的措施有以下三类	
	4	备用操作系统		1	加强运营能力
	现有安全措施完整性			2	升级系统
	1	个人安全措施		3	安全系统升级

中技术类16种，非技术类9种。

针对供水系统不同类型的高危要素，对不同规划层面需要关注的高危要素进行划分（表3-3-6）。

②城市供水系统应急能力评估

以城市供水系统各环节的高危要素分析为基础，考虑城市供水系统各环节，构建城市供水系统应急能力综合评估指标体系（表3-3-7）。

将上述指标分解到空间层面、设施层面与管理层面，形成城市供水系统应急能力的三类评估指标（表3-3-8）。空间层面的应急指标能够直接引导城市用地规划；设施层面的应急指标能够直接指导各个层次的供水系统规划和工程设施建设；管理层面的应急指标则对供水系统进行直接管理。

结合我国地域行政规划、水资源空间分布特点、气候特点以及《室外供水设计规范》中的分区方式，将我国城市供水系统分为七个区。结合七大分区的水资源分布、气候特点、地形地貌特点以及各因素对七大区城市供水系统应急能力影响的大小，确定各区的评价因素和评价指标的权重（表3-3-9）。

图3-3-3　风险交叉识别法

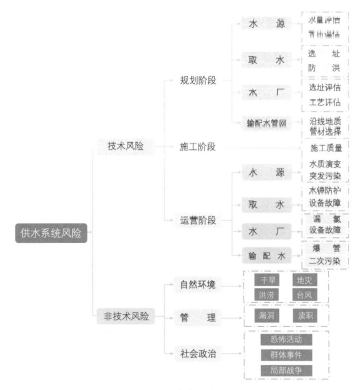

图3-3-4 高危要素分类

高危因素与规划及运营层级矩阵

表3-3-6

要素类型	系统解析	高危要素	规划及运营层次				要素类型	系统解析	高危要素	规划及运营层次			
			总规层面	控规层面	专项规划	运营管理				总规层面	控规层面	专项规划	运营管理
技术	水源	水文	●	○			技术	输配水	爆管		○	○	●
		水质	●	●	●	●			应急	●	●	●	●
		水量	●	●	●	○			设备故障				●
		突发污染	●	●	●	●	非技术	自然	干旱	○	○	●	●
	取水	选址	○	●	●				洪涝	○	○	●	●
		防洪	●	●	○				地灾	○	○	●	●
		水锤			○	●			台风	○	○	●	●
		设备故障			○	●			咸潮			●	●
	净水	工艺	○	○	●				冰凌	○		●	●
		选址	○	●	●			社会政治	局部战争	●			
		漏氯		○	○				恐怖活动	●			
		设备故障				●			群体事件	●			
	输配水	管材	○	○	●	○		管理	渎职				●
		布局	●	●	●	●			漏洞				●
		二次污染	○	○	●	●							

注：●——表示关联度高，应在本层面实施；○——标示关联度较高，可在本层面实施；空白表示基本无关联，不宜在本层面实施。

城市供水系统应急能力综合评估指标体系　　　　　　表3-3-7

目标	评价因素	高危要素	应急能力评估指标
城市供水系统应急能力评估	水源	水传染病、爆炸袭击、电力系统中断、化学生物污染、污染区泄露、咸潮、排涝、地质灾害	应急水源备用率
			应急水源备用天数
			水源结构
			水源地植被覆盖率
			水源地防洪能力
			水源突发事件应急预案
	取水	洪涝、干旱、台风、地质条件、爆炸袭击、控制系统及电力系统中断	水源地地质条件
			取水保证率
			取水设施备用情况
			取水设施突发事件应预案
	水厂	地质灾害、爆炸袭击、控制系统或电力系统中断、化学生物污染、水传染病、操作失误	突发水污染事件应急预案
			水厂所在地地质条件
			水处理系统突发事件应急预案
	输配水	地质灾害、极端天气、爆炸袭击、水传染病控制系统或电力系统中断、操作失误、系统故障	配水管网连通度
			输水走廊地灾易发性
			管网抢修应急预案
			管网水质污染应急预案
			管网漏损率
	储水	地质灾害、水传染病、爆炸袭击、化学生物污染	储水设施水质保障设施
			储水设施突发事件应急预案
	其他	地质灾害、洪涝、干旱、台风、爆炸袭击	应急指挥中心
			应急响应时间（天）
			人员应急疏散与安置

城市供水系统应急能力的三大类评估指标　　　　　　表3-3-8

指标类型	空间类指标	设施类指标	管理类指标
具体内容	水源结构、水源地地质条件、水源地植被覆盖率、输水走廊地灾易发性、人员应急疏散与安置、应急指挥中心	应急水源备用率、水源地防洪能力、配水管网连通度、水厂所在地地质条件、取水保证率、储水设施水质保障措施、取水设施备用情况、应急水源备用天数、管网漏损率	水源突发事件应急预案、管网抢修应急预案、取水设施突发事件应急预案、突发水污染事件应急预案、管网水质污染应急预案、水处理系统突发事件应急预案、储水设施突发事件应急预案、应急响应时间

表3-3-5

各区评价指标权重

目标	评价因素	评价因素权重 一区	二区	三区	四区	五区	六区	七区	应急能力评估指标	指标权重 一区	二区	三区	四区	五区	六区	七区
城市供水系统应急能力评估	水源	0.40	0.35	0.40	0.35	0.30	0.25	0.25	应急水源备用率	0.28	0.25	0.20	0.20	0.20	0.15	0.15
									应急水源备用天数	0.05	0.05	0.05	0.05	0.05	0.05	0.05
									水源结构	0.12	0.10	0.15	0.10	0.10	0.10	0.10
									水源地植被覆盖率	0.15	0.20	0.25	0.10	0.05	0.05	0.05
									水源地防洪能力	0.10	0.10	0.05	0.30	0.40	0.35	0.35
									水源突发事件应急预案	0.30	0.30	0.30	0.25	0.20	0.30	0.30
	取水	0.10	0.15	0.10	0.10	0.25	0.10	0.10	水源地地质条件	0.10	0.05	0.10	0.10	0.30	0.05	0.05
									取水保证率	0.40	0.45	0.50	0.40	0.20	0.30	0.30
									取水设施备用情况	0.20	0.25	0.20	0.20	0.20	0.20	0.20
									取水设施突发事件应急预案	0.30	0.25	0.20	0.30	0.30	0.45	0.45
									突发水污染事件应急预案	0.45	0.45	0.45	0.45	0.45	0.45	0.45
	水厂	0.10	0.05	0.05	0.10	0.05	0.25	0.30	水厂所在地地质条件	0.10	0.10	0.10	0.10	0.10	0.10	0.10
									水处理系统突发事件应急预案	0.45	0.45	0.45	0.45	0.45	0.45	0.45
	输配水	0.20	0.20	0.10	0.15	0.25	0.20	0.20	配水管网连通度	0.30	0.30	0.35	0.30	0.30	0.30	0.30
									输水走廊地灾易发性	0.05	0.05	0.15	0.05	0.20	0.05	0.05
									管网抢修应急预案	0.30	0.30	0.20	0.30	0.20	0.30	0.30
									管网水质污染应急预案	0.30	0.30	0.20	0.30	0.20	0.30	0.30
									管网漏损率	0.05	0.05	0.10	0.05	0.10	0.05	0.05
	住区供水	0.05	0.05	0.05	0.05	0.05	0.05	0.05	住区水量保证率	0.25	0.25	0.25	0.25	0.25	0.25	0.25
									住区水压保证率	0.25	0.25	0.25	0.25	0.25	0.25	0.25
									住区水质保证率	0.25	0.25	0.25	0.25	0.25	0.25	0.25
									住区应急供水预案	0.25	0.25	0.25	0.25	0.25	0.25	0.25
	储水	0.10	0.15	0.25	0.15	0.05	0.10	0.05	储水设施水质保障率	0.50	0.60	0.60	0.50	0.50	0.50	0.50
									储水设施突发事件应急预案	0.50	0.40	0.40	0.50	0.50	0.50	0.50
	其他	0.05	0.05	0.05	0.10	0.05	0.05	0.05	应急指挥中心	0.35	0.35	0.35	0.30	0.40	0.40	0.40
									应急响应时间（天）	0.40	0.40	0.40	0.40	0.40	0.40	0.40
									人员应急疏散与安置	0.25	0.25	0.25	0.30	0.25	0.20	0.20

结合城市灾害管理的相关特点，选取部分对规划有引导作用的管理层面指标，建立城市供水系统应急能力综合评估指标体系及评价标准（表3-3-10）。

城市供水系统应急能力评估指标评价标准

表3-3-10

目标	评价因素	应急能力评估指标	评价标准
城市供水系统应急能力评估	水源	应急水源备用率	或称水源应急能力=应急水源最大供水天数/应急处理时间。大于100%，≥9分；70%～90%，7分；小于50%～70%，≤5分
		应急水源备用天数	特大、大城市：7～10天，≥9分；5～7天，7分；3～5天，≤5分 中等城市、小城市：5～7天，≥9分；3～5天，7分；1～3天，≤5分
		水源结构	3个独立水源及以上，≥9分；2个独立水源，7分；单一水源，≤5分
		水源地植被覆盖率（％）	大于85%，≥9分；65%～85%，7分；小于65%，≤5分
		水源地防洪能力	强防洪能力，≥9分；一般防洪能力，7分；防洪能力差，≤5分
		水源突发事件应急预案	有水源突发事件应急预案，且演练情况良好，≥9分；有水源突发事件应急预案，但没有进行演练，7分；没有水源突发事件应急预案，0分
	取水	水源地地质条件	稳定区，≥9分；一般区，7分；不稳定区，≤5分
		取水保证率	大于90%，≥9分；70%～90%，7分；小于70%≤5分
		取水设施备用情况	备用设施完善，运行状态良好，≥9分；备用设施完善，但运行状态一般，7分；无备用设施，0分
		取水设施突发事件应急预案	有取水设施突发事件应急预案，且演练情况良好，9分；有取水设施突发事件应急预案，且运行状态一般，7分；没有取水设施突发事件应急预案，0分
	水厂	突发水污染事件应急预案	有突发水污染事件应急预案，且演练情况良好，≥9分；有突发水污染事件应急预案，但没有进行演练，7分；没有突发水污染事件应急预案，0分
		水厂所在地地质条件	稳定区，≥9分；一般区，7分；不稳定区，≤5分
		水处理系统突发事件应急技术	完善，≥9分；一般，7分；差，≤5分
	输配水	配水管网连通度	大于90%，≥9分；80%～90%，7分；小于80%，≤5分
		输水走廊地灾易发性	输水走廊经过区域均为地灾低易发区，≥9分；输水走廊经过区域均为地灾易发区，但已采取防地灾措施，7分；输水走廊经过区域均为地灾易发区，且没采取任何防地灾措施，≤5分
		管网抢修应急预案	有管网抢修应急预案，且演练情况良好，≥9分；有管网抢修应急预案，但没有进行演练，7分；没有管网抢修应急预案，0分
		管网水质污染应急预案	有管网水质污染应急预案，且演练情况良好，≥9分；有管网水质污染应急预案，但没有进行演练，7分；没有管网水质污染应急预案，0分
		管网漏损率	小于5%，≥9分；5%～10%，7分；大于10%，≤5分
	储水	储水设施水质保障措施	完善，≥9分；一般，7分；差，≤5分
		储水设施突发事件应急预案	有储水设施突发事件应急预案，且演练情况良好，≥9分；有储水设施突发事件应急预案，但没有进行演练，7分；没有储水设施突发事件应急预案，0分
	其他	应急指挥中心	已设置，≥9分；没有设置，0分
		应急处理时间	1～3天，≥9分；3～5天，7分；大于5天，≤5分
		人员应急疏散与安置	人员应急疏散与安置场地措施完善，≥9分；人员应急疏散与安置场地措施一般，7分；人员应急疏散与安置场地措施差，≤5分

注：指标应急能力评估满分10分；应急水源备用率、应急水源备用天数两项指标还需与城市职能、等级等结合考虑；其他数据可以通过插值计算。

根据评价标准确定城市供水系统应急能力指标得分，依据各区评价要素与指标权重求得城市供水系统各环节得分，最后将各指标分值线性加权求和，得出城市应急能力评价指数。通过对城市供水系统应急能力评价指数的状态描述（表3-3-11），确定城市供水系统应急能力的状态。

应急能力评价后的规划调控，首先根据解析综合评价结果，分析综合评价指标处于哪个等级，以及供水系统应急能力的状态；然后分析对系统应急能力起主导作用的因素，针对关键指标提出调控途径，见表3-3-12。

城市供水系统应急能力状态描述 表3-3-11

评价标准	应急能力指数	状态描述
高	(8, 10]	水源结构合理，应急水量充足，水源水质优良稳定，水源地生态环境优良，水厂工艺优良稳定，供水管网网络结构合理，各类应急预案及措施合理
较高	(6, 8]	水源结构合理较合理，应急水量满足需求，水源水质较好，水源地生态环境良好，水厂工艺良好，运行稳定，供水管网网络结构较合理，各类应急预案及措施较合理
一般	(4, 6]	水源结构相对单一，应急水量供给维持在临界点，存在水源水质污染现象，水源地生态环境一般，水厂工艺陈旧但运行稳定，供水管网网络结构错综复杂，各类应急预案及措施一般
差	(0, 4]	应急水量短缺，水质污染严重，水环境功能退化严重，水厂设施陈旧，供水管网框架不合理，基本没设置各类应急预案及措施

应急能力评估指标的规划调控途径 表3-3-12

目标	评价要素	指标	指标编号	指标属性		规划层次
				控制类型	建设类型	
城市供水系统应急能力评估指标体系	水源	应急水源备用率（%）	C1	控制型	规划型	区域规划/总体规划
		应急水源备用天数（天）	C2	控制型	规划型	区域规划/总体规划
		水源结构（个）	C3	控制型	规划型	区域规划/总体规划
		水源地植被覆盖率（%）	C4	控制型	规划型	总规
		水源地防洪能力	C5	引导型	规划型	总规
		水源突发事件应急预案	C6	引导型	管理型	—
	取水	水源地地质条件	C7	引导型	规划型	总规
		取水保证率	C8	引导型	规划型	控规
		取水设施备用情况	C9	控制型	规划型	控规
		取水设施突发事件应急预案	C10	引导型	管理型	—
	水厂	突发水污染事件应急预案	C11	控制型	管理型	—
		水厂所在地地质条件	C12	引导型	规划型	总规
		水处理系统突发事件应急预案	C13	引导型	管理型	—
	输配水管网	配水管网连通度	C14	引导型	规划型	区域规划总规
		输水走廊地灾易发性	C15	引导型	规划型	总规
		管网抢修应急预案	C16	引导型	管理型	—
		管网水质污染应急预案	C17	引导型	管理型	—
		管网漏损率	C18	控制型	管理型	—
	住区供水	住区水量保证率	C19	控制型	规划型	控规
		住区水压保证率	C20	控制型	规划型	控规
		住区水质保证率	C21	控制型	规划型	控规
		住区应急供水预案	C22	引导型	管理型	—

目标	评价要素	指标	指标编号	指标属性		规划层次
				控制类型	建设类型	
城市供水系统应急能力评估指标体系	储水	储水设施水质保障设施	C23	控制型	规划型	控规
		储水设施突发事件应急预案	C24	引导型	管理型	—
	其他	应急指挥中心	C25	控制型	规划型	总规
		应急响应时间（天）	C26	控制型	规划型/管理型	—
		人员应急疏散与安置	C27	引导型	规划型	总规

（3）技术创新点

①将风险识别与管理的理论与方法引入城市供水系统，建立了定量与定性相结合的、城市供水系统高危要素识别及应急能力评估的指标体系及综合评估方法。

②采用交叉识别的技术路线识别风险/高危要素。由于供水系统结构的复杂性，解决了单种识别方法容易造成系统风险因素的漏项，以及不同方法识别结果易受系统的特征、规模及分析人员的知识背景等影响的缺陷。

（4）技术适用性

适用于对各类城市供水系统进行安全风险/高危要素的识别评价以及对城市供水系统的应急能力进行系统评估，可为城市应急供水规划及供水系统规划提供技术支撑。

（5）应用情况及取得成效

该技术应用于济南、东莞、玉溪等六个典型城市供水系统高危要素识别及应急能力评估，指出了影响不同城市供水系统应急能力的关键因素，为各典型城市规划调度方案的优化制定提供技术支撑。

结合城市供水系统规划建设时序，提出对应不同规划建设阶段的城市供水系统高危要素及应急能力评估指标关联表，为不同阶段的城市供水系统规划建设提供指导。

（技术来源："十一五"水专项课题，城市供水系统规划调控技术研究与示范，2018ZX07420-006）

3.3.3 城市应急供水优化调控技术

（1）技术背景和需求

近年来地震、雪灾等自然灾害以及突发性水源污染事件多有发生，而当前城市供水行业应对水源突发性污染事件的应急处理能力普遍偏弱，水源规划中常缺乏对系统安全保障的考虑。如，部分城市供水水源单一，特别是部分重点城市仅以流经城市的河流作为唯一水源；现有水厂处理设施在规划设计中对水源突发性污染造成的超标污染物未留有充足的处理能力余量及相应的设施、用地用电预留；一些重点供水企业已经开始进行应急系统与应急设施的建设，但应急供水设施缺乏有效性和针对性等。水源污染等突发事故发生时，往往只能被迫停水，严重影响城市生产生活的稳定性。因此，亟须强化系统观念，研究城市应急供水的优化调度，建立包含水源保护、多水源优化配置、应急备用水源建设、厂站设施建设、输配管网优化与应急供水调控等要素在内的全方位城市供水系统规划保障体系，完善城市供水规划技术体系，提高城市供水系统的应急能力及安全保障水平。

（2）技术内容

应急供水规划优化调控技术主要包括优化模型和优化流程两部分。

优化模型以不同规划调控方案组合后的成本最低为优化目标，以应急条件下保证城市正常供水为约束条件，结合不同应急规划调控方案的技术指标，确定函数关系，形成数学概化模型（图3-3-5）。根据城市实际情况，统筹考虑建设条件、可操作

$$\min(C_1 + C_2 + C_3)$$

图3-3-5 应急供水规划调控方案优化模型示意图

性、技术合理性等因素，最终确定切实可行的应急供水规划调控优化方案。

根据模型的实际特点，选用遗传算法进行求解，进行遗传算法编码之前，需要进行罚函数的转换。先取较小的正数M，求出F（x，M）的最优解x*。当x*不满足有约束最优化问题的约束条件时，放大M（例如乘以10）重复进行，直到x*满足有约束最优化问题的约束条件时为止。

一般城市应急供水规划优化流程：

①城市基础数据的收集，包括：城镇规模、人口、各类主要的污染源、可用水源规模等。

②根据不同的城市性质和用水户特点，选择所需压缩水量范围。

③根据城市自身的条件及可能的污染物选择备用水源的建设方式，例如是否新建、是否跨区域调水，根据城市自身的条件及可能的污染物选择合适的一种或几种应急处理设施。

④根据费用模型，建立各个应急调度及处理措施的费用模型，并将其综合成为应急供水优化总费用函数模型。

⑤根据流程2所选类型及其他相关数据，给出各个约束条件的表达式。

⑥对模型进行求解，得出应急供水系统方案优化模型的最小费用值及过程值。

⑦依据所得结果及过程值进行水源、水厂、水量三者综合调配调控，确定建立应急供水系统的最优方案。

（3）技术创新点

针对不同的突发性水污染事故和应急状态，研究包括压缩城镇用水、应急处理工艺、应急水源调

度等城市供水系统全过程的多级调控方案。

研究建立了城市应急供水优化调度的费用模型，为城市应急供水规划调度方案的优化提供了定量化的分析工具。

（4）技术适用性

为城市应急供水调控方案的优化制定提供定量化的决策工具，为城市应急供水规划及供水系统规划提供科学支撑。

（5）应用情况及取得成效

该技术应用于东莞市应急供水优化调控。针对可能发生的水源突发污染事故，制定应急供水规划调控方案，建立应急供水的费用模型，从经济性角度对规划方案进行优化，统筹考虑各方面实际情况，确定最优的应急供水规划调控方案。研究成果为东莞市编制城市供水规划提供了技术支撑，包括确定应急供水相关建设指标，应急供水调度方案的优化等。

（6）成果产出

对国家标准《城市供水工程规划规范》GB 50282-98提出了城市应急供水等方面的修订建议。

（技术来源："十一五"水专项课题，城市供水系统规划调控技术研究与示范，2008ZX07420-006）

3.3.4 城市规划对城市节水的影响分析及节水评价技术

（1）技术背景和需求

我国高度重视城市节约用水工作，近年来出台一系列政策及标准推动城市节水工作开展。2012年1月，国务院提出了《关于实行最严格水资源管理制度的意见》（国发〔2012〕3号）；同年4月，住房和城乡建设部、国家发改委印发《国家节水型城市考核标准》（建城〔2012〕57号）。2014年3月14日，习近平总书记首次提出"节水优先、空间均衡、系统治理、两手发力"的十六字治水方针。2015年颁布《城市节水评价标准》GB/T 51083—2015。2016年11月，住房和城乡建设部、国家发改委制定《城镇节水工作指南》，指导各地深入开展城镇节水工作。2018年，住房和城乡建设部和国家发改委联合

发布《国家节水型城市申报与考核办法》和《国家节水型城市考核标准》。

在国家政策高位推动下，城市节水工作取得显著成效。与2000年相比，2018年全国城市用水人口增长了103%，但城市年用水总量基本维持在600亿m³左右，仅占全国用水总量的10%左右，支撑了全国60%的人口和70%以上的GDP。

但由于中国城市人口密集、资源环境压力大，城市节水工作仍面临严峻的挑战。一是高质量发展对城市节水工作提出新要求。我国城市中有2/3存在不同程度的缺水问题，水资源条件的客观约束以及人民群众生活水平提升的主观愿望，迫切要求进一步挖掘节水潜力，全面提升公共服务保障水平和优质生态产品供给能力。二是大规模开展城市节水水平的合理性量化评价面临的挑战。由于各城市面临的城市节水主导因素不同，用水效率、节水水平及发展态势存在差异，现有节水评价体系无法完整评估我国城市节水水平变化趋势，城市节水工作运行机制的优化缺乏依据。三是城市节水在城市规划层面缺乏支撑。目前在综合节水方面、城市规划层面的节水工作还处于起步阶段，城市规划中的涉水指标值与城市空间结构、用地性质、涉水基础设施

布局、城市绿地和水景观等的衔接不足，需要完善相关规划指标体系引导节水型城市建设。

（2）技术内容

以问题为导向，在收集、整理、分析研究了30多个规划成果案例的基础上，以解剖麻雀的方式，归纳总结出现有城市规划在节水方面存在的共性问题，通过分析我国城市规划的作用、基本构成、编制内容与编制方法等，探寻城市规划与节水的内在联系，研究城市规划对城市节水的影响因素，理清城市规划对城市节水的影响途径。

在系统研究和对比分析现有综合评价方法优劣性和适用范围的基础上，结合评估典型城市节水水平的实际需求，建立了多维度城市节水评价方法，构建了城市节水指数评价体系（图3-3-6）。

城市节水评价体系的核心在于评价指标的选取以及权重的赋值。考虑到城市节水工作的动态性和复杂性，在科学、客观、细致地识别节水发展主要驱动因素的基础上，按照系统性、典型性、全面性、可获取性等原则，综合考虑《国家节水型城市申报与评选管理办法》《城市节水评价标准》等相关文件，确定了城市节水指数评价维度和评价指标，具体包括生活节水、市政节水、工业节水和生

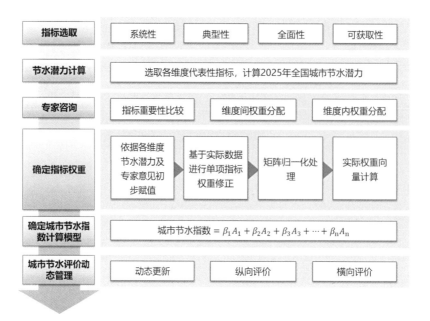

图3-3-6　城市节水指数评价体系技术路线

态节水4个维度（一级指标），共"6+1+1"项二级指标，搭建统筹多维度城市节水指数评价体系层次模型（图3-3-7）。

综合采用专家打分法和模糊层次分析法，在专家问卷调查、构建判断矩阵、一致性检验和归一化处理基础上对城市节水指数评价体系指标进行权重赋值。同时研究城市在各维度的节水潜力，对权重赋值结果进行验证和修正（图3-3-8）。

生活节水维度

1 | 城市人均居民生活用水量

2 | 城市居民生活用水定额控制率

市政节水维度

3 | 公共供水管网综合漏损率

生态节水维度

4 | 再生水利用率

工业节水维度

5 | 工业用水重复利用率

6 | 万元工业增加值用水量

"1"：国家节水型城市

"1"：万元GDP增加值用水量

图3-3-7 城市节水指数评价维度和评价指标

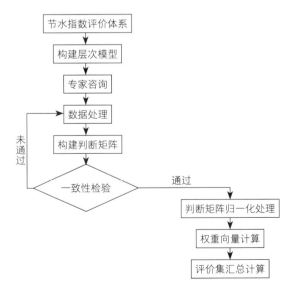

图3-3-8 节水指数评价指标赋值计算路径

邀请国内城市节水领域教授和专家对每一层级中所有因素进行两两相互比较，采用标度法将同层级评价指标的相对重要程度转化为定量描述，经过上述计算路径最终获得各层级评价指标的权重值，如表3-3-13所示。

城市节水指数评价体系指标权重　表3-3-13

一级指标		二级指标		组合权重
指标名称	指标权重	指标名称	指标权重	
生活节水C_1	0.1584	城市人均居民生活用水量P_1	0.41	0.0662
		城市居民生活用水定额控制率P_2	0.59	0.0923
市政节水C_2	0.2629	公共供水管网综合漏损率P_3	1	0.2629
生态节水C_3	0.3139	再生水利用率P_4	1	0.3139
工业节水C_4	0.2049	工业用水重复利用率P_5	0.64	0.1302
		万元工业增加值用水量P_6	0.36	0.0745
国家节水型城市C				0.06

结合城市节水指数指标体系、指标权重赋值计算结果和二级指标评分结果，构建城市节水指数计算模型如下式所示：

$$城市节水指数=\sum_{i=1}^{4}\alpha_i A_i + \beta B$$

式中：α_i——第i个维度对应的权重系数；

β——国家节水型城市指标对应的权重系数；

A_i——第i个维度指标得分；

B——国家节水型城市指标对应得分。

参与计算的260个城市中，节水指数排名前30名城市包括国家节水型城市24个，超大城市2个（深圳、天津），特大城市2个（青岛、苏州）（图3-3-9、图3-3-10）。

（3）技术创新点

①揭示了城市规划布局、资源配置、产业结构等对城市节水的影响机理，对编制节水型城市规划以及相关规划具有较强的借鉴意义。

②建立了多维度节水型城市建设的节水指数评

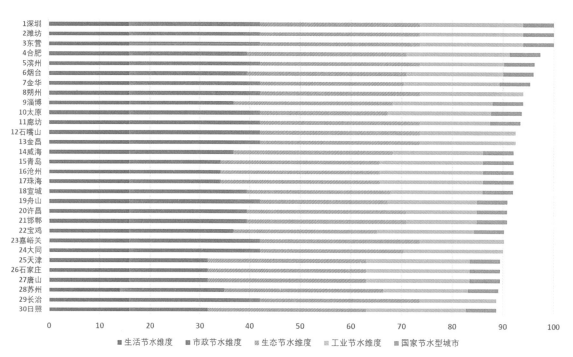

图3-3-9 城市节水指数排名情况

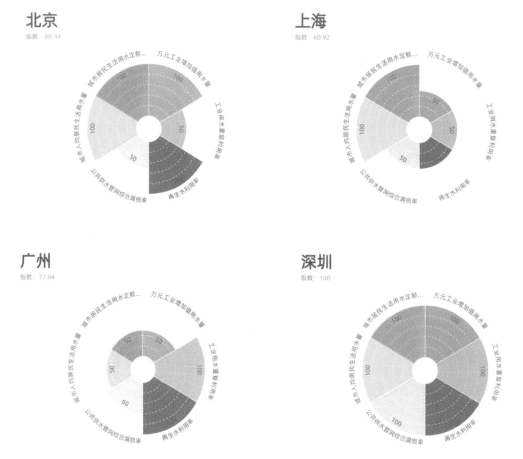

图3-3-10 "北上广深"各项指标得分情况

价体系，解决以往城市节水评价指标体系研究思路和方法较为陈旧、主观性强、实操性较差，基本停留在理论研究阶段的问题，填补国内有关城市节水指数方面的研究空白。

（4）技术适用性

适用于大规模研判城市节水水平状况，通过动态更新城市节水评价结果，客观评估我国城市节水水平的变化趋势，实现城市节水动态管理，推动城市综合节水，并为落实国家城市节水工作的战略部署提供理论依据和工作基础。

（5）应用情况及取得成效

该技术方法应用于260个城市，其中含97个国家节水型城市和163个非国家节水型城市，从不同维度动态评估用水效率发展水平，分析节水潜力变化趋势，量化节水水平的发展态势，确定因地制宜、分类施策的城市节水策略实施路径。

（技术来源："十一五"水专项子课题，城市规划布局、产业结构等对城市节水影响机理研究2009ZX07317-005-003；住房和城乡建设部科学技术计划项目（2021-R-059），高质量发展的城市节水指数评价体系构建及策略保障）

4 城市水环境治理及水生态修复领域

4.1 城市水环境系统规划调控与优化技术

（1）技术背景和需求

为改善我国城市水环境，编制科学的城市水环境系统规划，需要对城市水环境系统的未来发展及规划方案进行模拟预测，对各种政策措施进行分析评估，并对各种方案进行优化。因此，亟须从城市水环境系统的驱动力、压力、状态与响应等环节，构建定量化的城市水环境系统规划调控模型，并研究相应的规划调控与优化技术，为顺利开展我国城市水环境系统规划编制与管理实施提供技术保障。

（2）技术内容

以城市水环境系统规划调控模型为核心，结合情景分析方法，定性分析人口规模控制、产业结构调整、消费模式转变、人口与产业布局优化、污染控制、修复与活化、补偿与适应等不同环节的调控措施的作用，并通过构建数学模型，实现对调控与优化的过程及效果的定量化分析（图3-4-1）。

城市水环境系统规划调控模型包括4个模块："驱动力—压力"模块、"压力—状态"模块、"状态—影响"模块和响应反馈模块（图3-4-2）。

① "驱动力—压力"模块

"驱动力—压力"模块定量模拟人口增长、经济发展和消费增长等驱动力因素对城市水环境系统所产生的压力，包括点源污染负荷和非点源污染负

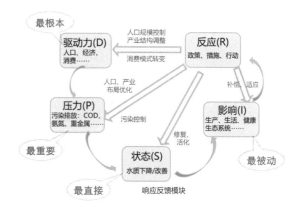

图3-4-1 城市水环境系统规划调控环节与策略示意

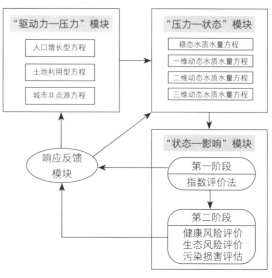

图3-4-2 城市水环境系统规划调控模型结构图

出，并通过稳态和动态模型模拟城市非点源所产生的压力。

工业点源的计算如下式所示。

$$Q_{工业点源} = PO \times \frac{GDP}{PO} \times \frac{Q}{GDP}$$

式中：$Q_{工业点源}$——工业点源的水污染物产生量；PO——人口；GDP——国内生产总值（或某行业的增加值）。

生活点源的计算如下式所示。

$$Q_{生活点源} = PO \times C$$

式中：$Q_{生活点源}$——生活点源的水污染物产生量；PO——人口；C——人均生活污染物产生量。

城市非点源的稳态计算如下式所示。

$$Q_{城市非点源} = \sum_{i=1}^{n} (S_i \cdot Q_i \cdot EMC)$$

式中：$Q_{城市非点源}$——城市非点源的产生量；S_i——第i个地块的面积；Q_i——第i个地块的有效地表径流量；EMC——场均降雨径流污染浓度。

对城市非点源进行动态计算时，分为地表径流和管网传输两个过程，每个过程又都包含水量与水质的计算，因此细分为地表径流量、管网水动力学传输、地表径流污染、管网污染物质传输四个部分。

② "压力—状态" 模块

"压力—状态" 模块基于不同维度的河流湖泊稳态和动态水质模型，定量模拟前述驱动力所产生的压力对城市水环境系统的状态变化状况。

河流稳态方程，河流中排污口下游某处的水质浓度方程如下式所示。

$$C = C' exp (- \frac{Kx}{86400u})$$

式中：C——河流排污口下游x处的水质浓度；K——水质降解系数；x——距排污口的跨度；u——流速；C'为混合后水质浓度，按零维模型求解。

湖库稳态方程，湖泊、水库中的营养物质平衡浓度如下式所示。

$$C_p = \frac{I_c}{sh + h/t_w}$$

式中：C_p——营养物质平衡浓度；t_w——湖泊水库

的水力停留时间；I_c——某种营养物质的输入总负荷；h——水深。

一维、二维、三维的动态水质方程如下式所示。

$$\frac{\partial C}{\partial t} + u \frac{\partial C}{\partial x} = \frac{\partial}{\partial x} (E_x \frac{\partial C}{\partial x}) + F + S$$

$$\frac{\partial C}{\partial t} + u \frac{\partial C}{\partial x} + v \frac{\partial C}{\partial y} = \frac{\partial}{\partial x} (E_x \frac{\partial C}{\partial x}) + \frac{\partial}{\partial y} (E_y \frac{\partial C}{\partial y}) + F + S$$

$$\frac{\partial C}{\partial t} + u \frac{\partial C}{\partial x} + v \frac{\partial C}{\partial y} + w \frac{\partial C}{\partial z} = \frac{\partial}{\partial x} (E_x \frac{\partial C}{\partial x}) + \frac{\partial}{\partial y} (E_y \frac{\partial C}{\partial y})$$
$$+ \frac{\partial}{\partial z} (E_z \frac{\partial C}{\partial z}) + F + S$$

式中：C——污染物质浓度；E_x——x向扩散系数；E_y——y向扩散系数；E_z——z向扩散系数；u——x向流速；v——y向流速；w——z向流速；F——污染物质的衰减项；S——污染物质的源汇项；x——距离；t——时间。

③ "状态—影响" 模块

"状态—影响" 模块定量分析前述的城市水环境系统的状态变化对生态环境、社会经济及人体健康等产生的最终影响结果。在具体的操作上分为两阶段进行：第一阶段，用指数评价法对水体污染的程度进行评价。评价结果可作为本模块的输出结果（即影响的计算到此为止），也可作为后续第二阶段的输入条件。第二阶段，运用健康风险评价、环境／生态风险评价和污染损害评估三种不同的方法，从不同的角度对水体污染的影响进行全面评价。三个角度的评价结果一般独立使用，最后综合进行考量。

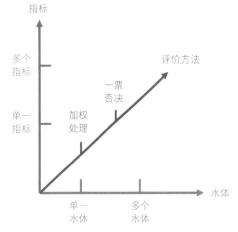

图3-4-3 城市水环境影响的评价方式

④响应反馈模块

响应反馈模块描述政府、组织、人群和个人为预防、减轻、改善或者适应水环境状态的变化而采取的对策，并对这些对策所产生的效果进行评估。

城市水环境系统的规划调控，即以城市水环境系统规划调控模型为基础，以情景分析方法为手段，采用枚举选优法和逐步寻优法，将不同的政策、措施通过模型各参数的量化调整，实现对驱动力、压力、状态、影响等各环节的调控优化。各调控环节如下：

①对驱动力的调控是最根本的。控制污染产生量，能够减轻污染治理的压力，减少因此消耗的资源、能源数量。对驱动力的调控包括：控制人口规模、控制经济规模、调整产业结构、提高技术水平、控制用地规模、转变消费模式。

②对压力（各种水污染物）的调控是最重要的，压力是造成水环境质量下降的直接原因，减轻压力（即减少污染物排放的数量）能够使得水环境的改善得以持续。调控的环节包括对污染的控制和人口、产业、用地布局的优化。

③对状态的调控是最直接的。但如果只对状态（水质）进行调控而不控制压力（污染排放），一般来说是不可持续的。这一环节的调控措施包括疏通水系、生物修复、曝气复氧、引水冲污等。

④对影响的调控是最后能采取的措施，是一种被动的手段。这一环节的调控手段主要是补偿与适应。

（3）技术创新点

①构建了基于DPSIR（Driving forces-Pressure-State-Impact-Responsee）框架的完整、动态的城市水环境系统规划调控模型。

②可对城市水环境系统调控的各种政策、措施、规划方案进行定量模拟与评估，实现调控与优化。

③该项技术可应用于各层级城市规划及城市水环境系统相关规划，为提高规划的科学性提供技术支撑。

（4）应用情况及取得成效

该技术应用于东莞生态园、玉溪等地城市水环境系统规划调控与优化，取得了良好的效果。

（技术来源："十一五"水专项课题，城市水环境系统的规划研究与示范，2009ZX07318-001）

4.2 城市健康水环境调控技术

（1）技术背景

城市水环境是城市景观的重要组成部分，具有人工干扰明显、社会服务功能丰富等特点，其健康程度的维系与城市的可持续发展息息相关。早年国内外对于城市水环境研究与实践集中于城市水环境的水质改善与生态修复，包括基于生态学、景观学、生物净污等理论的研究，以及众多城市河流水环境修复工程。近年来，城市在规划与建设时越来越重视水环境承载力的提高和健康水环境的维系。城市水环境的"维系"与"修复"均以河流生态健康为目标。

针对城市水环境恶化、水资源短缺的特殊现状和建设的目标定位，为整体提升城市水环境承受力，针对城市健康水环境的持续维系和下游受纳水体水环境不退化的需求，以健康循环的水环境为目标，以河流汇水区全过程污染控制技术和健康水环境维系技术为抓手，以自然与人工交织复合生态湿地系统构建技术为保障，形成生态水量有保障、河湖水质有改善、生态健康可持续三位一体的城市水环境承受能力提高的成套技术，为缺水地区构建人工与自然相复合的水系提供技术支撑。

（2）技术内容

该技术包含水环境维系适用技术筛选技术、水环境维系适用技术核心参数量化技术和水环境维系适用技术效果评估技术（图3-4-4）。

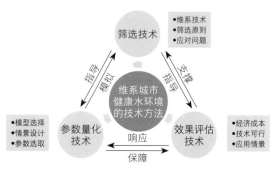

图3-4-4　维系城市健康水环境的技术方法构成

①水环境维系适用技术筛选技术

根据应用情景与位置梳理水环境维系技术，结合技术成熟、效果明显、操作可行和可模拟量化情况筛选出适用的水环境维系技术，应对水环境污染的人工湿地技术、应对水环境突发污染的强化复氧技术、应对缺水压力的水量保障技术和应对雨季面源污染的低影响开发技术（图3-4-5）。

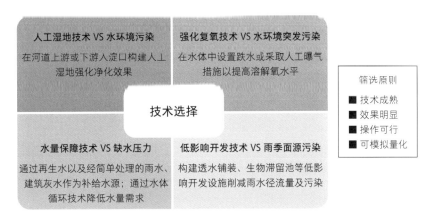

图3-4-5　水环境维系适用技术筛选技术示意图

②水环境维系适用技术核心参数量化技术

基于下游受纳水体及水系关键节点的水质控制目标，结合水系的循环模式和建设条件，优化确定上游—汇水区—下游全流程水环境维系适用技术方案核心参数（图3-4-6）。

图3-4-6　水环境维系适用技术核心参数量化技术示意图

③水环境维系适用技术效果评估技术

从水环境健康提升效果、技术可行性和经济成本的角度对所研究的维系技术进行综合评估，即首先针对单一或组合技术对水环境健康提升的效果进行指标量化评价，其次根据城市健康水环境需求提出相应的技术方案并对其技术可行性与经济合理性进行评估，综合上述三方面得出维系技术效果的综合评价（表3-4-1）。

城市水环境维系适用技术效果评估　　　　　　　　　　　　表3-4-1

技术类别	技术效果	技术可行性	经济成本	应用情景
水体循环技术	有效降低区域河道对补给水源水量的需求	技术可靠；可根据水量需求调节	需要持续耗能，产生动力费用	水量不足
人工湿地技术	显著降低污染物浓度，保障河流及下游受纳水体水质	技术成熟；易于运行维护	建设与维护成本适中，性价比高	水质恶化降雨情景
强化复氧技术	在流速较大的河道中水质净化效果有限，但在流速缓慢、生化反应活跃的人工湿地中效果明显	技术可操作性强；可根据水质情况调节	可采用太阳能设备降低能耗及运行成本	水质恶化
低影响开发技术	有效削减雨水径流及其中污染物对河道的影响	技术成熟；易于运行维护	成本随建设面积的增大而上升，性价比高	降雨情景

（3）技术创新点

①统筹城市水系统自然循环和社会循环需求，基于健康循环的理念解析城市健康水循环内涵，以水系统可持续发展为终极目标，结合城市自然禀赋和北方缺水地区的特征，提出了综合环境影响要素和评价标准的健康水环境评价指标体系，并以本评价指标体系为基础完成城市水环境维系适用技术筛选。

②基于多学科整合的复杂生态系统理论及面向未来的情景设计，采用数学模型量化了适用于河湖汇水区污染全过程水质保障技术方案，并确定技术核心参数。

③结合多因素分析评价城市水环境维系适用技术效果，构建健康水环境维系集成技术，并提出优化的生态湿地方案建议。

（4）技术适用性

该技术系统考虑城市再生水、外调水、上游来水、雨水径流等不同类型河湖湿地的汇水来源，构建了人工与自然交织的复合生态湿地系统，为河流水质原位改善和河流生态修复提供支撑，适用于河流汇水区全过程污染控制和健康水环境维系，同时适用于水量少、水质差、水生态恶化地区的水环境改善和水生态修复。

（5）应用情况及取得成效

该技术应用于雄安新区城市健康水环境调控，结合健康水环境持续维系和下游受纳水体水环境不退化的目标要求，基于水文学、水动力学和水生态学原理，采用水文水力学及水环境模型量化不同边界条件，构建不同的情景方案，模拟量化未来雄安新区城市河湖汇水区环境需求，预选可能选取的补给水源水质保障技术、河流水质原位改善技术和河流生态修复与构建技术及设计规模，综合考虑经济成本和技术可行性等，筛选优化技术组合方式，通过构建的预评价指标体系，评估水环境健康维系效果。

该技术契合水专项关于雄安新区"水环境质量不退化、水生态良性发展"的治理（管理）目标，

削减输入白洋淀的污染负荷，有助于白洋淀上游入淀河流水环境综合整治、淀内外环境综合治理等项目落地实施，促进白洋淀水质再升级，为保护白洋淀及周边水生态环境、全面提升雄安新区水生态涵养和系统自净能力、打造水城共融生态城市提供技术支撑。

（6）成果产出

形成《雄安新区城市水环境承受力调控技术指南（建议稿）》，取得1项实用新型专利：一体化污水处理设备（CN211226811U）。

（技术来源："十三五"水专项独立课题，雄安新区城市水系统构建与安全保障技术研究，2008ZX07110-008）

4.3 方向层关键技术

"十一五"以来，我国水生态环境保护以污染治理为主，"十四五"时期，开始向水资源、水生态、水环境协同治理、统筹推进转变。本章所指的关键技术，主要针对水污染控制和水环境改善问题，兼顾水生态修复。技术领域主要包含水污染控制和水生态环境治理修复等两个方向的关键技术集合。

4.3.1 城市生活污水处理厂高标准净化处理技术

（1）技术背景和需求

响应推进城市生活污水"全收集、全利用"目标，结合城市污水高标准处理和水环境高质量治理趋势，亟待结合城市生活污水水质水量特点以及现有城镇生活污水处理厂/再生水厂的工艺运行情况，研究集污水收集、高标准再生处理、雨污统筹、运行管理于一体的关键技术，突破氮磷、溶解性难降解有机物及色度的强化去除，提出新的污水高标准净化处理及再生利用设施建设技术方案、控制策略及工艺技术参数，为城市污水处理厂建设方案选定，污水高标准处理及再生利用提供技术支撑。

优化城市排水系统建设方式，采用雨污完全分流模式。污水收集系统采用"全收集、全处理、全回用"模式，以高标准再生处理耦合尾水湿地生态涵养，将污水从"人工水"向"自然水"转化，稳定、连续、有效地补充城市河道，保障河道生态基流和水环境质量。同时，污水高标准再生处理后可直接用于城市杂用，部分替代常规水资源需求（图3-4-7）。

提进雨水减排利用。降雨初期，通过城市灰色设施将雨水快速有效地转输至再生水厂进行雨水净化处理，经尾水湿地生态涵养后进入河道或湿地补水等；入到暴雨时，以排涝为主，降雨储存十雨水蓄存设施，雨水经物化、生态处理后也可作为水资源用于城市河道的补水（图3-4-8）。

构建排水管网及再生水厂（雨污统筹）耦合的信息系统，综合"网、厂、管"三位一体化模式，集收集系统、评估预测、工艺选取、配套设备仪表

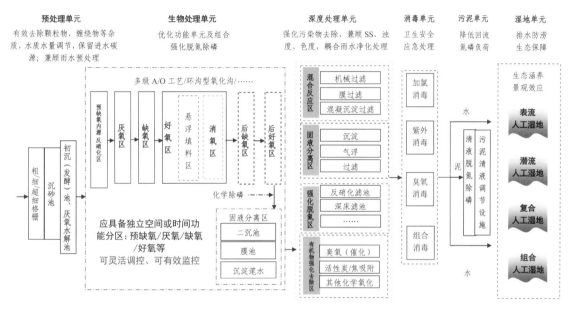

图3-4-7　高排放标准污水处理厂总体技术路线图

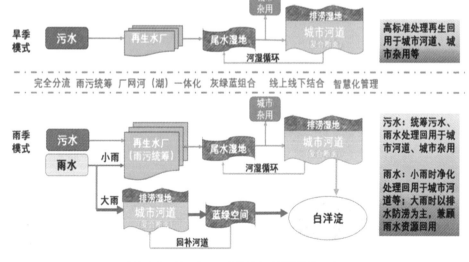

图3-4-8　基于生活污染物综合减排的总体思路图

和运行管理五个子系统，每个子系统设置相应的系统单元组成及控制要求。结合污水、雨水收集处理设施的排查和运行维护，建立排水管网及污水厂数字信息系统的动态更新机制，提高线上动态监管能力，实现厂网联动，优化调控、应急处理的快速响应（图3-4-9）。

图3-4-9　构建"网、厂、管"一体化雨污统筹再生处理系统图

（3）技术创新点

①充分预测研究对象未来人口"潮汐式"流动特征，提出污水管网针对性技术策略及运维需求，如管网布局、管道材质、断面选取时重点考虑应对水质水量波动，选取复合断面管道等，保障小流量不沉积、大流量不冒管，保障收集系统效能发挥。

②构建了基于雨污统筹的污水处理厂建设模式，基于旱季时以生活污水为主的强水质水量波动及高浓度污水水质特征，提出污水高标准处理工艺技术路线、单元组合模式、工艺分组及设备配套模式、运行控制要求，保障稳定达标的基础上兼顾节能降耗；基于雨季时的雨污统筹净化处理需求，提出预处理系统和深度处理系统作为雨污统筹的重点工艺环节，雨水以高效物化处理为主，污水以生物处理辅助深度处理的雨污统筹建设运行模式。

③综合考虑了生态安全性和资源能源回收等问题。建议出水通过人工湿地等生态缓冲单元实现"人工水"向"自然水"的转化，降低污水再生处理与利用过程中的生态风险。推进资源能源回收利用，物质回收以污水中富含的碳源、氮磷等物质为主，能源回以污水热量（水源热泵）、污泥有机质（厌氧产沼）等为主。

（4）应用情况及取得成效

相关技术内容已编入《雄安新区城市水设施工程建设技术手册》，并已通过雄安新区管理委员会规划建设局组织的专家评审；相关成果已在雄安区起步区2号水资源再生水中心、南张水资源再生中心等工程中得到应用。

（5）成果产出

形成《雄安新区城市水设施工程建设技术手册（建议稿）》。取得发明专利2项：具有耦合深度过滤功能的高效活性污泥截留型二沉池工艺系统

（2020102648743），一种物化生物膜耦合的可切换式高效污水净化处理系统（020112991585-1）。

（技术来源："十三五"水专项独立课题 雄安新区城市水系统构建与安全保障技术研究，2018 ZX07110-008）

4.3.2 城市水体功能区优化及水质标准控制技术

（1）技术背景和需求

目前，我国城市水体的功能划分主要体现在省（直辖市）层次或者地级市层次。开展水（环境）功能区划时通常涉及多个水体，实际工作中通常只考虑重要的地表水体，例如流域面积较大的河流、面积或库容较大的湖库、饮用水源等。而城市水体通常规模较小，因此大量的城市水体特别是河流支流和小型湖库无法纳入现有的水（环境）功能区划，导致城市水环境管理中水体的功能定位和水质目标不明确，缺乏相应的管理依据。

亟须针对目前我国水（环境）功能区划分尚未有效覆盖城市水体、城市水体水质管理缺乏明确目标等问题，提出城市水体功能定位及其水质控制标准制定技术。

（2）技术内容

将城市水体功能划分为4大类，即生态、生活、生产和其他，如表3-4-2所示。

确立了城市水体功能定位的工作流程，如图3-4-10所示。主要技术要点包括：

①系统收集与城市规划区相关的自然状况、社会经济、涉水设施、地理信息、现有规划等资料，开展与水体功能定位相关的评价；

②在确定城市水体范围基础上，根据已有流域和区域水（环境）功能区划，确定已有明确功能的城市水体，评价其合理性；

③结合城市规划和公众/部门对城市水体功能的需求，确定城市水体基本功能，即本区域内城市水体都应具有的功能；

④以上述已确定的城市水体功能为基础，充分

城市水体功能分类　　表3-4-2

类别	水体功能	含义	功能细分
生态	生态保护	对于保护生态环境和生物多样性具有重要意义的水体	
生活	饮用水源	为城镇及其下游区域提供综合生活用水的水体	
	景观用水	满足景观观赏要求的水体	
	娱乐用水	满足直接接触或非直接接触休闲娱乐活动要求的水体	非直接接触娱乐、直接接触娱乐
生产	工业用水	为城镇及其下游区域提供工业用水的水体	
	农业用水	为城镇及其下游地区提供农业灌溉用水、畜禽饮水及其他用水的水体	灌溉用水、畜禽饮水
	渔业用水	满足鱼、虾、蟹、贝类等水生生物养殖需求的水体	
其他	排污混合	排放口附近，城市污废水、雨水、农田排水等与受纳水体混合的水域	
	功能过渡	水质目标有较大差异的相邻水功能区间水质状况过渡衔接的水域	

考虑陆域城市功能区、用地类别及其用水需求特征，划定城市水体其他功能；

⑤针对每一类水体功能，系统识别引起水体功能风险的水质问题，构建与功能匹配的水质指标体系；

⑥针对每一类水体功能，根据水质基准研究成果完备程度，采取对比研究或风险评价方法，确定水质控制基准，结合我国现有相关水质标准要求，确定城市水体水质控制标准。

以景观水体为例，景观水体的水质指标体系和控制标准如表3-4-3所示。其中，透明度这一指标在传统的地表水环境质量指标中并未出现，但在城市水体中是一重要指标，进行了专门的研究。

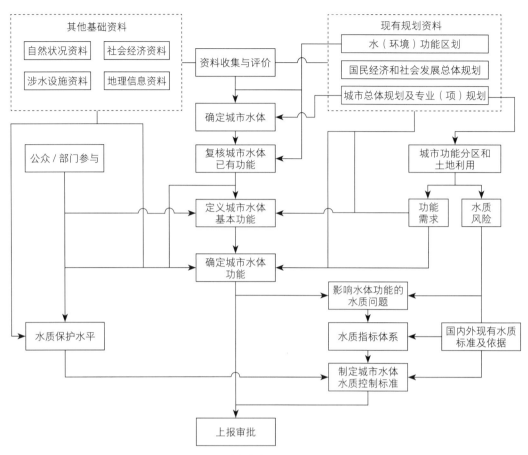

图3-4-10 城市水体功能定位的工作流程

景观水体水质指标体系和控制标准 表3-4-3

水质指标	中国[①]	国外现有标准					控制基准	控制标准	
		美国	加拿大	澳大利亚	日本	南非		高保护水平	低保护水平
色、臭、味	描述性	描述性	描述性	描述性		描述性	自然的色、臭、味	自然的色、臭、味	不显著影响感官
沉积物		描述性	描述性	描述性		描述性	无人为来源的沉积物	无人为来源的沉积物	不显著影响感官
漂浮物	描述性	描述性	描述性	描述性	描述性	描述性	无人为来源的漂浮物	无人为来源的漂浮物	不显著影响感官
油脂	描述性	描述性	描述性	描述性		描述性	无油脂	无油脂	不显著影响感官
滋扰生物		描述性	描述性	描述性		描述性	无滋扰生物	无滋扰生物	不显著影响感官
透明度（m）	0.5		1.2[②]			描述性	清澈或≥1.2	清澈或≥1.2	不显著影响感官

注：①为 GB 12941-91 中 C 类。②针对娱乐水体。

（3）技术创新点

①借鉴了国际上对水体基本功能的定义，提出城市水体基本功能类别，保证城市水体功能定位工作的有效覆盖。

②从城市水体功能需求的特点出发，系统构建了与水体功能相匹配的城市水体水质控制标准体系，提高该体系的针对性和一致性。

③突出了公众参与在城市水体功能定位和水质控制标准制定工作中的重要作用。除此之外，该技术还能够充分继承现有的水（环境）功能区划分成果，并与之相衔接，同时强化了城市水体功能定位与城市各类规划之间的紧密联系。

（4）应用情况及取得成效

该技术应用于苏州市五个代表性城市水体，开展水体功能区划与水质控制基值的研究应用。与提出的城市景观水体水质控制基值相比较，五个水体部分水质指标（如高锰酸盐指数）可以达到标准要求，而部分指标（如叶绿素a）尚不能完全达标。

为使示范水体水环境质量持续改善，可适当提高已达标指标的限值要求。

（技术来源："十一五"水专项课题，城市水环境系统的规划研究与示范，2009ZX07310 001）

4.3.3 城市水体功能风险识别技术

（1）技术背景和需求

城市水体功能风险是指城市水体在发挥其功能过程中对接触水体的人群、在水体中或周边生存的生物、涉及的设备、产品或周边环境等造成不利影响的可能性。亟须在系统梳理国内外水质标准制定技术的基础上，开展城市水体功能风险识别与模拟研究，为建立与水体功能匹配的水质指标体系和水质控制标准奠定基础。

（2）技术内容

该技术以风险评价框架为基础，主要包含危害识别、剂量－反应评价、暴露评价、风险表征等内容，具体技术流程如图3-4-11所示。

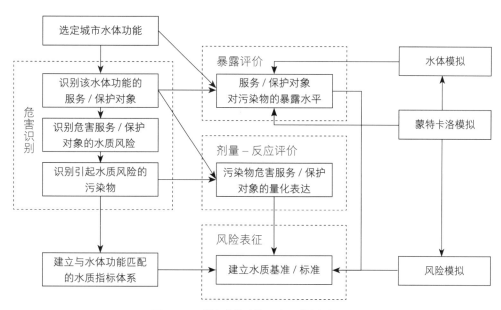

图3-4-11 城市水体功能风险识别技术流程图

①危害识别

危害识别主要包括以下三方面内容：第一，识别该水体功能的服务对象或需要保护的对象。第二，识别危害服务对象或需要保护对象的水质问

题。第三，识别引起水质问题的污染物。

②剂量—反应评价

剂量—反应评价的主要内容是建立水体中污染物水平与城市水体功能的服务对象或需要保护对象

受到不利影响的程度之间的定量关系。

对于有毒有害化学物质，通常考虑其致癌和非致癌人体健康风险。致癌风险通常采用下式进行计算：

$$P=1-e^{(-CDI \times SF)}$$

式中：P——人体终生暴露的致癌风险，CDI——人体终生暴露时单位体重日均摄入剂量（单位：mg/kg/d），SF——有毒有害物质的致癌斜率因子（单位：kg·d/mg）。

非致癌风险通常以相对风险来表征，如下式所示：

$$Q=E/RfD$$

式中：Q——非致癌物质的相对风险，E——该物质的摄入剂量，RfD——该物质的参考剂量（单位：mg/kg/d）。当Q大于1，即E高于RfD时，该物质将会产生非致癌效应。

对于微生物，其常用剂量—反应方程形式如表3-4-4所示。

微生物健康风险评价的剂量—反应方程　表3-4-4

分类	依据
$P=1-[1+\dfrac{d}{d_{50}}(2^{1/\propto}-1)]^{-\propto}$	P：感染疾病的概率；d：摄入剂量；d_{50}：半数感染剂量；α：斜率参数
$\log_{10}\left(\dfrac{P}{1-P}\right)=a \times \log_{10}M+b$	P：感染疾病的概率；M：单位体积水中微生物数量；a和b：系数
$P=a \times \log_{10}M+b$	P：感染疾病的概率；M：单位体积水中微生物数量；a和b：系数

③暴露评价

暴露评价的主要内容是识别服务对象或需要保护对象在城市水体发挥功能过程中暴露于污染物的途径、强度、频率、历时等，并量化其剂量。暴露评价通常需要综合应用调查、监测、模型模拟等方法量化上述暴露参数，例如通过社会调查了解人群暴露于娱乐水体的途径、通过水质监测或模型模拟了解人群暴露于娱乐水体中污染物的浓度和计量等。表3-4-5列出了摄入、吸入和皮肤接触三种典型暴露途径下暴露剂量的计算公式。

典型暴露途径的暴露剂量计算公式　　　　　　　　表3-4-5

分类	依据
$I=\dfrac{C \times CR \times EF \times ED}{BW \times AT}$	I：暴露剂量（mg/kg/d）；C：危害物质浓度（mg/L）；CR：接触速率（L/d）；EF：暴露频率（d/y）；ED：暴露持续时间（y）；BW：体重（kg）；AT：平均时间（d）
$I=\dfrac{C \times CR \times ET \times EF \times ED}{BW \times AT}$	I：暴露剂量（mg/kg/d）；C：危害物质浓度（mg/m^3）；CR：接触速率（m^3/h）；ET：暴露时间（h/d）；EF：暴露频率（d/y）；ED：暴露持续时间（y）；BW：体重（kg）；AT：平均时间（d）
$I=\dfrac{C \times SA \times PC \times ET \times EF \times ED \times CF}{BW \times AT}$	I：暴露剂量（mg/kg/d）；C：危害物质浓度（mg/L）；SA：接触皮肤面积（cm^2）；PC：皮肤渗透系数（cm/h）；ET：暴露时间（h/d）；EF：暴露频率（d/y）；ED：暴露持续时间（y）；CF：体积转化系数（1L/1000cm^3）；BW：体重（kg）；AT：平均时间（d）

④风险表征

风险表征的主要内容是集成上述步骤的风险评价信息，量化城市水体功能风险，形成全面的、可以支持决策的结论。开展城市水体功能风险模拟时，剂量—反应评价和暴露评价等过程会存在各种来源的可变性和不确定性。为了考虑这些可变性和不确定性，采用Monte Carlo模拟的方法模拟城市水体的功能风险，具体技术路线如图3-4-12所示。通过对城市水体功能风险的定量模拟，可以确定服务

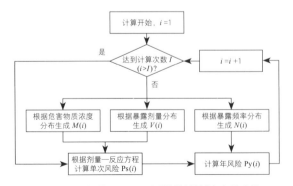

图3-4-12　运用Monte Carlo模拟计算城市水体功能风险的流程

对象或需要保护对象的风险水平，从而在选定保护水平之后，可以确定合理的水质控制标准。

（3）技术创新点

该技术借鉴发达国家经验，可为不同层面水质标准制定提供结构化的方法框架，具有一定的创新性。同时，可将该方法框架系统地应用于城市景观水体水质控制基准研究，具有一定的创新性。

（4）技术适用性

该技术既可应用于宏观层面的某一类水体，建立与水体功能匹配的城市水质指标体系和水质控制标准，又可应用于微观层面的某特定水体，结合水体水质特征、服务对象或需要保护对象的暴露特征等，筛选识别影响水体功能的主要风险和污染物，

建立水质指标体系和水质控制标准，提高城市水环境管理的精细化水平。

（5）应用情况及取得成效

该技术应用于苏州市两个代表性城市水体的功能风险识别。其中一个水体现状水质可以基本满足钓鱼、划船、赏玩喷泉等非直接接触娱乐活动需求，但尚不宜开展游泳等直接接触娱乐活动。另一水体现状水质既可满足钓鱼、划船、赏玩喷泉等非直接接触娱乐活动的需求，并可以基本满足游泳等直接接触娱乐活动的需求。识别结论为水体治理方案提供了技术支撑。

（技术来源："十一五"水专项课题，城市水环境系统的规划研究与示范，2009ZX07318-001）

5 海绵城市建设及水安全保障领域

5.1 海绵城市建设评估与智能化监控关键技术

5.1.1 技术背景和需求

海绵城市是促进生态文明建设、实现绿色发展的核心理念和方式，是深入贯彻新发展理念，推动高质量发展的重要举措。为以评促建、以评促管，持续深入推进海绵城市建设，2019年起，住房和城乡建设部每年组织开展海绵城市建设评估工作，评价各地海绵城市建设进展、成效以及长效机制的建立和落实情况。水务院以国家水专项相关课题及住房和城乡建设部委托课题为契机，开展了综合评价指标体系及评价方法和智能化监控技术等相关研究，为海绵城市建设成效的定性及定量化评估奠定科学依据和工作基础。

5.1.2 技术内容

研究海绵城市建设评估综合评价方法体系，包括海绵城市建设评估综合评价指标体系及评价方法、分级分类用户的建设—运行—管理全生命周期管控机制评价和海绵城市建设评估信息系统（部—省—市三级）等，主要技术流程如图3-5-1所示。

（1）综合评价指标体系及评价方法

首先，从进展跟踪、成效评价、规划引领、长效机制、创新发展、群众满意等多维度进行研究，筛选对海绵城市建设过程和成效影响最大的维度进行指标体系中一级、二级指标的构建。如针对当前海绵城市建设聚焦缓解城市内涝的功能，设置城市现状内涝应对能力的维度；如针对长效机制对海绵城市建设的可持续性效应，设置长效机制的维度等。其次，在指标维度研究的基础上，坚持可定性判断和可量化考核的原则、坚持面上评价和重点突

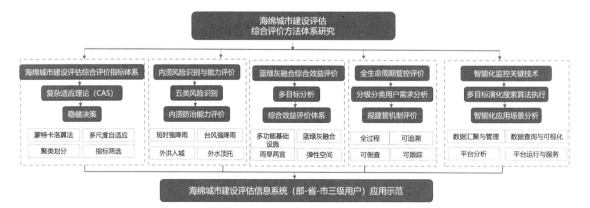

图3-5-1 海绵城市建设评估与智能化监控关键技术研究技术流程图

出相结合的原则，筛选能有效反映海绵城市建设能力、建设成效的具体二级指标，如针对目前现状内涝成效的评价偏定性指标、偏统计学指标的特征，设置现状内涝应对能力指标、调蓄能力等指标，综合评价指标体系如表3-5-1所示，最后，基于以上指标体系，研究各指标的数据来源、计算方法、阈值范围等。通过海绵城市建设的目标及问题分析、专家打分法等方式，得出指标体系权重初始方案，在初始方案的基础上，进行城市试算，将初步方案与群众满意度结果进行对比，根据对比方案进行再次试算优化，并对指标的可考核性进行再次分析试算，最终得到评价办法。

（2）面向分级分类用户的全周期管控机制

结合部—省—市三级用户的差异化需求，识别覆盖"建设—运行—管理"的全生命周期管理各环节核心要素。部级用户重点面向国家海绵城市建设示范城市和试点城市开展评估及管控，对各省级用户整体进展和效果动态跟踪；省级用户重点面向省级海绵城市建设示范和试点城市开展评估及监控，并全面掌握全省整体情况；城市级用户重点为需上报的核心指标，并对典型城市开展关键接口技术研究。

建立以"前期洪涝风险及能力评估、顶层设计和实施方案评估、规划建设管控制度落实情况日常监督抽查、运行维护效果抽查"为核心的建设项目海绵城市建设全流程管控机制。在已初步完成的海绵城市建设信息化管控平台（部—省—市三级）的基础上，对典型城市按季度更新海绵城市建设项目进展和管控情况，夯实建设项目的全流程管控，建立动态更新机制，构建可追溯、可倒查、可跟踪的海绵城市建设管控体系。

（3）智能化监测管控技术

首先，基于海绵城市建设评估考核指标体系，研究搭建集数据填报、数据审核、进度查看、统计分析、监测预警于一体的海绵城市建设评估信息系统，为部—省—市三级用户提供智能化平台，实现评估数据的统一标准、统一采集、分析诊断、（示

海绵城市建设评估综合评价指标体系　表3-5-1

核心目标	分解目标	序号	核心指标
实施效果	水生态保护	1	海绵城市建设以来天然水域面积变化率
		2	海绵城市建设以来恢复/增加水域面积
		3	主要自然调蓄设施能力
		4	年径流总量控制率
		5	城市可渗透地面面积比例
	水安全保障	6	历史易涝积水点数量
		7	海绵城市建设以来历史易涝积水点消除比例
		8	内涝防治标准达标情况
		9	市政雨水管渠达标比例
	水资源涵养	10	海绵城市建设以来地下水（潜水）平均埋深变化（有所回升/保持不变/有所下降）
		11	人工调蓄设施能力
		12	城市雨水利用量
		13	再生水利用率
	水环境改善	14	2015年黑臭水体数量
		15	黑臭水体消除比例
		16	合流制溢流污染年均溢流频次
规划引领	规划体系及规划管控	17	规划体系完备度
		18	规划管控制度落实度
	标准规范制定	19	规范完整度
制度机制	机构设置	20	机构完备度
	法规制定	21	法规制定度
	制度制定	22	总体推进制度完善度
		23	绩效考核及激励制度完善度
		24	运行维护保障制度完善度
		25	投融资与产业发展制度完善度

范城市）跟踪反馈功能。其次，国家级用户突出全局监测、考评调度功能，实现对各省、国家级示范和试点城市海绵城市建设突出问题的全局监测和分析诊断；省级用户突出省内统筹、监督审核功能，向下统筹监督省内各市海绵城市建设情况，向上汇总省内海绵城市建设情况；市级用户突出数据采集、辅助治理功能，通过海绵城市建设相关数据的

登录界面   数据填报界面

图3-5-2　海绵城市建设评估信息系统界面图

填报，收集、分析相关指标数据，实现对海绵城市建设发展的统筹监测。

5.1.3　技术创新点

①构建多尺度自适应的海绵城市建设综合评价体系。以解决既有海绵城市建设评价指标体系普适性评价多、静态评价较多，未针对不同层级不同类别城市特征以及深度不确定性背景下开展动态评价的技术问题。

②开展针对分级分类用户的建设—运行—管理全生命周期管控机制评价，以优化细化既有的碎片化评价体系，实现海绵城市日常健康监控、示范项目全周期跟踪追溯、极端暴雨预警、部省监督审查、数据及接口规范化等多元应用场景的智能化监控。

③搭建基于部—省—市三管理体系的海绵城市建设评估系统，以解决目前只有部分省份、城市具有海绵城市智能化监控平台，未形成部—省—城市三级联动和反馈的技术问题。

5.1.4　技术适用性

本技术适用于实现基于不同层级管理需求的评价、监管、统计分析及展示等功能。建立的海绵城市建设评估信息系统，可用于实现部—省—市三级管理用户闭环反馈机制，对部级用户及时掌握省、城市动态评估情况，及时制定或调整相应政策及管理方式提供重要决策支持，全面提高海绵城市建设评估工作质量和效率，有效推动海绵城市建设。

5.1.5　应用情况及取得成效

2019年起，住房和城乡建设部逐年开展海绵城市建设评估工作。海绵城市建设评估综合评价指标体系、海绵城市建设评价方法技术指南、海绵城市建设评估信息系统，已应用到海绵城市建设评估、既有的海绵试点及示范城市的跟踪评估等工作中，有效支撑了海绵城市建设进展、取得成效和长效机制的定性及定量化评估工作。

目前，研发的海绵城市建设评估信息系统的填报系统（部—省—市三级用户）已试运行，有利于规范管理海绵城市评估工作，保障评估工作进度可视可控、评估数据随查随用，推进海绵城市评估工作智能化。

研究成果对《住房和城乡建设部办公厅关于开展海绵城市建设试评估工作的通知》（建办城函〔2019〕445号）、《住房和城乡建设部办公厅关于开展2020年度海绵城市建设评估工作的通知》（建办城函〔2020〕179号）、《住房和城乡建设部办公厅关于开展2021年度海绵城市建设评估工作的通知》（建办城函〔2021〕416号）、《住房和城乡建设部办公厅关于进一步明确海绵城市建设工作有关要求的通知》（建办城〔2022〕17号）提供了技术支撑。

（技术来源："十三五"水专项独立课题，海绵城市建设与黑臭水体治理技术集成与技术支撑平台，2017ZX07403001；住房和城乡建设部委托课题，海绵城市建设效果评估）

5.2 方向层关键技术

该技术领域主要包含海绵城市建设和城市内涝防治等两个方向的关键技术。

5.2.1 不同历时降雨特征下雨峰、雨量控制评估技术

（1）技术背景和需求

我国海绵城市建设理念发展至今，已成为融合了源头控制、生态景观、水资源保护、水安全保障、水环境综合治理、雨水管理、水污染防治等多重功能与多学科交叉的城市绿色发展体系。为科学控制因降雨造成的地表径流水体及污染负荷增高和合流制溢流污染常发或频发的问题，海绵城市综合提出了年径流总量控制率、年径流污染控制率、径流峰值控制率、合流制溢流污染频次、内涝防治标准以及雨水资源利用率等管控指标体系。针对场次或年际降雨所形成的水量和污染负荷，分别按照源头减排、过程控制、末端排泄或处理等系统化思路进行空间规划和工程设计。降雨是海绵城市设计的决定性因素，同时在概化的数学分析处理工作中是数字化计算的控制边界条件，其中实际降雨过程和设计降雨情景均是海绵城市校核计算和设计方案的输入条件。因此开展多年降雨统计规律、降雨频率分析以及降雨设计等技术研究，对海绵城市设计全流程科学计算和精确控制具有重要的指导意义。

（2）技术内容

研究分析不同历时（短历时和长历时）暴雨强度公式和设计雨型的编制方法，对问题和目标导向的连续多年年降雨频次、典型年年降雨特征、场次降雨总量与峰值进行分析，耦合地表产汇流与管网模型。在设施、地块和城市片区尺度提出不同历时降雨特征下雨量、雨峰径流控制评估技术。

评估对象为基于海绵城市源头设施及不同设施组合方案和城市管渠共同组成的海绵城市设计/建设方案，采用数值模拟计算方法，构建数学模型并采用实际降雨过程对模型进行率定和验证，模拟工作将设计降雨作为模型的输入条件，通过定量化的分析确定海绵城市设施应用之后，对地块/排水分

区/城区雨水径流的控制作用进行综合分析。

针对城市设计了最可能雨型、最不利雨型（短历时和长历时相互嵌套），筛选典型年降雨过程，在不同的设计方案下，具体包括灰绿设施联控调度方案、地块单元（居民小区、学校）海绵城市建设方案等，评估不同工程调度条件和不同设计降雨情景下，海绵城市源头设施建设对地块单元（城区、居民社区、学校等）排水出口处雨水径流的峰值削减量和径流总量减少量等综合控制效果，该技术短历时降雨时限为2小时，时间步长5分钟，长历时时限为24小时，步长5分钟。详细技术流程（图3-5-3）如下。

①降雨资料的信息化处理；

②建立代表站短历时精细化降雨资料数据集；

③降雨趋势分析；

④降雨与潮位分析（沿海地区）；

⑤编制暴雨强度公式；

⑥分别推求短历时和长历时的暴雨强度公式；

⑦新修订公式结果合理性分析；

⑧推求短历时暴雨雨型（芝加哥雨型）和长历时暴雨雨型（同频率雨型），并与水利部门的水文手册方法进行比对；

⑨典型年确定；

⑩海绵城市降雨径流控制成效评估。

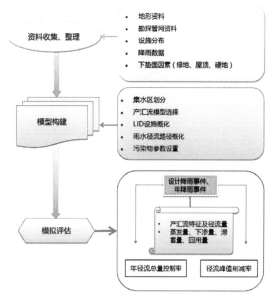

图3-5-3 雨峰雨量控制评估技术流程图

（3）技术创新点

①根据海绵城市"小雨不积水、大雨不内涝"治理目标，以实现地块＋管网＋排涝系统技术集成方案对于不同历时降雨特征下降雨径流控制效果为目的，研究提出相关评估技术。

②包含海绵城市源头评估数学模型构建技术、模型参数率定和模型验证技术、模型误差分析技术等，具体包括模型参数计算、基于敏感性分析的参数调试分析、模型精度分析等内容，数学模型采用基于差分格式离散求解圣维南方程组的水力学模型。

③形成了数据持续迭代、模型滚动更新和技术相互反馈的综合体系，借助于不断累积的监测数据进行参数更新，借助模型评估技术，进行设计方法优化，实现数学模型、监测数据和设施优化之间的互馈机制，形成良性的优化循环流程。

（4）技术适用性

适用于海绵城市建设专项规划的指标确定、规划方案编制，系统化实施方案编制，项目的总体设计方案编制。

（5）应用情况及取得成效

结合构建的海绵城市雨水径流控制评估技术，开展了我国杭州市滨江区低影响排水系统与河湖联控调度方案下内涝和管渠溢流控制评估、遂宁市老城区海绵城市径流控制评估、武汉市钢城二中海绵城市径流控制评估等多项应用。

（技术来源："十三五"水专项课题，海绵城市建设与黑臭水体治理技术集成与技术支撑平台，2017ZX07403001）

5.2.2 城市内涝风险评估技术

（1）技术背景和需求

2013年，住房和城乡建设部印发《城市排水（雨水）防涝规划编制大纲》，提出编制内涝防治规划应开展现状排水能力评估和现状内涝风险评估，规划编制完成后，还应开展规划实施预期效果（包括规划管渠排水能力和规划内涝风险）评估。为此，亟须研究城市内涝风险评估技术方法，为城市排水防涝规划、城市内涝防治规划、内涝治理系统化方案等文件的编制提供技术依据，提高规划编制的科学性。

（2）技术内容

城市内涝风险评估，主要是通过科学应用水力学模型能够模拟不同降雨情景下城市暴雨径流精确的演进过程，对城市发生不同设计暴雨所造成的积水时空分布特征进行定量化分析；根据地面积水时间、积水深度等因素综合确定城市内涝风险的发生位置与等级。

城市内涝风险评估可采用水文与水力模型，包括一维排水系统和二维地表耦合的数学模型计算排水管渠溢流及其在地表的漫流过程。利用数学模型进行城市内涝风险评估时，应开展设计暴雨与城市洪水、潮水的遭遇分析，以确定数学模型的边界条件。基础资料不完善的城市，也可采用历史水灾法或内涝风险指标体系评估法进行评价。

城市内涝风险等级宜根据城市积水时间、积水深度等因素综合确定，内涝风险等级划分标准宜按表3-5-2确定。道路内涝风险评估应考虑地表径流流速，积水深度与径流流速的乘积大于0.4m²/s时，内涝风险等级应评定为高风险。城市可根据区域重要性和敏感性，分区域提出内涝风险等级划分标准。

内涝风险等级划分标准　　表3-5-2

积水深度（h）／积水时间（t）	0.15≤h≤0.3m	0.3≤h≤0.5m	h≥0.5m
t<0.5h	低	中	高
0.5≤t≤1h	低	中	高
1≤t≤2h	低	中	高
t>2h	中	高	高

注："高、中、低"分别代表内涝低风险区、内涝中风险区及内涝高风险区。

（3）技术适用性

本技术提出的城市内涝风险评估技术及等级划分方法，可应用于城市现状内涝风险评估和城市规划中不同情景方案的城市内涝风险评估。

（技术来源："十二五"水专项子课题，城市

地表径流污染控制与内涝防治规划研究，2013ZX07304-001）

5.2.3 城市内涝防治规划编制技术

对比研究发达国家（如美国、英国、德国、澳大利亚等）较为先进的城市排水、排涝及雨水径流控制的理念和技术方法，根据国土空间规划、城市建设专项规划等编制要求，综合示范城市相关实践，完善城市内涝防治规划编制技术体系，提出我国《城市排水防涝规划编制技术指南》，形成国家标准《城市内涝防治规划标准（报批稿）》。

（1）技术背景和需求

城市内涝防治系统由工程性和非工程性措施组成，其中工程性措施由源头减排、排水管渠、排涝除险等设施组成。统筹城市微、小、大排水系统，推进源头减排系统建设，合理规划排水管渠和行泄通道，是实现雨水合理滞蓄、顺利外排和降低内涝风险的有效途径。目前我国大排水系统、内涝防治系统的规划技术体系尚不完善，缺少适用的规划编制方法。

（2）技术内容

为有效防治城市内涝灾害、提高城市防涝能力，规范城市内涝防治规划编制，提高规划的科学性和合理性，编制《城市内涝防治规划标准（报批稿）》。

文件提出城市内涝防治规划应遵循的原则：安全第一、标本兼治、因地制宜、系统布局、统筹安排等，并满足城市可持续发展和生态文明建设的要求。

提出城市内涝防治规划应以保证城市水安全为目标。发生城市内涝防治设计重现期以内的降雨时，城市不应出现内涝灾害；发生超过城市内涝防治设计重现期的降雨时，城市运转应基本正常。同时，明确内涝防治设计重现期下的最大允许退水时间。

明确城市内涝防治系统的组成，应包括源头减排、排水管渠和排涝除险等工程性设施，以及应急管理等非工程性措施，并与防洪设施相衔接。

研究提出设计暴雨与径流量的计算方法、城市内涝风险评估的方法，以及城市内涝空间与设施布局与规模计算的方法。对长历时设计暴雨制作、数学模型构建和应用、行泄通道水力计算等技术方法作了具体说明并提出相关技术要求。

提出城市内涝防治系统应与流域防洪排涝系统相协调的原则要求，即上游城市外排流量不应高于下游水体的受纳能力，不应将洪涝风险转移至下游，并对内涝规划与道路交通、竖向、防洪、排水、海绵城市、河湖水系、绿地系统、地下空间等规划的协调提出了要求。

（3）技术适用性

适用于城市内涝防治专项规划的编制，其他与城市内涝防治相关规划或系统化实施方案等的编制可参照执行。

（4）技术创新点

①提出内涝防治系统中设计暴雨及径流量计算方法；

②提出长、短历时径流系数的校正方法；

③提出调蓄空间的规划方法和计算方法；

④提出道路、水系、调蓄隧道等行泄通道的规划方法和计算方法；

⑤提出内涝风险评估的内容和技术方法；

⑥提出绿地、广场等开敞空间用地的排水功能。

（5）应用情况及取得成效

该技术应用于北京、郑州、沈阳、石家庄、武汉等城市内涝防治规划编制及全国开展的排水防涝综合规划。并应用于全国海绵试点城市规划建设及海绵示范城市相关专项规划。尤其是，在海绵城市系统化方案设计和实施中取得了良好的应用效果。

（技术来源："十二五"水专项子课题，城市地表径流污染控制与内涝防治规划研究，2013ZX07304-001）

典型城市
应用案例

第四篇

内容

摘要

本篇结合中规院水务院牵头承担的3个课题的示范应用案例研究，包括"十一五"水专项"城市供水系统规划调控技术研究与示范"和"城市水环境系统的规划研究与示范"两个课题的典型城市示范应用研究，"十三五"水专项"海绵城市建设与黑臭水体治理技术集成与技术支撑平台"课题的典型城市技术验证研究，选择了5个不同地区不同类型的典型案例城市，包括济南市、玉溪市、东莞生态园、北京市密云县和杭州市，重点介绍规划建设关键技术的应用及取得成效。

每个典型城市案例为一章，共分为5章，每章的内容主要包括现状与问题分析、技术分析、方案研究及案例小结。城市供水系统规划调控技术的示范应用城市有济南市、玉溪市和密云县；城市水环境系统规划调控技术的示范应用城市包括玉溪市、东莞生态园和密云县；海绵城市建设技术验证城市为杭州市。

1 济南城市供水系统规划调控应用研究

济南市南依泰山，北跨黄河，地处鲁中南低山丘陵与鲁西北冲积平原的交接带上，地势南高北低。地形可分为三条带：北部临黄带，中部山前平原带，南部丘陵山区带。

济南市属于暖温带半湿润季风型气候。其特点是季风明显，四季分明，春季干旱少雨，夏季炎热多雨，秋季凉爽干燥，冬季寒冷少雪。年平均气温14.8℃，年平均降水量693.4mm。济南境内河流较多，主要有黄河、小清河两大水系。湖泊有大明湖、白云湖等。

根据城市总体规划，济南中心城区2020年规划人口430万人，其中户籍人口340万人，暂住人口90万人。根据供水专项规划，2020年中心城区供水厂总计14座，总供水能力（常规日）171万m³/d；

加压泵站35座，总设计加压能力226.4万m³/d。

1.1 城市供水系统现状与问题分析

1.1.1 供水水源

本地水资源总量多年平均19.59亿m³，其中：地表水资源量7.47亿m³，地下水资源量12.12亿m³。黄河水也是济南市重要的水源，年分配总量6.1亿m³；1980～2007年统计济南多年平均引黄量约5.0亿m³。

现状济南市供水水源有：南部山区的三座水库（卧虎山、锦绣川、狼猫山水库）、引黄水库（玉清湖、鹊山两座水库调蓄供水）及地下水源地（城区、东郊、西郊、济西四处）。城市水源主要分布在西北部和南部。城市水源分布状况见图4-1-1。

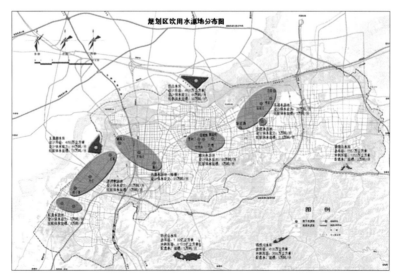

图4-1-1 济南规划区供水水源现状分布图

1.1.2 水厂和加压泵站

济南市规划区分为主城区、东部城区、西部城区，供水企业主要有济南供水集团、长清自来水公司、东源水厂等三家单位，济南供水集团占总供水量的97%，济南市市政公用局为供水行业主管部门。

供水集团公司有东郊水厂、西郊水厂、市区水厂、鹊华水厂、南郊水厂、分水岭水厂、雪山水厂、玉清水厂等八座水厂，供水总设计能力为157.0万m³/d。此外，长清自来水公司供水能力为5万m³/d；东源水厂设计供水能力为5万m³/d。各水源厂供水能力见表4-1-1。

现有城市供水能力一览表　　　　　　　　　　　表4-1-1

序号	水厂名称	水源名称	水源类型	设计日供水能力（万m³）	实际日供水能力（万m³）	储备地下水源（万m³）
1	鹊华水厂	鹊山水库	黄河水	40.0	40	
2	玉清水厂	玉清湖水库	黄河水	40.0	40	20（济西）
3	东郊水厂（限采）	白泉水源地	地下水	10.0	4	41
		中里庄水源地	地下水	5.0		
		宿家水源地	地下水	5.0		
		华能路水源地	地下水	2.0		
4	西郊水厂（限采）	大杨水源地	地下水	10.0		
		峨眉山水源地	地下水	8.0		
		腊山水源地	地下水	5.0		
5	南郊水厂	卧虎山水库	水库水	5.0	5	
6	分水岭水厂	锦绣川水库	水库水	5.0	5	
7	市区水厂（停采备用）	解放桥水源地	地下水	8.0	0	20
		饮虎池水源地	地下水	2.5	0	
		泉城路水源地	地下水	3.0	0	
		普利门水源地	地下水	5.0	0	
		历南水源地	地下水	1.5	0	
8	雪山水厂	狼猫山水库	水库水	2.0	2	
9	东源水厂	牛旺水源地	地下水	5	5	
10	长清水厂	长清地下水源地	地下水	5	5	
总计				167	106	81

现有加压泵站27座。各水厂和加压站分布图见图4-1-2。

另外，许多大中型工矿企业设有自备水源，取用地下水，供水能力合计约为25万m³/d。

1.1.3 供水管网

济南供水集团现有输配水管网中DN100mm至DN1600mm管径管线的长度约1500km。供水范围东至309国道的孙村镇，西至长清高校新区，南至十六里河，北至黄河，供水管网覆盖面积达170km²。长清自来水公司管网覆盖长清城区，东源水厂管网仅限于济南市开发区内，都已与济南供水集团管网连接。

供水管网主要存在的问题是现状管材有旧铸铁管、PVC管、钢筋混凝土管等等，较为复杂。20年以上老旧管网的占25%以上。供水产销差大于30%。

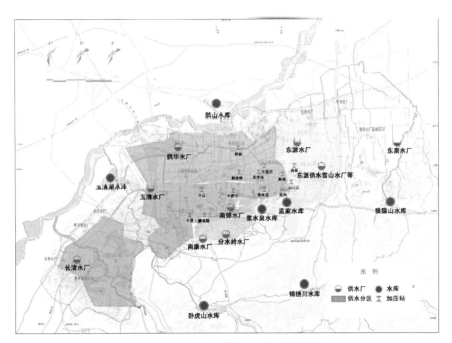

图4-1-2　济南市现状水厂及加压站分布图

1.1.4　问题与需求

济南市供水系统面临的问题与需求主要有以下几方面：

（1）济南作为闻名世界的"泉城"，随着城市供水需求的增长，迫切需要协调"保泉"与"合理利用地下水资源"之间的矛盾关系。

（2）2013年南水北调东线及配套工程建成，长江水也将成为城市水源之一，95%的供水保证率下将为济南城区提供5100万 m^3/年的长江水。济南城区面临着如何实现引黄水、长江水、地下水及水库水等多水源优化配置的问题。

（3）随着新一轮城市总体规划的实施，旧城功能将提升，新区建设将向东西两翼展开；同时地形起伏大、多级加压供水；城市供水面临着统筹区域、优化系统布局和完善设施建设的新挑战和新任务。

（4）随着社会经济的发展和人口的增长，城市对水资源的依赖性越来越大。为实现持续不间断的供水，供水系统不仅要满足常规需求，还要为水源突发污染及管网破裂等突发事件建立应急供水预案。针对济南供水可能调到的风险事件，研究提出应急供水调控方案也是当务之急。

1.2　高危要素识别和应急能力评估

1.2.1　研究方法

采用第三篇提出的城市供水系统高危要素识别矩阵及应急能力评估方法（表3-3-10），对济南城市供水系统的全过程进行考察，根据评价标准确定各指标的得分，然后依据各评价要素与指标权重求得城市供水系统各环节的得分，最后将各环节的分值求和，得出城市应急能力评价指数。将该指数与城市应急能力评价状态描述（表3-3-11）中应急能力指数进行比较，确定城市供水系统应急能力处于较高水平。

1.2.2　研究结果

1．高危要素

对于济南而言，供水系统的高危要素主要存在于以下几个方面。

（1）原水水质：济南的现状原水主要依赖于黄河水，济南地处黄河下游，原水水质存在一定风险。

（2）原水水量：南部山区两座水库在枯水季节容易发生水量骤降甚至无水可用。

（3）现状管网漏失率较高，存在爆管及管网二次污染风险。

（4）区域加压泵站及二次供水存在事故风险。

2．应急能力评估

济南市供水系统应急能力评估结果见表4-1-2。目前输配水管网及其应急调度能力、应急响应是供水系统应急能力短板。

济南市供水系统应急能力评估结果　表4-1-2

评价因素	应急能力评估指标	评价得分
水源	应急水源备用率	9分
	应急水源备用天数	9分
	水源结构	9分
	水源地植被覆盖率	8分
	水源地防洪能力	10分
	水源突发事件应急预案	8分
取水	水源地地质条件	10分
	取水保证率	10分
	取水设施备用情况	9分
	取水设施突发事件应预案	9分
水厂	突发水污染事件应急预案	8分
	水厂所在地地质条件	10分
	水处理系统突发事件应急预案	9分
输配水	配水管网连通度	7分
	输水走廊地灾易发性	9分
	管网抢修应急预案	7分
	管网水质污染应急预案	7分
	管网漏损率	5分
储水	储水设施水质保障设施	7分
	储水设施突发事件应急预案	7分
其他	应急指挥中心	10分
	应急响应时间	7分
	人员应急疏散与安置	7分

1.3 供水系统优化及规划方案研究

1.3.1 供水管网分析

1．管网模型构建

根据GIS数据及东区CAD图形文件进行现状供水管网拓扑信息录入。首先，利用MapGIS对管网拓扑结构的正确性进行检验，完整的现状管网拓扑信息包含241111节点和245977管段；然后，结合管网建模需求进行管网简化计算，简化后管网节点数为516、管段数为798；最后，输入水厂、泵站、阀门、摩阻系数等管网属性信息，进行需水量分配，实现管网模拟计算。通过管网模拟计算，研究不同工况下水力计算结果的变化趋势，对现状供水系统进行全面分析（图4-1-3）。

简化前

简化后

图4-1-3　济南市现状管网模型简化图

济南市供水区域东南高西北低，最大标高差为140m左右，局部地区通过多级加压供水。通过对济南市各水厂及加压泵站进行充分的调研，搜集各水厂、加压泵站运行信息，确定各加压泵站附近管线连接情况，并将这些信息录入管网模型。

管网水力计算模型均为水量驱动模型，水量数据直接影响现状管网模拟计算结果。通过对济南市营收大用户表调查，确定79个大用户，大用户水量占总用水量的24.4%。通过水量调查，获得大用户、普通用户、未计量用水特性曲线如图4-1-4所示。

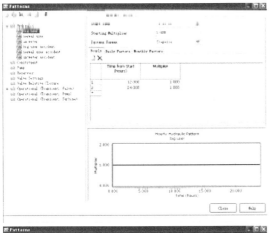

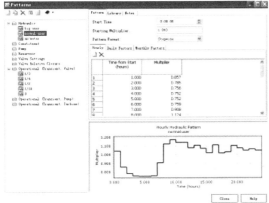

图4-1-4　大用户和普通用户用水特性曲线图

水力模拟计算过程中，新建管道的海曾—威廉C值为120。由于给水系统运行多年，导致管道内壁腐蚀、粗糙度增加，致使管道的过水面积减小，实际C值大大降低；同时由于给水管道逐年敷设，年代、施工质量、管材、管位、水质等都对C值产生影响，使得各管段C值差异很大。采用新管C值或经统一调整的C值通常都会使模型失真。研究以管径和年代作为影响C值的主要因素，并通过管网模型校核确定现状管网海曾—威廉C值。

管网模型校核工作在整个管网建模工作流程中占有很大比例。评价管网模型是否符合实际，目前国内国际都没有出台相应的技术标准或行业标准。研究采用哈尔滨工业大学和英国Exeter大学根据多年科研和工程经验提出的管网模型校核标准如表4-1-3、表4-1-4所示。这两个标准均提出管网压力分布、供水分界线以及水厂供水范围要与实际管网保持一致。

压力校核标准　　　表4-1-3

机构名称	哈尔滨工业大学			Exeter大学		
压力误差范围（kPa）	10	20	40	5	7.5	20
满足要求节点数量（％）	50	80	100	85	95	75

流量校核标准　　　表4-1-4

机构名称	哈尔滨工业大学		Exeter大学	
管段流量占总水量的比例（％）	≥0.5	≥1	≤10	>10
误差范围（％）	≤10	≤5	5	10

根据规划区供水系统2010年7月某日的实测数据，分别从水厂的供水量、出厂压力，加压泵站的流量、进出站压力，管网监测点的实测压力等多个方面对供水系统现状模型进行反复校核，最终得到基本满足模型精度要求的校核结果。管网模型校核标准与模型应用目的相关，受管网基础数据质量的限制，本研究建立的济南市供水管网水力模型用于指导管网规划，管网流量校核标准采用10%～15%。通过模型校核，使各水厂出厂流量、加压泵站进站压力及压力监测点处模型计算值与监测值的差值满足模型校核的要求。

2．现状管网运行工况分析

（1）供水范围模拟

最高日最高时工况下对现状供水系统进行分析模拟，得到玉清和鹊华两座主力水厂的供水范围，如图4-1-2所示。

由图可见，现状管网中玉清水厂供水范围主要集中在经十路南北两侧，并且向主城区西北部输送部分水量；鹊华水厂供水范围主要集中在主城区东部、北部地区；部分地区为玉清水厂和鹊华水厂联合供水。

（2）管网运行压力模拟

通过对现状管网的水力模拟，现状管网最大自由压力为87.17m，位于千佛山加压泵站后；最小自由压力为5.35m，位于七里河加压站前端节点；供水管网平均自由压力为37.81m；管网自由水压标准偏差为14.96m。压力超过15m的节点占节点总数的

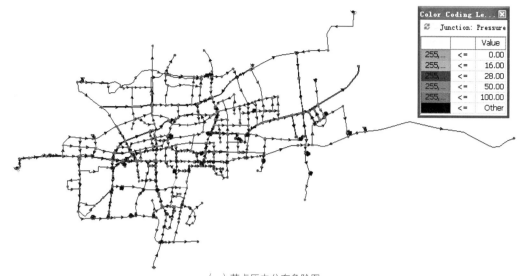

Color Coding Le...		
♻	Junction: Pressure	
		Value
255,...	<=	0.00
255,...	<=	16.00
255,...	<=	28.00
255,...	<=	50.00
255,...	<=	100.00
255,...	<=	Other

（a）节点压力分布色阶图

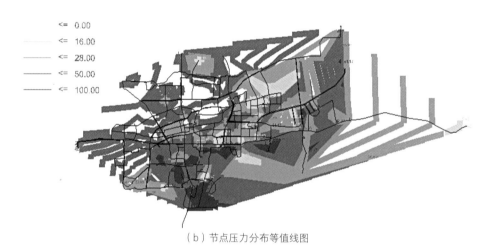

（b）节点压力分布等值线图

图4-1-5　现状管网压力分布图

95.16%。管网压力分布如图4-1-5所示。

　　由图可知，现状供水管网节点压力呈现较为明显的分区，经十路西北地区地势平坦，且靠近玉清和鹊华两个主要供水厂，节点压力分布均匀，大部分节点自由水压位于28～50m；经十路以南地区随着地面标高的增长，加压站随之密集建设，且南部山区水厂地势较高，故此区域压力普遍偏高，出现多处50m以上的高压区域；市区东部地区由于缺乏可靠的供水水源，需长距离调水，因而呈现诸多区域节点压力偏低的现象。总体来讲，规划区地形起伏较大，存在多处高压区和低压区。

　　经24小时的延时模拟分析，得到各水厂和泵站的运行能耗，如表4-1-5、表4-1-6所示。统计得到最高日的总供水能耗为222410kWh。

　　（3）节点水龄模拟

　　根据水龄模拟计算结果可知，管网中节点水龄最大值为48h，节点水龄最小值为0.1h，平均水龄为9.2h，标准偏差为8.5h。管网中节点水龄大于24h的节点数为节点总数的5.2%（图4-1-6）。

现状管网最高日及高时各水厂运行能耗 表4-1-5

水厂名称	供水量 Q (L/s)	出厂水自由水头 P (m)	供水能耗 E (kWh)
玉清水厂	3145	43.7	40373.35
鹊华水厂	3283	45.53	43909.77
工业北路水厂	283	31.9	2651.98
白泉	119	28.2	985.80
东源水厂	159	50.96	2380.23
雪山水厂	165	27.48	1331.97
南郊水厂	398	36.5	4267.45
西郊水厂	447	34.77	4565.67
合计	7999	—	133168.33

现状管网最高日最高时各加压泵站运行能耗 表4-1-6

泵站名称	供水量 Q (L/s)	出厂水自由水头 P (m)	供水能耗 E (kWh/d)
普利门	280	43.5	3578.00
解放桥	406	63.05	7519.76
辛庄	1837	54.59	29458.79
千佛山	222	66.52	4338.08
历南	36	30.09	318.21
甸柳庄	75	31.97	704.36

泵站名称	供水量 Q (L/s)	出厂水自由水头 P (m)	供水能耗 E (kWh/d)
板桥	1152	41.68	14104.99
七贤	305	33.05	2961.17
建设路	124	82.3	2997.88
十里河	748	47.53	9162.00
东源加压站	151	48.9	2169.09
奥休加压泵站	86	60.61	1531.21
刘智远	59	49.61	859.83
东片区	49	23.04	331.64
龙洞	35	37.25	382.99
名士豪庭	23	59.33	400.86
马鞍山	566	71.01	11806.70
东外环	136	40.69	1625.62
王官庄	28	83.81	689.36
合计	5818	—	89241.24

管网中节点水龄较大的节点主要分布在管网末梢和管网中供水分界线位置，为保证供水管网水质安全，需要在这些位置进行定期放水或其他措施以保证水的流动性。

图4-1-6 现状管网节点水龄分布图

（4）供水流速模拟

现状管网流速模拟结果统计如表4-1-7所示。最高日最高时的最大管道流速为3.65m/s，最小流速为0.02m/s，平均流速为0.50m/s，流速标准偏差为0.58m/s。

由图4-1-7可以看出，现状供水管网中大部分管段流速小于0.40m/s，个别管段流速大于2m/s；管网运行负荷较低，将对流速过高的管段进行优化调整。

现状供水系统管段流速统计表   表4-1-7

管径级别	最大流速 v_{max}(m/s)	最小流速 v_{min}(m/s)	平均流速 v(m/s)	经济流速 v_j(m/s)	流速区间		
					$(0, 0.7v_j)$	$[0.7v_j, 1.3v_j]$	$(1.3v_j, v_{max})$
200~500	4.53	0.02	0.39	0.72	73.97%	21.81%	4.22%
600~800	2.55	0.12	0.37	0.91	85.62%	9.71%	4.67%
1000	0.96	0.13	0.38	1.01	92.32%	7.63%	0.05%
1200	2.9	0.11	0.52	1.07	75.29%	23.96%	0.75%
1400~2000	1.27	0.19	0.71	1.18	50.85%	49.15%	0.00%

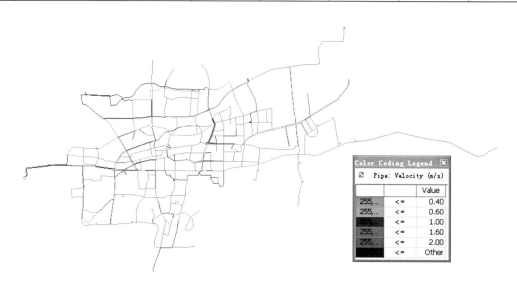

图4-1-7 现状管网流速分布图

1.3.2 供水系统优化及规划方案

通过建立济南市现状及规划供水系统模型，从压力、水龄、流速、供水范围等四方面进行分析研究，提出了适合济南市地形特点的分区供水模式，并在此基础上对城市供水系统水源、水厂、泵站及供水管网进行优化布置。

1. 水源空间配置格局

济南城市水资源种类丰富，包括黄河水、南水北调长江水、本地山区水库水、地下水（泉水），结合城市用地布局及用户需求，对水源配置格局进行优化。

（1）黄河水

济南市玉清湖水库和鹊山水库为引黄水库，位于城市西北部，设计供水能力80万吨/d，供水保证率较高，水质较好，主要供给主城北、中片区和东联片区，并担负主城南部片区应急供水需求。

（2）地下水

地下水水量较为充裕，水质良好。现状地下水源地主要包括长清水源地、济西水源地、西郊水源地、城区水源地和东郊水源地。规划长清水源地主要供给长清片区，济西水源地作为城市重要备用水源；西郊、东郊和城区水源地为保护城区泉水停用。

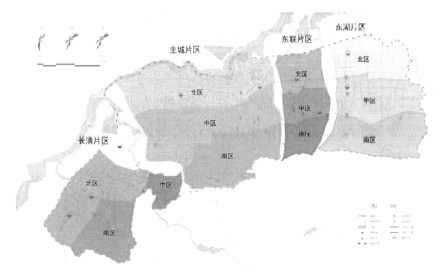

图4-1-8　济南市供水分区规划图

（3）南水北调引江水

东湖水库是南水北调引江水水库，位于城市东北部，水质较好、供水保证率较高，主要供给东湖片区。

（4）本地地表水源

本地地表水源（山区水库水）包括卧虎山水库、锦绣川水库、狼猫山水库，水质较好，但供水保证率不高，借助地势高、供水成本低的优势，主要供给南部山区。

2. 供水系统模式及分区方案

供水管网系统的布置主要有统一供水和分区供水两种模式，统一供水的方式适合用户集中连片发展和地形比较平坦的情况，且各用户对水质水压无特殊要求；分区供水的方式适用于供水区大、地形起伏、高差显著、用户分散的情况。

分区供水能实现对各分区内的水量及水压进行合理控制，在满足供水的前提下有效降低整体能耗、减少漏损，优化供水系统的运行；分区后的管网水平均水龄小于分区前，而水龄是影响供水水质的重要因素，分区供水有利于维持管网水质；分区后还可通过增设中途加氯等方式，改善区内的管网水质；分区供水也便于进行漏损控制，提高供水企业管理效率等。

根据济南市发展规划及用地布局分区，将规划管网划分为长清、主城、东联、东湖四个供水分区。在此基础上，结合济南市地形南北高差较大的特点，以地形高差在20m为参照，将每个分区进一步划分为北、中、南三个供水分区（图4-1-8）。

结合水源布局和用水需求，提出"西水东调""东联供水""南水北调引江水"三个调水方案，重点解决南部山区和东部东联片区和东湖片区两个片区的供水问题。东联片区在满足片区用水的同时，向东湖南部片区输送水资源；东湖片区新增南水北调水源供给片区用水，远期分析东部城区巴漏河水源启动可行性；主城南部片区保留现状南部山区水库供水，当饮用水供给不足时，依靠外围调度泵站（建设路、马鞍山等加压站）向本区域供水。

通过对各供水分区进行水资源供需平衡分析保证水资源就近利用，减少水资源输配过程产生的能耗与漏损。供水分区之间通过设置调度泵站和阀门实现水资源的空间调配，进一步提高供水的安全可靠性。

3. 水厂空间布局方案

按照分区平衡、就近供给、优水优用的原则，结合水源分布规划济南市水厂的空间布局方案。

（1）长清片区

建设长孝（即济西二期）供水工程，供给长清片区用水，水源地为长清地下水源。因取水点距离用水点较近，厂址选在长清水源地附近。

（2）东联片区

依托鹊华水库现状的东输管线建设东区水厂，联合现状东源水厂共同供给东联片区用水。

（3）东湖片区

以南水北调引江水为供水水源，建设东湖水厂，联合现状东泉水厂共同供给东湖片区用水。

对东湖水厂的两个选址方案（图4-1-9），通过水力模型进行模拟分析，对两种方案的技术性、经济性、安全性等进行综合比较，确定方案1为推荐最优方案（图4-1-10）。

（4）南部山区

保留山区高地势区的供水厂，包括南康、分水岭和雪山水厂，主供高地势片区的用水。

4. 加压泵站布局优化

综合考虑地形地势、供水规模、能耗及管网联通能力等各方面因素，确定加压泵站选址、规模及出站压力，以保证高地势供水的安全性和可靠性。

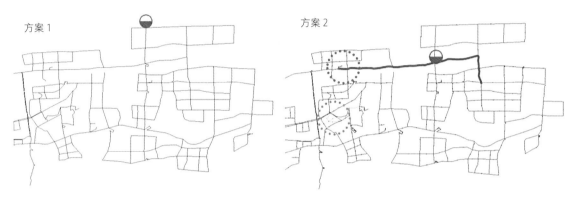

图4-1-9　东湖水厂的两个布局方案图

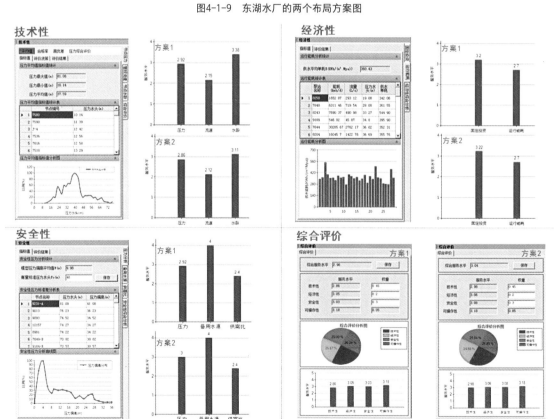

图4-1-10　两个选址方案综合评价分析图

提出三个加压方案，进行水力模型模拟计算和分析，得出方案1新建泵站少、经济性最强，但管网最低节点压力仅为3.38m，无法满足特殊地区用户的正常供水需要；方案3增设10座加压泵站，加压后整个供水管网最大时供水压力均可达到15m以上，可作为最优推荐方案（表4-1-8）。

供水管网加压泵站布局方案比较　　　　　　　　　　　　　　　表4-1-8

方案名称	最高时加压水量（m³）	供水管网压力			最高时加压能耗（kWh）	工作加压泵站数量	
		平均压力（m）	标准偏差（m）	最不利点压力（m）		总数	新建
方案1	45198	38.94	18.25	3.38	10528	15	3
方案2	57129	40.53	15.23	15.23	12404	23	9
方案3	64624	37.97	11.49	15.40	12293	25	10

5. 供水输配管网规划

（1）现状管网优化调整

①历山路以东，二环东路以西，花园路以南，解放路以北地区存在低压区域。分析低压区内节点供水路径如图4-1-11所示，最短供水路径的沿程水力坡度线如图4-1-12所示。

由图可知，东郊水厂与节点J-382之间水力坡度较大，导致在这一段管线内产生近10m水头损失，建议对该段管线进行改造，增大管道管径。由供水路径图还可以看出，鹊华水厂出水经板桥加压泵站加压后部分水量向该区域输送，板桥加压泵站至东郊水厂出厂附近水力坡度线如图4-1-13所示，节点PB-7存在半开阀门，导致该处产生10m以上水头损失以向东郊水厂方向供水，造成了板桥加压泵站能量的浪费，建议关闭节点PB-7处阀门，将板桥加压泵站出水沿二环东路直接向南输送，而由鹊华水厂由北园大街向东郊水厂方向输送部分水量。

②泺源大街以南，经十路以北，历山路以西，佛山苑地区存在低压区域。分析区域内低压节点供水路径如图4-1-14所示，该区域水量来自玉清水厂和鹊华水厂，经普利门加压后输送到此。普利门加压泵站与玉清水厂至该位置水力坡度线如图4-1-15和图4-1-16所示。

可以看出节点J-280与节点J-82之间管道产生2.35m水头损失，水力坡度为3m/km，需对该管道进行改造，增大管径以减小水头损失。普利门加压泵站通过提供运行资料显示，该站出站总水头为71m，低压区内总水头为67m，产生4m水头损失；而玉清水厂出厂总水头为78m，因此可通过关闭经七路DN1000管道与顺河街DN600管线的连通，单独通过普利门加压泵站加压的方式来提高该地区压力。

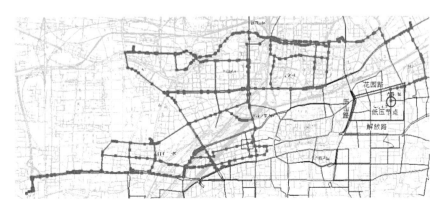

图4-1-11　现状管网低压区节点供水路径图

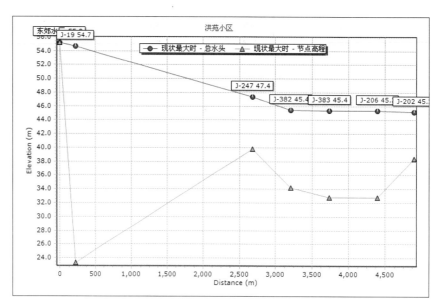

图4-1-12　现状管网低压区节点的最短供水路径沿程水力坡度线图

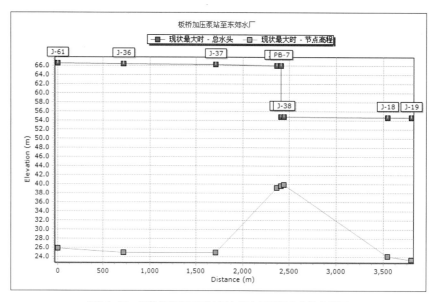

图4-1-13　现状板桥加压泵站至东郊水厂沿程水力坡度线图

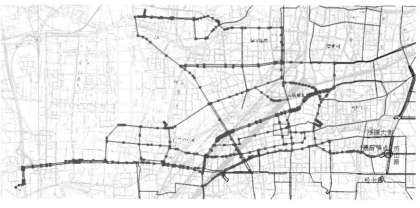

图4-1-14　现状管网低压区节点供水路径图

城市水系统规划建设技术研究与应用

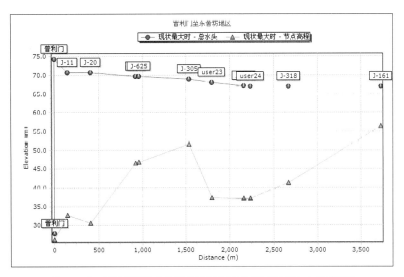

图4-1-15　现状管网普利门加压泵站至低压区节点沿程水力坡度线图

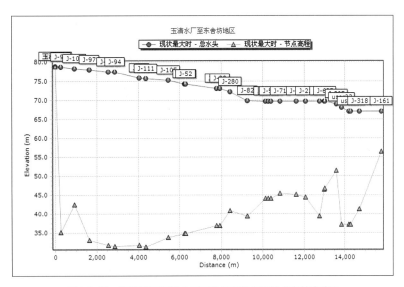

图4-1-16　现状管网玉清水厂至低压区节点沿程水力坡度线图

③鹊华水厂出厂处向西新沙路方向DN1200管线的改造方案。现状管网最不利点位于经七路上、纬十二路与纬二路之间，最低压力为13.38m，供水路径及水力坡度线如图4-1-17、图4-1-18所示。

可以看出，济齐路与无影山中路交叉处节点总水头由出厂处69m降至61.1m，新沙路管段水力坡度达到7m/km。将鹊华水厂出厂至济齐路与无影山中路交叉处的管段管径增大至DN1400，沿线水力坡度明显降低（图4-1-19），鹊华水厂出厂压力由69m降至67m，原最低压力节点自由水头升至15.38m。

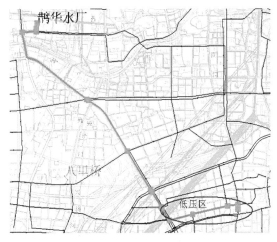

图4-1-17　现状管网最不利点最短供水路径图

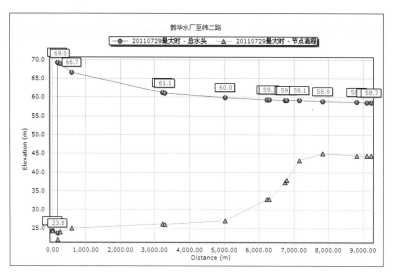

图4-1-18 现状鹊华水厂至最不利点沿程水力坡度线图

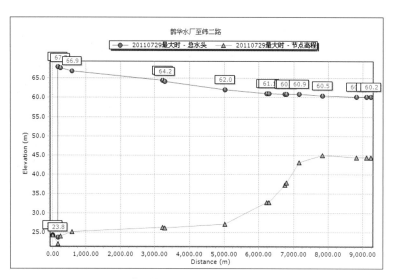

图4-1-19 调整后鹊华水厂至最不利点沿程水力坡度线图

（2）厂站的供水范围模拟

通过对规划管网最高日最高时运行工况进行水力模拟，获得各水厂供水范围如图4-1-20所示。玉清水厂供水范围基本覆盖主城区西部和南部，且向东部东联片区、东部地区输送部分水量；鹊华水厂供水范围主要集中在主城区北部地区，并且与玉清水厂联合向部分南部地区供水。

（3）供水压力模拟

规划管网最大自由压力为76.96m，最小自由压力15.40m，供水管网平均自由压力为37.97m，管网自由水压标准偏差为11.49m。通过管网水力计算

可知，供水管网最不利点自由水压为15.40m，最不利点地面高程为135m。管网中节点自由水压大于70m的节点位于加压泵站出站附近，由于地形起伏较大，为满足加压泵站供水区域内最不利点供水需求而导致加压泵站出站附近地形较低点的节点自由水压较大。规划管网压力分布如图4-1-21所示。

可以看出，规划管网西北部地区供水压力为30～40m，分布比较均匀，较现状管网有所降低。虽然南部山区、东联片区、东湖片区地形起伏较大，地形高差达到100m以上，但是通过对规划供水管网内中途加压泵站运行的优化设计及新建中途

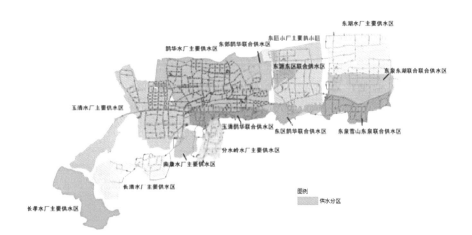

图4-1-20　规划各水厂供水范围分布图

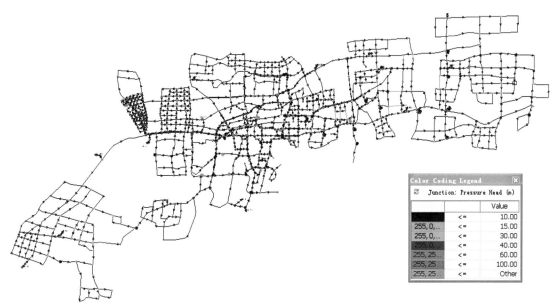

（a）节点压力分布色阶图

（b）节点压力分布等值线图

图4-1-21　规划管网压力分布图

加压泵站选址的位置调整，管网中节点自由水压标准偏差有所降低，管网压力分布更加均匀。

1.4　应急供水规划调控方案研究

基于水源—水厂—管网的供水全流程，构建城市应急供水保障体系，提高城市供水系统的应急能力和安全保障水平。结合济南城市供水系统高危要素识别和应急能力评估的结论，济南城市应急供水保障体系主要包括：水源保护与水质预警、水厂应急处理能力建设以及突发事件应急预案等。

1.4.1　水源地保护与水源水质预警监控

黄河水是济南市的主要供水水源，2009年水源水质监测结果显示为Ⅱ类，但水源水质仍存在一定问题和安全风险，如有机物、溴化物、TN、TP偶有超标、嗅味问题等，此外阶段性藻类（蓝绿藻、硅藻）爆发影响着水厂沉淀和过滤等工艺的处理效果。针对上述问题，提出以下水源地保护措施：

（1）严格执行《水污染防治法》和《饮用水水源保护区污染防治管理规定》，落实饮用水水源一级保护区、二级保护区及准保护区的各项保护措施。

（2）对各类水源地实施相应的污染防治措施。

引黄水库及其沉砂条渠，建议严格执行《济南市人民政府关于加强鹊山水库和玉清湖水库管理的通告》（济南市人民政府令第172号）相关的管理规定。

卧虎山、锦绣川和狼猫山等南部山区水库，推进饮用水源地环境综合整治：严格取缔有污染的山区旅游项目，减少农药化肥施用量，控制面源污染；开展南部山区重要水源涵养生态功能区建设，退耕还林、封山绿化，恢复或重建水源涵养林、水土保持林，涵养水源。卧虎山水库和锦绣川水库的输水明渠建议改为暗渠（管）。

地下水和泉水：严格控制地下水的开采量，保证地下水的补给，恢复地下水的径流、排泄条件；

避免由于污水排放、垃圾露天堆放与化肥农药的大量使用导致的地下水水质恶化；建立地下水信息预测预报系统。

（3）积极开展水源地风险源识别研究，加强水质的监控与预警能力建设。济南位于黄河下游，鉴于黄河上游地区沿河分布有多座城镇和污染工业企业，引黄水的水质预警监控能力建设尤其重要。

1.4.2　应急水源规划方案

1．水源组成

济南市属于典型的多水源供水城市，合理的比例构成，保证互备互调，可提高应急供水的保障能力。现状供水主要以引黄水为主，规划优化确定了各类水源的比例：黄河水大约占50%，地下水和南水北调长江水分别约占24%和9%，南部山区水库水约占6%，再生水约占14%（图4-1-22）。

2．用水优先序

分析各水源的供水保证率、水质及其安全风险，提出基于供需平衡的水资源优化配置方案和各水源功能定位。

最终各水源定位：将黄河水作为城市主要水源，地下水作为主要水源和应急备用水源，本地山

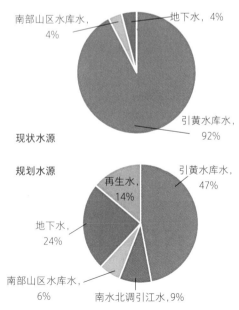

图4-1-22　现状和规划的城市水源构成比例

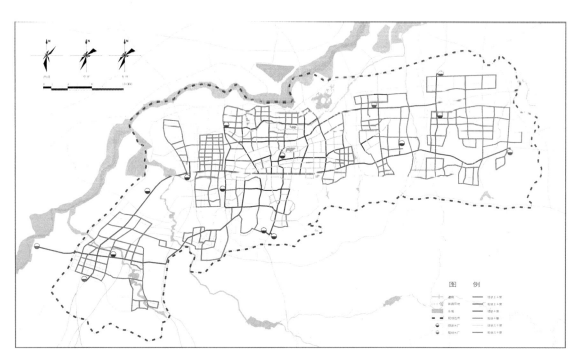

图4-1-23　济南市供水系统规划图

区水库水和南水北调长江水作为城市的辅助水源，再生水为城市的补充水源。

3．应急水源的选取和规模

保留现有市区范围内、以地下水为水源的水厂，作为城市应急备用水源，储备备用水源规模约70万m³/d，备用率约35%。

1.4.3　城市应急供水规划方案

1．分区联网模式

根据济南城市未来的发展，并结合济南特殊的地形条件，规划形成分区联网的供水模式（图4-1-8、图4-1-23），并在各区之间设置连接管，在发生水污染事故等特殊的应急情况下，能通过各分区及水厂之间的连接主干管，实现各分区及水厂之间的联合调度，提高整个供水系统的应急保障水平。

2．调度设施布局

通过优化调度设施的布局，实现分区之间的联网供水、统一调度和统筹供水，形成互为应急备用的应急供水调控体系。

各分区之间设置调度阀门，一是避免高地势地

区的供水压力对于其他地区的冲击；二是保持各区之间的相对隔离，控制水污染事件对其他地区的影响。结合常规工况和应急调度工况联网供水的需求，通过水力模型模拟计算，优化确定调度泵站的选址和规模。

1.4.4　突发事件下的应急调控方案研究

针对本地区可能发生的各类突发事件，结合现有的供水设施，制定城市供水系统应急调控方案，主要包括应急水源的启用、分区供水调度和污染物应急控制等方面。

1．济南全运会

2009年10月16日济南承办第十一届全国运动会，在全运会期间，由于济南参赛人员与旅游人员陡增，一些区域的需水量大大增加。通过水力模型模拟分析与优化，提出了相应水厂及泵站的调度方案，保障全运会期间的供水安全。

2．南部山区水库干枯

2010年济南遭遇严重干旱，南部山区水库无水可供，南部的南郊和分水岭水厂停产。为保障南区供水

需求，对玉清水厂和七贤、建设路、马鞍山加压站的运行参数进行调整，保证南区高地势区的供水。

3. 水厂停产和应急水源启用

若城市主力水厂之一的鹊华水厂因事故停产，须应急启用西部备用地下水，与玉清水厂联合供给鹊华供水片区，通过模型模拟分析，确定合理的应急水源供给量和压力，保障应急状态的供水安全。

4. 分区联网供水调度

南郊水厂事故停产，规划启用调度泵站，将玉清水厂的水供给至南郊水厂供水区域，保障应急状态的供水安全。

通过模型模拟分析，确定应急调度方案如下：

（1）增加玉清水厂和分水岭水厂的供水量

玉清水厂的供水量由4610.74L/s调到5004.16L/s，分水岭水厂的供水量由667.19L/s调到758.34L/s。

（2）启用调度泵站

启用七贤和建设路备用泵站，七贤加压站供水量为592.12L/s，出站压力为35.31m；建设路加压站供水量为346.20L/s，出站压力为72.23m。

（3）调整马鞍山泵站的运行方案

调整调度阀门的开启度，增加马鞍山泵站供给南部山区的供水量和供水压力。

5. 突发污染物应急控制

利用管网动态模拟，可以分析管网中某节点发生水质污染事故时，污染物在不同时刻的管网影响范围。通过模拟结果，可以提前制定事故关阀预案，减少污染事故的影响范围，保障供水安全。

当管网中某点发生污染事故时，管网污染范围由该事故点向外辐射，从$t=0$时刻到$t=24h$时刻污染范围不断变大，而在某时刻后污染范围基本保持不变，决策者可据此在不同时刻调整不同的阀门，关停相应的水厂泵站，最大限度地降低污染造成的损失，减少突发事故条件下的停水范围（图4-1-24）。

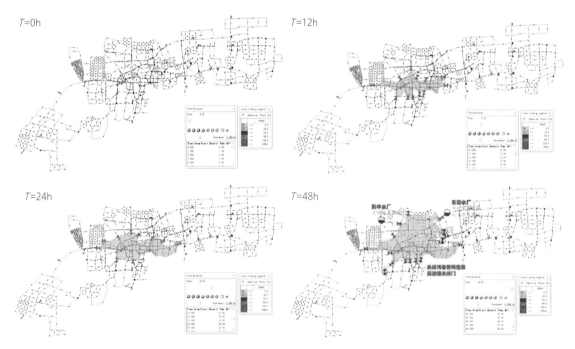

图4-1-24　污染物扩散过程的模拟图

1.5 案例小结

济南市为典型的多水源供水系统，水源之间缺少互调互备、应急供水保障能力较差；地形高差大、加压供水占比高；新总规实施和南水北调引江水建成后，亟待优化水源配置及供水设施布局，本研究主要应用以下关键技术进行规划方案的优化：

（1）应用供水系统高危要素识别技术，分析济南市供水系统潜在的高危要素，指出供水系统在原水水质、管网建设、泵站设置、突发事件应对等方面存在风险。

（2）统筹外调水与本地水、地表水与地下水、常规水源与再生水，实现水源的合理比例构成，形成多水源联合供水格局。

（3）通过合理划分供水分区、调度设施优化布局、分区联合调度等方式，实现城市供水系统的协同供水和多级调度。应用城市供水系统动态仿真模型及规划决策支持系统，构建济南市供水系统的现状/规划模型，通过模型模拟对不同工况下管网压力、水龄、流速、供水范围进行分析，对不同方案进行技术经济性、安全性、可操作性等方面的综合比选，提出设施布局及规模的推荐方案。

（4）针对济南城市供水系统可能发生的安全风险事件，应用规划仿真模型，制定了城市供水突发事件条件下的应急调控优化方案。研究提出了水质监控预警、应急水源启用、管网联合调度、应急供水预案等的城市供水安全保障措施。

课题提出的城市供水系统优化方案，能有效地降低城市供水系统的运行能耗10%以上。提出的应急供水调度方案，在2009年济南承办全运会期间，为应对水量变化和水源污染等突发事件，保障城市供水安全发挥了积极作用；在2010年济南南部山区三个水库全部干枯的情况下，为保障市区南部高地势地区25万居民用水安全提供了有力的技术支撑。

2 玉溪城市供水和水环境系统规划调控应用研究

玉溪市是云南省辖地级市，位于云南省中部，全市面积15285km²，辖一区八县，人口212万人。中心城区红塔区面积163km²，现状建成区21km²，城市人口19.7万人。玉溪市属中亚热带半湿润凉冬高原季风气候，多年平均年降雨量953.9mm。玉溪市内地势西北高，东南低，地形复杂。山地、峡谷、高原、盆地交错分布。

2.1 城市水系统特征与主要问题

玉溪，因溪水如玉而得名，是古老神秘的古滇国遗址、中国的烟都、拥有震惊世界的帽天山古生物化石群。云南九大高原湖泊中，玉溪拥有4个：抚仙湖、星云湖、杞麓湖和阳宗海，其中抚仙湖是珠江源头第一大湖，为我国第三深的淡水湖，水质为Ⅰ类，有"百里湖光小洞庭，天然图画胜西湖"之美誉。

玉溪中心城区供水水源存在安全风险。中心城区的供水水源主要为东风水库，其次有红旗水库、合作水库和地下水等。东风水库和红旗水库2007年水质评价皆为Ⅲ类，且近年来水质略呈下降趋势。

玉溪市湖泊水环境污染严重，呈富营养化。星云湖为抚仙湖上游湖泊，随着周边地区工业的发展及人口的增加，绝大部分工业及生活污水未经处理直接排入星云湖内，再加上农业化肥和农药流失入湖，致使星云湖水体严重污染，富营养化程度日趋加剧，水质为Ⅴ类。

玉溪中心城区河段污染较为严重。龙母箐河、西河、玉溪大河城区上游段水质较好，下游流经坝区接纳城镇、乡村生活污水及工业和农业废水后水质恶化，玉溪大河和西河下游段水质为劣Ⅴ类。另外，城区内水系之间缺乏连通，荷花池、知音湖等湖池为封闭水体，无稳定的补充水源，水环境逐渐恶化。

2003年市政府确立了"生态立市"的发展战略，提出构建"两山两河、南北分工的生态城市框架"，以城在山水中、山水在城中、人与自然和谐发展的理念建设具有高原水乡韵味的人工生态系统，致力于把中心城区建成以"水"为特色的生态城市。近些年在水体污染治理和水环境保护方面已经开展了大量工作，取得了一定成效，但离"人水和谐"生态城市的建设目标还有一定距离，仍需进一步开展城市水系统规划研究，切实落实"生态立市"的发展构想，促进城市的可持续发展。

2.2 供水系统高危要素识别和应急能力评估

对城市供水系统进行解析，应用供水系统高危要素识别方法，识别玉溪城市供水系统存在的高危要素。采用城市供水系统应急能力评估指标体系，对玉溪城市供水系统全过程进行评估，根据评价标准确定各指标得分，然后根据指标权重求得应急供水系统各环节得分及综合评价指数，判断玉溪城市供水系统应急能力所处的状态，并分析其主导因素，进而针对关键指标提出调控措施。

城市供水系统高危要素识别结果表明，玉溪市城市供水系统的高危要素主要有两方面：其一，主城区生活和工业用水主要依赖东风水库，且水库已受到一定程度的污染，缺乏应急供水水源和配套设施；二是水源地风险高，玉溪市可用水源均为高原湖泊和水库类，生态系统脆弱，水体自净能力弱，换水周期长，一旦污染，不易恢复。

玉溪市城市供水系统应急能力评价指数为6.83，现状综合应急能力一般。应急能力三大类指标中，空间型指标评价指数得分较低，即水源地水环境保护与城镇发展空间布局的协调度有待提高，水源地生态环境现状有待提升。

2.3 区域水资源供需平衡与优化配置

按水资源相关规划，根据供水水源分布和湖泊水库联合调度的供水范围，确定水资源供需平衡分析的范围为"两湖三库"联合调度片区，即抚仙湖、星云湖、东风水库、飞井海水库和红旗水库供水，服务范围包括城市和农村生活用水、工业用水、农业灌溉用水及部分景观环境用水。

水资源供需平衡将按P=50%、P=75%、P=90%三个不同保证率进行逐月供需平衡分析。通过对"两湖三库"水资源的联合调度，在保障玉溪中心城区的生活、生产用水的基础上，按"高水高用，优水优用，分质供水"的原则确定供水优先序和分配水量，降低两湖引水量，确保两湖生态用水；充分利用抚仙湖优质水资源，控制星云湖劣质水污染抚仙湖。"两湖三库"联合调度可利用湖库容积相互补充，提高水资源的利用效率，同时由联合调度带来的水质污染风险也需要充分评估论证。水资源优化配置方案的要点如下。

1．供水优先序

东风水库优先供中心城区生活用水，然后保证本灌区农业用水、中心城区景观用水和其他灌区供

水，其次兼顾红塔和研和工业园区的工业用水。

飞井海水库优先供九龙片区生活用水，然后保证农业用水和中心城区景观用水，其次兼顾工业用水。

红旗水库优先供北城片区生活用水，保证北城工业园区用水和补充部分工业用水，其次兼顾农业用水，多余水量引入东风水库调蓄。

白龙潭泉水优先满足上山头生活和农业用水，多余水量引入东风水库调蓄。

2．优化调度方案

优先满足生活供水，其次保证工农业生产用水，兼顾城市生态环境和景观用水。基本保持"两湖三库"范围原灌护区界线，分片平衡，联合调度，余缺互补。充分把两湖湖水尽量均匀地调入红塔区，为中心城区提供可靠的后备水源。出流改道工程（依据《抚仙湖——星云湖出流改道工程可行性研究报告》，出流改道工程指抚仙湖流向星云湖的工程）的来水经湿地处理达标后进入东风水库屯蓄使用，其余进入东风南干渠作为高仓镇和研和镇的农业用水以及研和冶金工业园区生产用水；东风水库主要供城市生活用水和主城区及周边农灌用水；红旗水库主要供北城城镇生活和部分工农业生产用水、老尖山行政办公中心生活和景观用水。当飞井海水库供水区的工业用水出现部分缺水时，可由红旗水库补充供给；当红旗水库出现农业缺水时，可由东风水库补充供给；出流改道来水首先供东风水库灌区农业用水和研和工业用水，不足水量再由东风水库补充。

2.4 水源保护与城镇空间布局协调研究

玉溪市地处云贵高原，河流众多，湖库密布。供水水源多为高原湖泊和水库，湖泊多属于断裂陷落性湖泊，水深岸陡，滩地发育远不如东部平原湖泊，对入湖污染物的净化能力较弱；入湖支流水系较多，出流水系普遍较少，增加了面源污染入湖的渠道，湖泊换水周期漫长，如抚仙湖的换水周期长

达70年,从而导致污染物在湖泊内累积。高原湖泊和水库的生态系统比较脆弱,一旦污染,治理和恢复将非常困难。随着城镇化进程的快速推进,湖泊保护与区域,特别是周边城镇发展之间的矛盾更加突出,需要研究城镇空间发展布局与水源保护的协调路径。

遵循全流域的污染防治及水环境保护的原则,按照水源保护与湖泊周边城镇及产业发展空间布局相协调的规划思路,提出了基于水源保护的市域土地利用与城市功能布局的对策,以改善和保护区域战略水资源。基于玉溪市的土地覆被现状和流域分区,划定水源保护区,将水源一级保护区纳入禁止建设区,控制水源地周边的建设密度,提出加强重要湖库的湿地恢复、湖滨生态防护带建设等空间管制措施,以降低突发性水污染事故等水源地水质风险。

1. 湖泊污染来源的初步分析

选取抚仙湖、星云湖2010年5月至12月水质监测资料,采用Mann-Kendall检验法对水质指标的变化趋势进行分析。在时间序列趋势分析中,Mann-Kendall检验法是世界气象组织推荐并已广泛使用的非参数检验方法,主要应用于分析降水、径流、气温和水质等要素时间序列的趋势变化。Mann-Kendall检验不需要样本遵从一定的分布,也不受少数异常值的干扰,适用于水文、气象等非正态分布的数据,计算简便。

结果显示,2010年5月至2010年12月期间,抚仙湖的隔河站点DO呈显著下降趋势,星云湖的螺蛳铺站点BOD呈显著下降趋势;所有站点的COD_{Cr}、COD_{Mn}均无显著变化;星云湖的大街河站点NH_3-N呈显著上升趋势;抚仙湖的隔河站点、星云湖的大街河站点TP呈显著上升趋势;抚仙湖的隔河站点TN呈显著上升趋势。

上述水质趋势分析没有考虑流量影响。河流水质受流域内的土壤、植被、地质成分及化学性质、降雨、径流以及人类活动等多方面的影响,河流水质变化的主要驱动因素是河道废污水的排放和径流的变化。一般来说,若河流水质污染主要来自点源,则河水流量增加时,由于稀释自净作用增强,河水中污染物的浓度应降低。根据抚仙湖、星云湖个别监测站点的水量、水质同步资料,点绘出污染物浓度和流量之间的关系图(图4-2-1、图4-2-2)。初步判断,抚仙湖个别站点污染物的浓度与流量的关系基本符合上述规律,说明水质变化可能来自点源作用;星云湖个别站点污染物的浓度与流量的关系基本不符合上述规律,说明水质变化可能来自点源和面源的综合作用。湖库污染源组成与贡献需要大量监测数据的支撑以进一步研究。

2. 湖库水质与滨湖库土地利用的相关性分析

对抚仙湖、星云湖、东风水库的滨湖滨库地带,分别在三种地带宽度(1km、2km和6km)进行2010年水质与土地利用类型(包括耕地、林地和建设用地)的一元线性回归分析。在95%的置信水平下,滨湖库地带的土地利用类型对水质的影响具有明显的尺度效应,即影响与地带宽度有关(图4-2-3~图4-2-5)。

宽度为6km的尺度下,耕地占比与COD、TP呈正相关关系;相反,林地占比对COD和TP呈负相关关系,建设用地占比与COD和TP的相关性差。结果表明,滨湖滨库6km范围内耕地和林地可能是导致需氧量和营养盐浓度的主要因素,农业面源是湖库COD和TP的主要污染源,而林地对COD和TP浓度有削减作用。

宽度为1km、2km的两种尺度下,建设用地占比与COD和TP呈正相关关系,耕地、林地占比与COD和TP相关性较差,但与6km情景具有类似结论,分别呈正相关、负相关关系。结果表明,在滨湖滨库2km地带范围,建设用地可能是需氧量和营养盐浓度增加的主要因素,沿岸工业(尤其是玉溪市烟草制品业和黑色金属冶炼工业)废水排放可能是湖库COD的主要污染源,居民生活(如洗涤液大量使用)可能是湖库TP的主要污染源。

以抚仙湖、星云湖、东风水库3个湖库的主要入湖口监测点位为出口,共划分出8个子流域,对

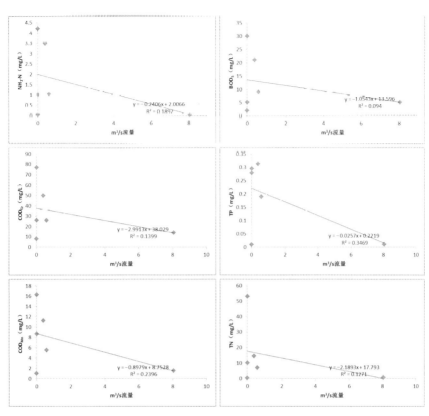

图4-2-1　抚仙湖部分监测点流量与污染物浓度关系

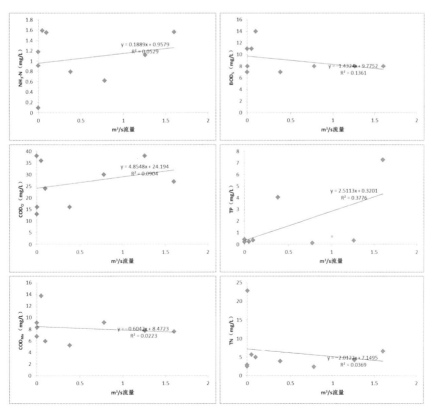

图4-2-2　星云湖部分监测点流量与污染物浓度关系

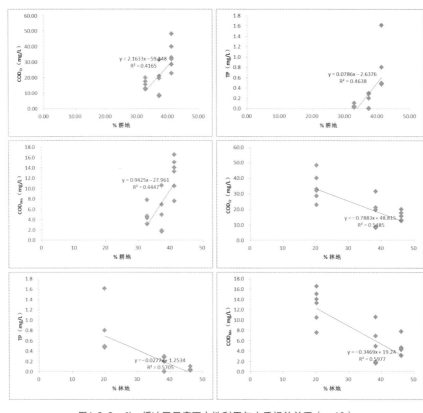

图4-2-3　6km缓冲区尺度下土地利用与水质相关关系（n=19）

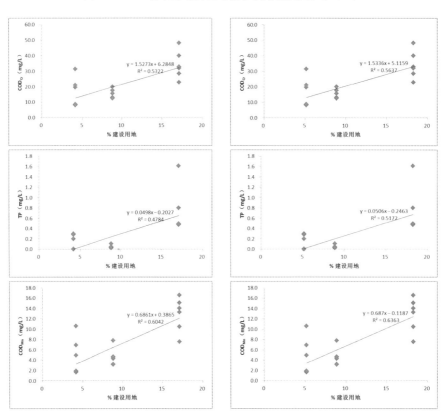

图4-2-4　2km缓冲区尺度下土地利用与水质相　　　图4-2-5　1km缓冲区尺度下土地利用与水质相
　　　　关关系（n=19）　　　　　　　　　　　　　　　　　关关系（n=19）

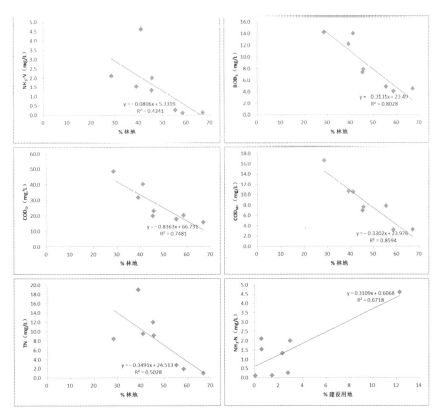

图4-2-6　子流域尺度下土地利用与水质相关关系（n=8）

子流域出口2010年的水质与子流域的土地利用进行一元回归分析。在95%的置信水平下，林地占比与COD、BOD、NH₃-N、TN呈线性负相关性；建设用地占比与NH₃-N呈线性正相关（图4-2-6）。与前述研究结果类似，子流域的林地与建设用地占比是影响需氧量和营养盐浓度的主要因素。不同的是，建设用地占比与NH₃-N线性相关程度变强，是由于选取的入湖口子流域涉及的烟草业、黑色冶炼业排放的废水NH₃-N浓度较高所致。与滨湖滨库地带的研究结果相比，林地、建设用地占比与TP线性相关性变差，说明其他来源，如内源污染、大气沉降等也可能是湖库的TP污染的重要来源。

可见，湖库周边及汇水区的土地利用状况与水体水质之间存在着较为显著的相关关系。在较大尺度空间内，林地与污染指标的负相关性较强，耕地与污染指标的正相关性较强，农业面源可能是湖库COD和TP的主要污染源；在滨湖滨库2km地带范围的建设用地与污染指标相关性强，而林地和耕地相

关性较弱。因此，应对三个湖库流域范围内的农业面源进行控制，对滨湖滨库1～2km宽度范围的地带作为水源保护区的缓冲区，严格控制缓冲区范围内的建设用地。

3．基于水源保护的空间协调规划建议

基于上述研究成果，借鉴国内外湖库保护的实践经验，从"三湖一海"（即抚仙湖、星云湖、杞麓湖、阳宗海）水生态环境保护的角度出发，提出了"三湖一海"流域城镇及产业发展空间布局协调的措施，按水系流域分区，综合考虑玉溪市土地利用现状，划分生态建设区、生态缓冲区、生态保护区及湖畔生态防护区，提出了产业结构调整与城镇布局优化的方案、不同类型污染源的防治措施，以及针对每个湖的污染防治及水生态修复的策略（图4-2-7）。

（1）加强水源保护区的管理，建立滨湖缓冲带

玉溪抚仙湖的一级保护区范围为湖岸外延1km的区域所包含的范围，准保护区范围为保护区外延5km的区域。

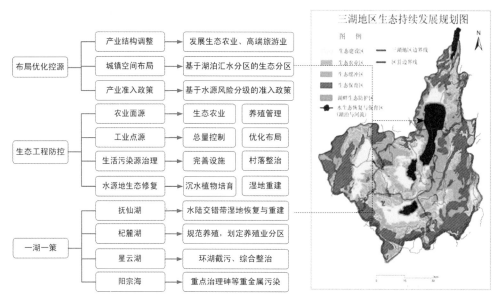

图4-2-7　三湖地区生态可持续发展规划图

东风水库水源保护区划分为一、二级及准保护区，水源一级保护区内严格禁止除必要水源设施外的建设行为。适当加大二级保护区划定宽度，禁止建设任何污染的企业。

由于面源污染主要以水土流失、生活污水、生活垃圾、农田化肥、畜禽养殖等为主，污染源表现为面广、分散，且时空分布不均匀的特点。同时，从污水处理角度看，污染浓度低。一般污水处理技术对处理大流量、低浓度的污水不仅投资大，技术要求高，而且很难见效。因此，应实施湖滨带湿地生态恢复工程，着重加强对河口湿地的恢复与重建，以有效控制湖滨区的面源污染。

（2）重视全流域农业面源污染的治理

坚持以系统、循环、平衡的生态学原则，生态修复与工程措施相结合。推广生态农业、生态施肥、保护性耕作、生态产业等措施，进一步控制农业面源污染。加强流域内农药化肥的合理施用管理，推广优化施肥技术，提高肥料利用率，减少化肥（减少化肥施用量10%～30%）和农药的施用量，控制氮磷及有机污染。加强农村生活垃圾的收集和清运工作，减少生活垃圾流失带来的污染。加强乡镇和农村地区饮用水水源地保护，满足供水安全的要求。

加强农业面源污染控制及监测；在环湖乡镇开展生态农业示范乡镇建设，提倡无公害的绿色食品生产，合理调整作物种植结构、粮食作物与蔬菜的种植结构与比例关系等。

（3）合理引导流域产业结构

产业结构对污染产生影响显著。星云湖、杞麓湖等湖泊流域第二产业呈上升趋势，这些工业企业排放量大、污染严重。应适当调整产业结构，设立产业准入政策，加强工农生产污染物排放的管理。

（4）加强点源污染控制

根据流域点源排放量发展趋势和区域分布规律，分片区以相对集中的方式建设污水处理厂，实现环湖各片区污水的全收集全处理，同步配套建设环湖截污工程，阻截点源入湖。污水处理厂尾水的氮磷负荷较高，可建设人工湿地，污水厂排放尾水在经过人工湿地再次处理后排湖，或补充其他深度处理措施。

2.5 城区水系水质保持和蓝线管控研究

2.5.1 基于水质改善的河湖连通方案研究

玉溪中心城区主要湖泊水质较差，通过湖泊连通方案，可有效改善湖泊水质，改善城市环境，提升城市景观品质。

利用2010年6月到12月的水质监测数据，进行水质对比分析，每个湖泊均采用监测点位监测值，比较不同时期玉湖、知音湖、荷花池的水温、氨氮、BOD$_5$、COD、DO、TP、高锰酸盐指数、TN浓度等水质指标（图4-2-8）。

分析2010年6~12月期间玉湖、知音湖、荷花池三湖泊除水温外的各项水质参数平均值与地表水环境质量标准相比的达标情况。玉湖、知音湖、荷

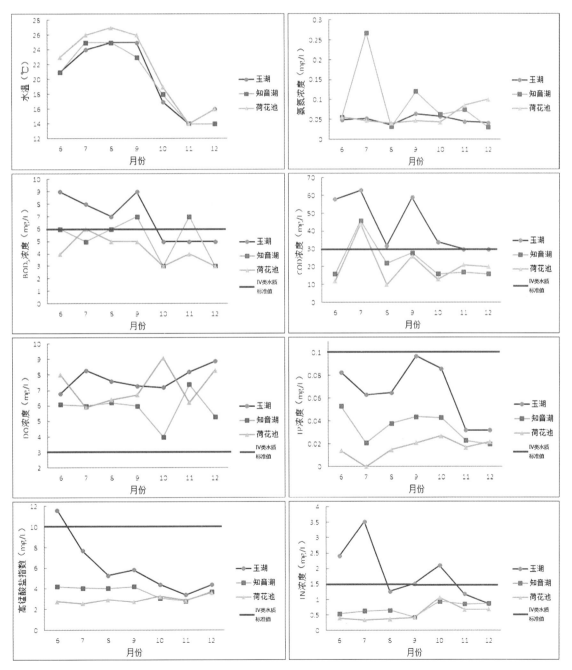

图4-2-8 2010年6-12月水质指标对比图

花池均按照IV类水体评价。三湖泊氨氮浓度均显著低于1.5mg/L的标准值，图中未画出标准线。三湖泊各月氨氮、TP、DO均优于标准值；高锰酸盐指数只有玉湖6月超标，其余均明显低于标准值；TN仅玉湖在6、7、9、10月超标，知音湖和荷花池明显各月均低于标准值，其中玉湖7月达到标准的2倍多；COD玉湖几乎全部超标，7月份三湖泊COD值全部超标，玉湖在7、8月份超标1倍；BOD_5是6～9月的玉湖和9、11月的知音湖超标。

总的来看，氨氮、TP、DO和高锰酸盐指数几乎都可以达标，COD、BOD_5超标情况较为严重。玉湖水质超标情况普遍，污染问题严重，进入冬季水质有所好转。

通过打通河湖水系，可利用河流的天然径流来改善湖泊的流动性，维持河湖水量，改善天然湖泊和景观水面的水质；同时可增加对降雨资源的调蓄能力及对雨水资源的利用，降低湖泊景观用水补水需求。

根据地形高差和水源条件，初步构思两个水系连通方案：管道连通方案和明渠连通方案。

1．管道连通方案（方案一）

沿北二环路、棋阳路、文化路修建引水管道，将玉湖、莲花池、知音湖连通，形成贯穿城区的串联水系景观。九龙池和"出流改道"出水引入玉湖后，玉湖余水大部分通过引水管道输水到荷花池，荷花池出水再通过引水管道输至知音湖，然后流入玉带河，最终汇入玉溪大河。

玉湖—荷花池引水段：引水管始端接玉湖南部出水口，沿北二环路向东方向，再经棋阳路向南接入莲花池。从玉湖—莲花池引水管长度约2000m，玉湖设计水位高程为1631.0m，湖体平均水深为1.5m，荷花池周边道路最低标高为1629.1m，确定荷花池设计水位为1628.6m，则平均坡降为1.2‰，荷花池出水主要供给知音湖作为景观补充用水，多余水量通过排水沟排入沙沟河。

莲花池—知音湖引水段：引水管始端接莲花池出水口，沿棋阳路向南，经文化路接入知音湖。莲花池—知音湖引水管长度约800m，知音湖周边道路最低标高为1628.5m，确定荷花池设计水位为1628.0m，则平均坡降为0.75‰。

工程投资估算：此方案只有工程造价费用，无运行费用，引水管道总长度为2.8km，管道采用钢筋混凝土管（设计管径按DN600估算），则工程总投资预算约为350万元（尚未考虑破路费用）。方案一的工程投资较大。

2．明渠连通方案（方案二）

依据红塔大道的地形地势，结合红塔大道排水明渠改造修建的红塔河，其水位比知音湖水位高，从红塔河引水自流进入知音湖，以补充知音湖景观用水，在知音湖北部建设排水沟渠连通玉带河，知音湖出水再流入玉带河，最终汇入玉溪大河。此连通方式可以让知音湖水由死水变活水，有利于保证知音湖景观需水量和改善知音湖水质。知音湖距红塔河约为100m，结合景观采用明渠输水方式，明渠宽度为2～4m，深度为1.5～2m，工程投资估算为4.8万元。

荷花池补水采用雨水和自来水，汛期（5～10月）采用雨水作为荷花池景观补水，非汛期（11月至次年4月）采用自来水作为景观补水，玉溪中心城区自来水价格按1.5元/m³，年需自来水费为3.3万余元。

玉湖距离玉溪大河较近，从"出流改道"出水引水后排入玉溪大河，再补水到玉湖，均为自流排水。改造费用较低。

3．方案比选

对两个方案进行初步的比选，方案一利用地形高差通过重力流输水管道连通玉湖、莲花池、知音湖，工程投资较大；敷设输水管网要穿越多条旧城马路，实施难度大；方案二结合红塔大道排水改造，构建新的红塔河水系，连通了红塔河与知音湖，工程建设费用低，技术较可行，也易实施。因此，规划建议采用方案二（图4-2-9）。

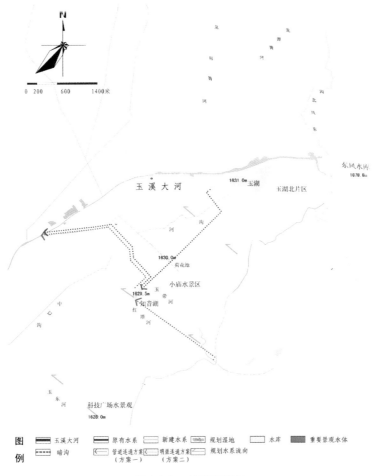

图 4-2-9　水系连通方案

2.5.2　水系空间管控和设计指引

1. 控制方法

采用刚性与柔性相结合的控制方法，通过划定水体蓝线，控制绿化缓冲带宽度，以及引导滨水区的建设行为，对城市水系空间进行整体控制。

（1）蓝线

根据《蓝线管理办法》规定：城市蓝线是指城市规划确定的江、河、湖、库、渠和湿地等城市地表水体保护和控制的地域界线。

（2）水系绿化缓冲带

根据生态廊道的控制要求，对水系两侧划定一定宽度的绿化空间，作为对水系生态环境空间的保护带。

（3）滨水空间

滨水空间，指与水体在空间上紧密联系的有城市建设活动的陆域范围的总称，是水与陆的边缘地区。一般认为，空间范围包括200～300m的水域空间及与之相邻的城市陆域空间，其对人的诱致距离为1～2km，相当于步行15～30min的距离范围。因此，确定滨水空间的范围为蓝线外200～300m。

2. 蓝线划定及控制要求

老城区内水系均为人工河岸，因此蓝线按照堤防顶临水一侧边线划定。生态文化区内水系建议以生态护岸形式建设，因此蓝线按照历史最高洪水位或设计最高洪水位时水边线划定。蓝线管控要求参照《蓝线管理办法》执行。

3. 滨水绿化带划定及控制指引

常见的滨河绿地受到周围土地用地规划的控制，控制河道两岸的开发建设，保证沿河绿色植被的连续性，保持其一定的宽度，强化河流的水陆风,同时为生物提供水陆两栖的生境。

根据不同水体功能需求,结合《玉溪大河控制性详细规划》和《东风大沟控制性详细规划》,确定水系绿带的控制要求为:

(1)玉溪大河两侧用地绿带宽度控制在50m以上,穿越老城区部分的绿化带宽度应当控制在10m以上。

(2)东风南沟两侧的绿带宽度控制在10~15m以上,有条件地区可适当放宽。

(3)北部生态文化区人工构建水系两侧的绿带宽度控制在最低30m以上。

(4)南部老城人工构建水系由于两侧用地限制,因此不对绿化带宽度提出要求,但应结合道路绿化尽量为植物提供生长空间。

(5)绿色生态廊道建设应注意保护绿带生物物种的多样化选择。生态通廊绿地率不低于70%,绿化覆盖率不低于80%。绿化植物的选择应通过树种体现河流的地方风貌,选用具有当地特色的树种,结合四季的变化,满足生态需求为首。

(6)通过植物来划分河流空间,结合河滨地区用地的属性和对河流的功能要求,确定采取围合、半围合或者开放的河流空间。通过立体绿化等方式弥补城市河流防洪护岸的硬质感,强化河流与河岸空间的整体感与亲切感。

2.6 案例小结

玉溪市地处滇中腹地,水系众多,湖泊密布。首先,随着城市及其周边乡镇社会经济的快速发展,供水水源受到一定程度的污染,城区水环境状况堪忧;其次,坝子地区用地空间紧张,需要协调未来城镇空间发展与水源保护之间的用地冲突。

针对玉溪的上述特点和面临的主要问题,课题应用城市供水系统高危要素识别和应急能力评估、供水系统与城市空间布局协调及蓝线划定等关键技术,研究提出了多水源联合调度、城区水系空间管控等方案,以及全流域的水环境防治策略,主要包括以下方面。

(1)通过城市供水系统高危要素识别和应急能力评估,得出现状水源结构单一,且存在一定程度的污染;供水水源多为高原湖泊和水库,自净能力较弱,换水周期漫长,一旦污染治理和恢复困难,需要加强全流域的污染防控与治理。

(2)通过对"两湖三库"地区水资源的供需平衡分析,提出了"两湖三库"联合调度的水量配置方案,以满足一定保证率下区域内城镇生活、生产和农业用水需求,以及城市应急供水调控方案,以提高城市供水系统的安全保障水平。

(3)按照全流域污染防治的总体思路,提出了三湖流域城镇及产业空间布局协调发展的规划方案,划定各级生态管控区,控制湖库周边地区的建设密度,加强面源污染防控,实施湖滨生态防护带建设、湿地恢复等措施,以维持和改善湖泊水生态环境质量。

(4)提出了城区湖池连通工程方案,可有效改变城市湖池水质较差的现状,并增加城市蓄滞洪涝能力。通过划定蓝线,并将划定成果纳入控规和城市建设逐级落实,以保障河流空间的完整性,对改善水环境和提升城市品质具有重要意义。

3 东莞生态园城市水环境系统规划调控应用研究

改革开放以来，东莞市经济社会迅速发展，形成了很强的经济实力及城市魅力。但粗放型经济增长模式及土地利用方式大量地消耗了土地资源，使自身的资源优势逐渐减弱，并严重影响未来经济发展的后劲。东莞市第十二次党代会提出"推进社会经济双转型，建设富强和谐新东莞"的发展战略，坚持产业升级与城市升级相统一，实施"优化、整合、提升"，由过去的资源主导型经济向创新主导型经济转变，加快"东莞加工""东莞制造"向"东莞创造"转变。为了更好地推进双转型的战略思想，2006年6月，东莞市委市政府提出统筹整合东部快速路沿线地区，包括中北部的石排、企石、横沥、东坑、茶山、寮步六镇的城市建设，并划定围合的30.5km²的用地，作为东莞生态园。

3.1 城市水环境特征与主要问题

东莞生态园位于东莞市北部，东江中下游南岸，东邻东莞石排、企石镇，西邻茶山、寮步镇，南邻横沥、东坑镇，北临东江，与石龙岛隔江相望。

东莞生态园内环境质量基本稳定，空气质量较好，植被生长情况较好，生态特征以滨水湿地生态系统为主，所适宜的地带性植被为亚热带常绿植被。园区生态系统以水为主体，寒溪河和南畬朗排渠横贯规划区，区内养殖鱼塘星罗棋布，但生态园现状水系存在两个突出问题：一是生态园是周边镇区的污水汇集区，污水未经处理直接排入河道，水污染问题严重；二是生态园地势较低，防洪问题突出。上述两个问题既是东莞生态园体现生态特色必须要解决的基础性问题，也是所有开发建设开展的前提，因此生态园的建设必须以治水为前提。

课题对东莞生态园2010~2012年的水质变化情况进行监测，选取19个监测点进行水质测试，共13~15次。水质检测内容包括溶解氧、CODcr、BOD_5、NH_3-N、TP、TN、硫化物、粪大肠菌群等指标，共采集268组监测数据（图4-3-1）。

2010年5月~2012年3月的综合水质评价中，水质绝大部分为劣Ⅴ类，仅在2010年11月有约5%的监测点综合水质情况为Ⅴ类。从2012年10月开始，区内综合水质出现了好转的趋势，在2012年10、12月，各有8.5%和7%的综合水质评价结果显示区内水质为劣Ⅴ类以上，水质有所改善（图4-3-2）。

2012年12月，硫化物指标相对较好；TN、TP、COD和粪大肠菌群指标较差，分别有95.9%、53.7%、56.0%和59.3%的监测点为劣Ⅴ类。由此可以得出如下结论：监测期内东莞生态园的水质问题主要为有机物污染，氮、磷等营养物质污染以及粪大肠菌群带来的水体致病风险（表4-3-1）。

结合课题研究成果和东莞生态园的规划建设实际，围绕防洪排涝、水系运行、场地竖向、治污、水环境生态修复及水体景观建设等规划需求，应用城市水环境规划调控与协调技术，研究提出了城市

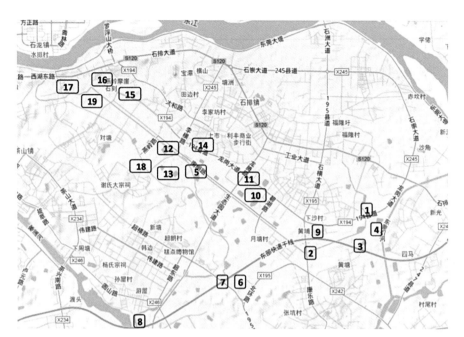

图 4-3-1　东莞生态园水质监测点分布图

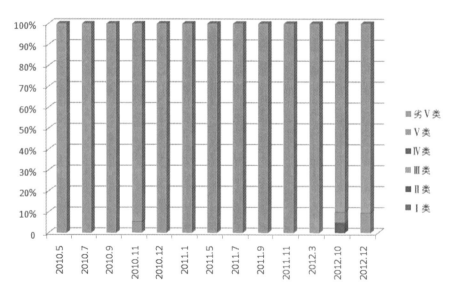

图 4-3-2　2010～2012年东莞生态园水质变化情况

东莞生态园各水质指标不同水质类别统计表　　　　　　　　　　表4-3-1

	DO	COD	TP	TN	BOD$_5$	硫化物	氨氮	粪大肠菌群
Ⅰ类	22	22	12	2	15	132	7	4
Ⅱ类	20	0	34	1	0	18	24	48
Ⅲ类	24	13	29	2	7	10	14	34
Ⅳ类	44	41	23	2	22	34	11	4
Ⅴ类	27	42	26	4	42	40	13	19
劣Ⅴ类	131	150	144	257	182	34	199	159

水环境系统规划方案及规划管理模式建议。

3.2 城市水环境系统分类和组成

东莞生态园属于新区,根据课题研究对城市水环境系统的分类及定义,东莞生态园属于丰水区小型网状水环境系统。城市水环境系统一般包括三部分,即城市水系、城市滨水空间和涉水设施。根据东莞生态园用水为外部集中供应、滨水空间尚未开发利用的特点,生态园城市水环境系统主要涉及水系构建、防洪排涝、污水收集处理、再生水、雨水排除及利用等。

3.3 城市水环境系统规划协调方案

根据课题有关城市水环境系统的宏观影响因子、作用机理的研究结论,结合生态园规划区的水环境容量及涉水设施现状,提出了生态园水系两侧布设绿带、沿大圳浦排渠北侧设置岸边过滤带、工业用地远离水系等用地布局要求;提出相关设施的

规划规模、布局方案及关键控制性指标,包括水系调蓄容量、截污十管截流倍数等。

1. 污染源控制方案

首先,依据规划确定的水体功能要求,以COD及总磷两个重要水质参数为指标,推算水体纳污能力。其次,通过削减区域点源、面源、内源污染来控制入河污染量,以达到水体功能的水质目标。再次,提出排水设施规划方案,在生态园周边建设污水截污管道、在生态园内部实施完全的雨污分流制;污水经污水管网收集至污水处理厂处理后,部分直接排入生态园外部水体,部分通过人工湿地进一步处理后回用于水系补水及绿化浇洒等;设置5处初期雨水处理设施、1条河道岸边过滤带、2处自然湿地对初期雨水进行净化。城市垃圾集中收集处理,减少降雨径流可能带来的面源污染。同时,在河道水体内采用生态修复措施,以改善水生态环境。

2. 建立低影响的雨水排放系统

探索构建低影响的雨水排放系统,加强雨水的自然渗透与调蓄,减小雨水径流与外排量,减轻生

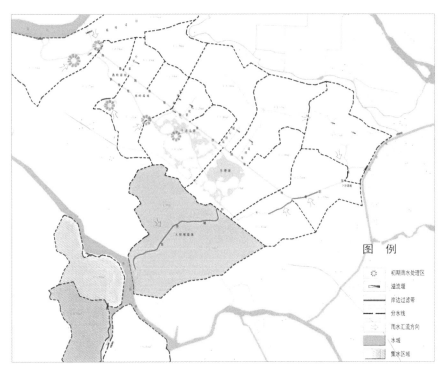

图4-3-3　面源污染控制方案图

态园防洪排涝压力。采用20年一遇的排涝标准，并按传统的建设模式进行防洪排涝设施的规划，以保证城市的防洪排涝安全底线。

3. 城市水系的水质水量协调方案

分析不同情景模式下城市水系的水质水量要求，进行供需平衡计算。生态园现状水系水质较差、内部水体相对封闭、水质要求较高、不能持续引水换水维持水质，通过水量水质平衡的反复计算，提出通过一次性换水、生态补水、水体内部生态修复及应急水源4种方式以保证水系的水量水质要求。

由于生态园现状水体水质较差，规划提出在截污、清淤、河道整治完成后，利用外江丰水期一次性换水以迅速改善生态园内部水体的水质。针对内部水系相对封闭、外水补充不足的特点，规划在利用降雨补充水系水量的同时，利用污水处理厂尾水经人工湿地进一步处理后的出水作为水系补水，以维持水量平衡并改善水质。充分利用自然湿地的净化作用及生态修复技术，以维持和改善水系水质。同时考虑到水系相对封闭，水环境存在一定风险，拟将前期实施的一次性换水工程作为备用水源，以保证生态园水系水量需求。

3.4 城市水环境系统规划编制

从满足城市水源水质与水量多维时空动态需求的角度出发，须综合协调的给水、再生水、污水、雨水及水系等五个水系统组成部分，以提高城市水资源利用率。针对东莞生态园供水由东莞市自来水厂统一供给的实际境况，有必要编制城市水环境系统规划方案，以综合协调再生水、污水、雨水及水系等子系统。

1. 规划目标

根据规划区降雨丰富、水系补水不足、水质较差等特点，提出了保障安全、改善水质、营造水生态、提升城市整体形象的规划目标。

2. 编制内容

根据课题提出的技术指南，城市水环境系统规划的编制内容主要包括：现状分析与评价、水系布局规划、水资源平衡与保障、水环境改善与保护、水系空间管制、规划建议与实施保障等六部分内容。

结合东莞生态园属于新建城区、重在实施的特点，东莞生态园城市水环境规划主要内容包括：现状分析与评价、水系布局、防洪排涝、水系运行、场地竖向、治污及水环境改善、水体景观、建设时序及近期投资估算等八部分内容。与技术指南相比，主要是增加了防洪排涝、场地竖向及水体景观等三部分内容。

3. 管理模式

东莞市的涉水规划建设的行政管理主要有四个部门，其中水利局负责河道、湖泊、防洪排涝及水资源；市政局负责供水排水；环保局会同公共事业服务中心负责污水；规划局负责蓝线。

为推动东莞生态园的开发建设，专门成立了东莞生态园管理委员会，全面负责东莞生态园的规划编制、开发建设及管理，在东莞生态园行使政府职能；东莞生态园规划编制完成后由东莞市相关职能部门审批。

生态园水环境规划由东莞生态园管理委员会于2007年初组织编制，2007年底东莞生态园管理委员会会同东莞市水利局联合组织专家评审通过后，随即由东莞生态园管理委员会组织全面实施。2008年，规划以《东莞生态园总体规划》专题研究的形式纳入了《东莞生态园总体规划》，并通过了东莞市人民政府的审批。2012年东莞市水利局对规划的防洪部分进行了审批，但实际上相关的工程建设已基本建成。

纵观编制及实施过程，由于生态园水环境规划内容涉及污水、雨水、再生水及水系等内容，涉及不同的行政主管部门，对应的审批主体理论上不唯一，造成审批困难。目前东莞市已在原水利局的基础上整合其他部门的部分涉水职能，成立东莞市水务局，水环境规划审批主体统一的问题得以改观。结合东莞生态园的建设经验，建议新建地区或园区的城市水环境规划由建设主体（政府或管委会）统一编制实施，由上一级政府会同所有相关的行业主管部门审批。

3.5 案例小结

针对东莞生态园开发建设提出的以治水为先导的规划需求，通过应用课题在城市水环境宏观影响因子及作用机理等方面的研究结论，以及城市水环境规划调控与协调关键技术，研究提出了生态园水环境系统规划方案，为生态园涉水相关规划的编制提供了技术指导和支撑。

随着一系列规划的顺利实施，生态园的水环境得到了极大改善，彻底改变了原来污水横流、臭气熏天、垃圾遍地，到处是原始的养鸡场、养猪场的"脏、乱、差"的局面，把原来东莞市环境卫生的死角、"三不管地区"变成了河道清洁、水质良好、设施完备、风景优美的宜居生态新城，在城市水环境改善方面起到了较好的示范作用，为珠三角地区乃至全国新区开发建设提供了宝贵的经验。

4 密云城市供水和水环境系统规划调控应用研究

密云县位于北京市东北部，县域面积约2230km²。密云县是山区县，地处华北平原与蒙古高原的过渡地带，属燕山山脉，境内山峦起伏。属暖温带半湿润大陆性季风气候区，四季分明、温差较大，多年平均降水量为650mm，多年平均自产地表水资源量为3.1亿m³。

密云城区位于县域西南部，2004年县域总人口为45.76万人，县城人口16.63万人，建设用地22.9km²。按照密云城区规划，2020年规划人口达到35万人，建设用地面积40km²。

4.1 城市水系统特征与主要问题

4.1.1 城市供水现状

1. 水源概况

（1）地表水源（水库）

密云水库，位于燕山群峰之中，密云县城北13km处，水面面积46.154km²，库容4.37亿m³，水库主要由潮河、白河两条河流供给。该水库担负着供应北京地区工农业用水和生活用水的任务，成为首都最重要的水源。

沙厂水库，也称金鼎湖，位于北京密云县红门川河下游沙厂村东，水库入水口位于北山下新村。

年均供水1466万m³，年均发电50多万kWh。

（2）地下水水源

密云县南部平原地区共有机电井238眼，其中开发区水井19眼，各水厂水井23眼，园林绿化水井4眼，城区各单位自备水井56眼，农村饮水井34眼，农村灌溉水井102眼。城区水厂的水源井分布于西田各庄至十里堡一带，水源井出水能力总计4.08万m³/d。

2. 供水管道

1966年城区内开始铺设供水管道，至今已形成较完整的供水管网系统，基本形成环状管网。管道管径从80mm至600mm，服务面积约30km²，用水人口为11万人。供水管道总长度201km，其中DN150～DN600主管线总长约55km（表4-4-1）。管材均为铸铁管。

3. 水厂

密云城区现有自来水厂1座，设计能力5万m³/d。实际供水量低峰时为2万m³/d，高峰时为4万m³/d。十里堡镇靳各寨地下水厂现有供水能力2.0m³/d，供十里堡镇区及附近村庄用水。

4. 供用水量

近十年城区自来水公司的供水情况统计如表4-4-2所示，年供水量呈上升趋势，人均用水量

2005年城区给水主干管道现状表（DN150以上） 表4-4-1

管径（mm）	DN600	DN500	DN400	DN300	DN250	DN200	DN150
长度（m）	3515	2653	4243	38438	2257	2790	1567

年份	年供水量	最高日供水量	工业供水量	生活供水量	供水人口（万人）	漏失率（%）	人均最高日用水（L/d）
1996	602	2.2	325	187	6.5	14.8	338.5
1997	643	2.5	309	227	7	16.6	357.1
1998	641	2.3	271	265	7.5	16.4	306.7
1999	660	2.7	285	281	8	14.2	337.5
2000	655	2.5	273	218	9	16.1	277.8
2001	733	2.9	324	273	10	18.5	290
2002	843	3.1	376	294	10.5	20.5	295.2
2003	839	3.4	360	285	11	23.1	309.1
2004	836	3.2	366	316	11.5	18.5	278.3
2005	855	3.4	382	317	12	18.3	283.3
2006	865	3.3	336	297	12	26.9	264

2005年供水管网压力（MPa）　　　　　表4-4-3

时间	出厂压力	西大桥	二街	滨阳	沿湖	季庄	鼓楼
1：00-8：00	0.262	0.252	0.266	0.293	0.313	0.266	0.241
9：00-16：00	0.299	0.2475	0.26	0.301	0.323	0.272	0.2375
17：00-24：00	0.275	0.257	0.265	0.304	0.317	0.279	0.238

指标有波动、略有下降。2006年城区自来水供应量为865万m³/年，其中生活用水量为297万m³/年，约占总供水量的34%；工业用水量为336万m³/年，约占39%。自备井用水量为936万m³/年，比例较大，主要有铸钢厂、大禹公司、开发区、富帛公司、三环啤酒等工业用水大户。

5．水压与水质

2005年密云城区给水管网主要用水点水压检测值如表4-4-3所示，水压基本上在0.23～0.32MPa，每天1：00-8：00水压较低。

自来水厂出水水质较好，符合现行国家标准《生活饮用水卫生标准》GB 5749。

4.1.2　城市供水主要问题

（1）城区水源单一，且城区地下水的实际开采量超过了地下水可开采量，存在安全风险：由于连续4年干旱已有2眼井出现水量不足的问题。随着用水需求增长，需要寻找新水源。

（2）城区自备井供水量超过50%，不利于地下

水资源的统一管理及水资源的统一调配。

（3）管网布局不合理，白河以西地区以枝状管网为主，城区还有一些地方采用的是单路、单点供水，容易造成管网压力不均和管道破裂，供水安全保证率偏低。部分管线老化，存在供水隐患。

4.1.3　城市水环境现状及主要问题

密云县自然地表水系以密云水库及周边地区为核心，以潮河、白河流域为主要汇水区域，由15条大小河流、1座大型水库、3座中型水库、二十多座小型水库和塘坝，以及三条引水渠组成。密云城区范围内现有4条河道，分别是潮河、白河、潮白河和潮河总干渠。白河由北向南从城区中间通过，潮河由东向西从城区南部通过，两河在开发区汇合成潮白河，三条河流将城区分割为东、西、南三片。密云水系及水环境面临的主要问题如下。

1．河道景观水体水量不足

白河、潮河穿城而过，景观上要求河道常年存水。密云水库拦截了白河、潮河绝大部分的地表径

流和地下基流，因此，自然状况下上述两条河道缺少基流、基本处于干涸状态。目前，城区河段通过人为建设多级橡胶坝，并结合河底防渗衬砌，才形成了固定水面，补水水源主要为沙厂水库的地表水和再生水厂出水。规划远期将沙厂水库作为城区供水水源，目前的白河补水量将得不到保障。

2．河道景观水体水质难以保持

河道现状主要依靠多级橡胶坝控水，由于使用再生水补水，其中N、P等营养物含量高，加上换水率不够，水体极易富营养化。补水量的不足以及河道防渗衬砌等各方面都使得白河、潮河的水质难以保持。

3．地下水源保护要求高

本区地下水含水层单一、渗透系数大、地层防护条件差，水体向地下补给明显，地下水易受到污水、初期雨水等的污染。由于密云城区处于北京市水源八厂地下水补给区和地下水源防护区，对于地下水污染防治的要求非常高。

4.2 系统水量协调规划研究

4.2.1 研究方法

统筹水资源的供给侧与需求侧，合理预测水资源的需求，对可利用水资源进行优化配置。水资源

需求预测的范围包括城市生产生活用水量、城市河道景观用水量、市政用水量等几部分，分别进行预测。城市生产生活用水量，采用人均综合用水指标法进行预测；河道景观用水量，按蒸发、渗漏和换水需水量预测。

水资源配置所遵循的原则为：首先考虑水资源供需的总量平衡；其次遵循优水优用、低水低用的原则，尽可能地增加再生水利用范围，并确定再生水使用的优先顺序，即优先用于河道景观用水，其次依次为市政用水和冬季供热锅炉补水等。

4.2.2 水资源需求预测

规划采用分质供水系统。城市居民生活、生产及消防用水由城市自来水厂供给，水源有地表水和地下水。城市河道景观补水、浇洒道路及园林绿化用水、冬季供热锅炉补水由再生水处理厂供给。远期供水普及率目标为100%，用水需求由新鲜水和再生水需求量两部分组成，具体预测如表4-4-4所示。

近10年公共供水的最高日人均用水量为264～357L/（人·d），平均最高日人均用水量为304.4L/（人·d）。按照《密云新城规划（2005～2020年）》，2020年最高日人均综合用水为350L/（人·d），

远期城区需水量预测表　　　　表4-4-4

项目		用水量指标	用水规模	需水量（万m³/年）	需水配置
城区综合用水		350L/（人·d）（最高日）	38万人	3734	新鲜水
镇区综合用水		250L/（人·d）（最高日）	4万人	281	新鲜水
河道景观用水	蒸发渗漏	冬季1.0cm/d，其他季1.3cm/d		534	再生水
	换水量	换水率为2.2次		546	再生水
	边坡绿化	潮河河段		130	再生水
市政用水	绿化用水	冬季1.0L/m²·d	689万m²	83	再生水
		其他季节1.5L/m²·d	689万m²	253	再生水
	道路浇洒用水	1.0L/m²·d	706万m²	258	再生水
冬季供热锅炉补水		0.4L/m²·d	2000万m²	96	再生水
漏失及不可预见量		8%		164	再生水
合计	总计			6079	
	其中	新鲜水		4015	新鲜水
		再生水		2064	再生水

周边镇区最高日人均综合用水指标为250L/（人·d）。城区公共供水范围为城区以及西田各庄镇区、巨各庄镇区及教育产业基地。

由表可知，远期城区需水量为6079万m³/年，其中需新鲜水4015万m³/年，再生水2064万m³/年。

4.2.3　水资源优化配置

规划区范围地下水源年可开采量为4242万m³，考虑到十里堡（及河南寨）一带的地下水为北京市水源八厂地下水补给区，依据北京市水资源配置方案和工程设施条件，密云城区每年可利用的地下水资源量不超过2600万m³。地下水水质良好，水化学类型为HCO_3-Ca·Mg型，pH值在7.14～8.13，溶解性总固体含量在178～733mg，水质指标已达到现行国家标准《生活饮用水卫生标准》GB 5749的水质要求。

从多水源提高供水安全保障的角度，对增加地表水源—密云水库和沙厂水库的供水可行性、供水能力、建设条件及协调因素等方面进行了讨论。

密云水库为北京市最重要的地表水源地，按照北京市水资源相关规划，远期计划每年分配给密云城区的水量约为2000万m³。

沙厂水库，位于潮河支流红门川河，密云城区东部偏北距城区直线距离11.6km，其高差可自流到密云城区，水质良好，可考虑用作城区供水水源。沙厂水库总库容2120万m³，兴利库容1940万m³。沙厂水库每年供给白河补水约400万m³～500万m³，考虑到再生水的规模将逐步增加并代替水库水为河道补水，规划拟采用该水库作为城市供水水源，年供水量为300万m³。由于沙厂水库原为农用水库，如改为城市生活工业供水，则需要变更水库性质并划定水源保护区。

两座水库的水质均符合现行国家标准《地表水环境质量标准》GB 3838 Ⅱ类水体标准，符合集中式生活饮用水源的要求。

此外，密云城区已建成处理规模为4.5万m³/d的再生水厂，2020年规划建设再生水厂总规模将达到8万m³/d。再生水将首先用于景观河道的补水、其次用于浇洒道路、绿化、市政杂用及冬季的供暖锅炉补水等。依据相关规划，2020年污水处理规模为10万t/d，污水再生利用率可按60%～70%考虑，可初步估算出再生水总量为2000万m³/年。水资源优化配置方案如表4-4-5所示。

远期水资源配置方案（单位：万m³）　表4-4-5

地下水	地表水		再生水	合计		
	密云水库	沙厂水库		新鲜水	再生水	总量
2500	1700	300	2000	4500	2000	6500

4.3　城市供水规划方案研究

根据上述水资源需求预测和公共供水普及率目标，规划公共供水系统最高日用水量为14万m³/d。

4.3.1　水厂规划方案研究

结合城市规划布局，规划水厂的布局不仅要考虑满足新增供水能力的需要，也要考虑平衡布局、解决局部低压供水的问题。为此，规划新建水厂布置在城区东部101国道以北，与现有十里堡水厂和现状水厂呈三角形分布。将现状密云自来水厂（5万m³/d，占地面积2.43万m²）进行异地扩建（分厂），新增供水规模3万m³/d，供水规模合计为8.0万m³/d。新建地表水厂设在城区东侧河南寨，原水取自密云水库和沙厂水库，供水规模确定为5.0万m³/d。综上，城区三座水厂包括地下水源水厂2座、地表水源水厂1座，总供水能力为15.0万m³/d，水厂采用联网供水。根据地下水水质情况，确定地下水源水厂处理工艺为加氯消毒。密云水库水水质为Ⅱ类水体，地表水厂处理采用常规工艺：混凝沉淀—过滤—加氯消毒。

4.3.2 输配水管网规划

1. 布置形式

城区采用分质供水系统，即自来水厂出水供应城区生活、生产、消防等用水，自来水厂出水的管网布置为环状。再生水处理厂的出水用于城区河道景观补水、道路浇洒、园林绿化等，再生水管网结合用户布置为枝状。

2. 主要控制参数

现状密云自来水厂出厂压力在0.3MPa左右，管网压力在0.23～0.32MPa。一方面，从水厂运营的角度看，过高的出水压力势必要增加二泵站的工作负荷，用电成本明显增加，而且相应的管网管材耐压级别也将提高，管网的投资也会增加，管道爆裂的概率加大、管网漏损量增多。另一方面，从供水安全和水质保障的角度看，应尽量少或不设加压提升泵站。城区建筑以多层为主，统筹考虑以上因素确定供水水压为0.28～0.32MPa，高层建筑物用水由用户自行加压解决，局部地块较高处的建筑用水通过设置中途提升泵站的方式加压。

3. 输配水管网布置

地下水厂的所有输水管道沿道路敷设，城区地下水厂增设一条DN600的输水管线。规划配水干管沿道路敷设，尽可能布置在用水量较大的道路上，力求以最短的距离敷设，减少配水干管的数量，平行干管的间距为500～800m，连通管间距800～1000m。市政供水管道最小管径不应小于DN150。原铺设的DN80的供水管，在今后的供水管网改造中加大其管径。按规范要求设消火栓，消火栓间距不应大于120m。

规划的给水管道采用球墨铸铁管，接口采用橡胶圈柔性接口。现有的灰口铸铁管给水管道，随着城市道路的改建逐步淘汰。给水管道穿越铁路时，在铁路路基下沿垂直方向穿越；穿越河流时利用现有桥梁架设管道，管材采用钢管。

4. 管网平差

根据《室外给水设计规范》GB 50013，配水管网按最高日最高时用水量及控制点水压要求进行管网平差计算，并应以消防时和事故时工况进行校核。计算管网管段数为233段，节点数137个（图4-4-1、图4-4-2）。

（1）最高日最高时工况

最高日最高时工况下管道计算流量为2430L/s（表4-4-6）。根据管网平差结果分析：管段2、3、4、5、6为现状管，管径DN600，管径偏小、流速大、水头损失较大，但是位于水厂出水处，且城北路敷设供水管施工难度偏大，规划保持现状。个别节点水压不能达到28m要求，分别是112、113、114、115、120、121、122，这些节点位于城区南部，地势相对较高，离水厂较远，影响范围较小；其中112、113、114、115点水压能满足5～6层建筑要求，不建议为满足这些节点水压增加水厂的出水压力；节点120、121、122水压较低，建议增设加压泵站。节点121为最不利点。

最高日最高时各水厂运行工况　　表4-4-6

水厂	流量（L/s）	出厂水自由水头（m）
密云地下水厂	810	47.39
密云地下水分厂	486	59.75
十里堡地下水厂	324	56.36
密云地表水厂	810	40.87
合计	2430	—

（2）最高日最高时加消防工况

根据《室外给水设计规范》GB 50016，给水工程规划采用低压消防系统，消防校核时最不利点自由水压不小于10m。人口按40万人以下消防标准，根据《建筑设计防火规范》GB 50016的要求，城区室外消防用水标准取同一时间内的火灾次数为2次，一次灭火用水量65L/s，2个着火点分别位于节点21和节点122。从管网平差结果看，全部节点水压都能满足10m最小水压要求，最不利点121的自由水头为27.81m。

（3）最高日最高时加事故工况

事故工况时校核系数为0.7，即事故供水量

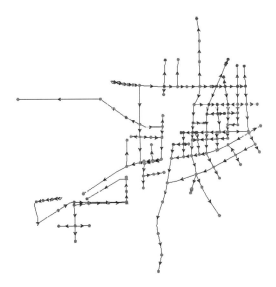

图4-4-1　现状模型

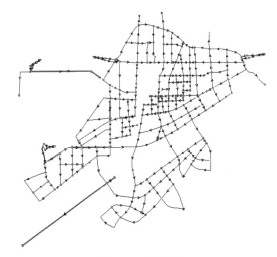

图4-4-2　规划模型

不得小于最高日最高时供水量的70%。假定密云地下水厂出水管管段1的DN600干管发生事故，事故时节点121出水自由水压为29.33m，能满足28m水压要求。

4.3.3　系统建模与方案优化

1．建模和优化过程

采用WaterGEMS水力建模软件构建现状模型和规划模型（图4-4-1、图4-4-2）。对规划方案进行逐步优化：第一，通过对规划模型运行工况的模拟，发现存在的问题；第二，通过调整改变边界条件和参数设置，再次模拟；第三，对比调整前后水厂出水、管网节点等的压力、流量、流速等各方面运行参数，分析得出优化方向；第四，反复进行第二步、第三步，逐步得到满足各方面目标的最优方案（图4-4-3）。

2．方案比选

通过WaterGEMS模拟现状及规划方案优化改进过程中每种情况的运行状况，对每种情况下供水系统的节点压力及管道流速进行统计分析，作为评价管网系统运行的重要指标（表4-4-7）。

从模拟结果可以得到，从规划模型A到规划模型D的优化过程中，管网的最大压力、压力标准偏

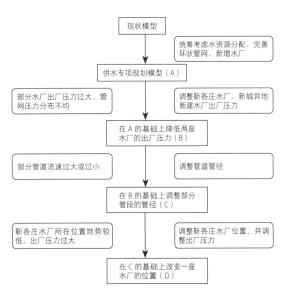

图4-4-3　城市供水规划方案优化路径流程图

差和最大流速、流速标准偏差均在不断降低，证明管网性能趋于合理，能耗降低、可靠性和安全性提高。

3．不同建设时序供水系统的模拟与优化

供水管网规划方案以规划期末预测水量为基础，而供水管网用水量随着城市发展逐渐增加，管网建设也是逐步完成。当未达到规划预测水量时，因供水量与设计规模差距较大，水厂运行效率较低。

模型	管网压力统计（m）				管段流速统计（m/s）			
	最大压力	平均压力	最小压力	压力标准偏差	最大流速	平均流速	最小流速	流速标准偏差
现状模型	64.79	43.87	33.53	6.7	1.5	0.33	0	0.35
模型A	51.68	33.95	12.19	6.56	3.61	0.6	0	0.48
模型B	49.35	32.06	11.18	6.32	3	0.6	0	0.47
模型C	47.73	34.32	11.11	5.7	1.78	0.52	0	0.34
模型D	46.63	33.42	11.2	4.48	1.45	0.53	0	0.34

通过模型模拟优化运行，压缩城区地下水厂供水量为3万m³/d、地下水分厂为2万m³/d，规划城区地表水厂一期规模为3万m³/d，确定水厂的建设时序及分期建设规模，总供水规模为8万m³/d。同时，调整水厂出厂压力，新建地下水分厂的出厂压力从40m调整为43m、城区地下水厂从30m调整为28m，城区地表水厂从30m调整到26m，模拟计算不同情景下各水厂的水量与出厂压力如表4-4-8、表4-4-9所示。

规划期末各水厂的运行状态（按设计规模）表4-4-8

Pump Defintion	Flow (Total) (L/s)	Flow (Design) (L/s)
新建地下水厂-1	330	451
新城地下水厂	664	752
新城地表水厂	695	752
靳各寨地下水厂	267	301

建设中期各水厂的运行状态（调整水厂压力后）表4-4-9

Pump Defintion	Flow (Total) (L/s)	Flow (Design) (L/s)
新建地下水厂-1中期	297	301
新城地下水厂中期	443	451
新城地表水厂中期	459	451
靳各寨地下水厂	290	301

4．管网水龄分析

水在管网中可与管壁、微生物等发生物理、化学及生物反应，因此水在管网中的滞留时间（即水龄）是影响水质指标余氯、三卤甲烷等变化的重要因素之一。美国水工协会将水龄释义为：处理后的达标水（符合出厂水质标准）从离开水厂到用户取水端所经历的时间。美国水工业协会（AWWA）和水工业协会研究中心（AWWARF）1992年指出理想节点水龄范围为：平均水龄在1.3d（即31.2h）左右，最大水龄为3d（即72h）。

密云城区管网水龄模拟结果如图4-4-4所示，大部分节点水龄小于8h，节点水龄最大值为29.02h（节点J-208），节点水龄平均值为3.54h。

5．管网污染物追踪

管网污染物追踪能够模拟管网中某点发生污染后，污染物在管网中迁移扩散过程，分析污染影响范围，为管网应急方案制定提供科学依据，最大程度降低污染事件对供水系统运行的影响。

污染物进入管网后，以水流平均流速沿着管道迁移，某些污染物同时以特定速率反应，导致污染物浓度增长或者衰减。本研究不考虑污染物的反应，假设节点J-182为污染源，污染物追踪模拟结果如图4-4-5所示，随着时间的推移污染物在管网中的影响范围不断扩大。

6．应急供水规划方案研究

供水系统是城市的生命线工程，要求提供连续不间断的供水。为应对可能出现的水源污染、爆管等突发事件，需要考虑应急供水方案，在常规供水不足或受阻中断时，能够快速启用以保障城市持续供水。应急供水是一项系统工程，包括应急水源的建立、应急处理技术的储备、管网的调度及区域调水协调机制等方面。

（1）多水源保障

目前密云城区的供水水源主要为地下水，供水水源单一。研究提出多水源配置方案，规划水源包

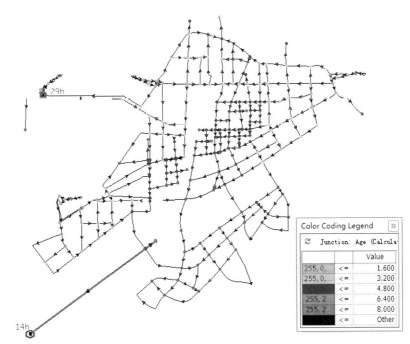

图4-4-4　节点水龄模拟结果

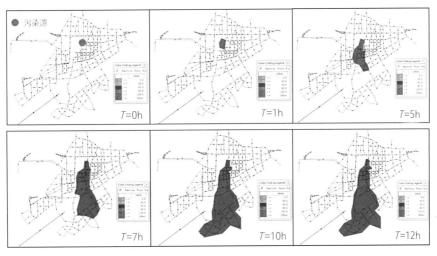

图4-4-5　密云供水管网污染物追踪模拟

括地下水源、水库引水和再生水三部分。再生水暂
不考虑作为应急饮用水水源。

现状的地下自备水井不再作为常规水源使用，
加以封存作为应急备用水源。规划远期密云城区将
建成地下水和地表水的双水源供水方式，当一种
水源出现问题时，另外一种水源可以作为应急使
用，且密云水库与沙厂水库之间也可以互为应急
备用。

（2）水厂停产/减产情况下的管网调度

假设靳各寨水厂临时停产。若不对其余三座水
厂进行压力调整，部分水厂的出站流量超出水厂设
计规模，管网压力将发生变化。

为保证水量、均衡压力，将新建地下水分厂
（地下水–1厂）的出厂压力从40m调整为45m，地下
水厂从30m调整为30.5m，地表水厂从30m调整到
29m，则可使水厂的流量都与设计规模基本一致，

最大限度地发挥各水厂供水效率。

4.4 系统水质协调规划研究

4.4.1 水质变化分析及协调改善建议

以城市水资源利用的过程为主线，将城市供水、污水排除、污水处理后出水、再生水厂处理出水的实际水质与相关规划设计标准相对比，分析城市水系统全流程水质的变化和存在的问题（表4-4-10）。

结果表明，目前污水处理厂进水水质超标问题最为突出，污水处理厂进水水质远超出设计标准，导致后续污水处理厂出水、再生水厂进水均不能满足设计标准；现状再生水厂出水基本达标，再生水厂所承担的污染物处理负荷相当于部分设计污水厂处理负荷与再生水厂处理负荷之和。与再生水不同用户的水质要求相比较，再生水处理厂对总氮的处理尚不能满足要求。

建议保留工业开发区四期污水处理厂，可考虑作为工业污水的预处理，处理达标后排入城市下水

城市水资源利用过程的水质分析表　　　　表 4-4-10

分类	水利用及处理过程		国家规范	相应标准	达标情况
城市水源	水厂进水	地下水	《生活饮用水卫生标准》GB 5749-2006		达标
		地表水	《地表水环境质量标准》GB 3838-2002		Ⅱ类水质
公共供水	水厂出水		《生活饮用水卫生标准》GB 5749-2006		达标
用户排水	污水处理厂进水		《污水综合排放标准》GB 8978-1996		超标
	污水处理厂出水		《城镇污水处理厂污染物排放标准》GB 18918-2002	二级标准	超标
	再生水厂进水				
再生水源	再生水厂出水		《城镇污水处理厂污染物排放标准》GB 18918-2002	一级A标准	除总氮外，基本达标
	按不同再生水用途分	景观	《城市污水再生利用景观环境用水水质》GB 18921-2002	娱乐性景观水体	不满足，总氮超标、氨氮、BOD接近
		道路浇洒	《城市污水再生利用城市杂用水水质》GB/T 18920-2002	道路	满足
		绿化	《城市污水再生利用城市杂用水水质》GB/T 18920-2002	城市绿化	满足
		冲厕	《城市污水再生利用城市杂用水水质》GB/T 18920-2002	冲厕	满足

道。对于一期、二期、三期工业开发区排放的污水，应加强厂内污水处理设施的建设和管理，保证其排放工业废水经厂内处理达标后排入城市下水道。

4.4.2 河道景观水体水质保障方案

1. 基本需水量预测

白河大部分河段由沙厂水库补水，河道水质稍好；潮河河道用水几乎全部来自再生水，水质较差。但不论是潮河还是白河，都存在水量不足、换

水率不高、河道水质均难以保持的问题。从系统的整体来看，有几个问题需要重新考虑：

密云城区再生水厂的深度处理采用了膜生物反应器工艺，其有机物和悬浮物处理效果较好，但出水的总氮浓度偏高。因此规划建议沿河布设人工湿地，对再生水厂出水进行进一步处理，以提升白河、潮河河道水质。但是，当河道换水率不够时，即使采用了人工湿地修复技术，仍有可能出现河道水质不能维持且恶化的情况。

从潮河东白岩桥至万岭漫水桥段已实施的生

态河道湿地建设及河道纵断面来看，生态河道湿地段与下游橡胶坝河段连接段的上游为主槽和子槽结合的复式断面，子槽维持常水位。由于子槽为挖深原河底形成，因此上游河道的河底标高要低于原河床标高。另外，湿地河道和橡胶坝河段之间还筑有截流坝。因此，在常水位条件下，经上游河道生态湿地处理后的水难以自流进入下游河道。潮河上游生态河道湿地段与下游橡胶坝河段需分别补水。

由于规划的河道补给水源几乎全部来自再生水，为维持河道水质，理想状态下城区橡胶坝段河道换水率为每年8次。

本次规划研究制订了三种河道水景观补水方案，并分别对各方案的再生水需求量进行了预测，建议近期重点考虑城区段的河道水景观。不同情景下河道景观需水量总量详见表4-4-11。

不同情景下白河、潮河河道景观需水量（单位：万m³）　　　　表 4-4-11

设计情景	需水分类	白河			潮河			年需水总量
		城区以外	水泥厂橡胶坝至开发区橡胶坝	开发区橡胶坝至汇合口橡胶坝	汇合口橡胶坝至孤山橡胶坝回水区	孤山橡胶坝回水区至东白岩桥	东白岩桥至万岭漫水桥	
白河城区段+潮河城区段（换水率为2.2次/年）	蒸发渗漏	—	529.1		4.8		—	—
	换水量	—	547.2		—			
	边坡绿化	—	—		129.9			
	各河段需水量	—	1075.3		134.7			1210
白河城区段+潮河全部河道（换水率为3次/年）	蒸发渗漏	—	222.5	385.4	4.8	25.9		—
	换水量	—	152.2	263.6	—			
	边坡绿化	—	—			84.6	461.2	
	各河段需水量	—	374.6	649.0	89.3	487.1		1600
全部白河+全部潮河（换水率为8次/年）	蒸发渗漏	222.0	529.1		30.7			—
	换水量	151.9	1989.9					
	边坡绿化	—	—	—	—	838.6		
	各河段需水量	373.9	2519.0		869.3			3762

情景1：为现状情况，年换水率2.2次，换水河道为白河城区段和潮河城区段。

情景2：年换水率3次，换水河道包括白河城区段和全部潮河。

情景3：年换水率按8次计，景观河道包括全部白河和全部潮河。

按照仅维持城区段河道景观用水、换水率为2~3次/年，则河道景观用水量占到城区全部用水量的20%~30%，这个比例已经几乎达到了本区域景观用水的极限。若从维持一个良好的河道水环境质量的角度出发，换水率则至少需提高至每年8次，河道景观用水量相应需增加近2倍，在目前的技术经济水平下是不可能实现的。

2．湿地生态修复与河道水质改善

由于河道景观水体水质保障的基本需水量无法保证，因此提出通过建设人工湿地辅助改善河道水质，以在一定程度上缓解景观用水量不足、水质难以维持的问题。

潮河、白河穿密云城区而过，沿河道两侧城区及周边存在一些废弃的河滩地及河道沿岸缓冲带等用地，目前没有得到充分利用，可作为湿地的用地选择。此外，城区周边地区也有部分低洼地和荒地，可用于湿地建设。

根据城市用地布局功能，结合城区地形、河道河滩地、湿地补充水源情况和涉水工程设施的布局，规划建设5处人工湿地。

（1）潮河人工湿地

规划潮河人工湿地，位于现状潮河北侧的缓冲带、南山路与新东路之间的地块。该处为潮河河道预留的缓冲带，北靠城市公园绿地，预留用地42hm²。

采用复合型的人工湿地，其水源水是现状的再生水厂出水（总氮含量较高），拟对再生水进一步处理后进入河道作为景观用水。

（2）污水厂人工湿地

污水厂人工湿地位于规划污水处理厂的南侧、京承高速路以北，现状为采砂场，面积为12hm²，其水源水是规划污水厂中的再生水出水，拟对再生水进一步处理后进入河道作为景观用水；也可以用作污水厂检修期间或发生事故时的污水暂存，以保证污水处理厂的事故出水不会直接排入潮白河，影响到地表及地下水环境质量。

（3）雨水调蓄湿地

雨水调蓄湿地位于檀东路以东、水源路以北的低洼地块，面积4hm²。由于新农村地块向潮河的雨水排放跨越密云水库水源管线难于实施，因此规划利用该地块地势低洼的现状特征，将其规划为雨水调蓄湿地，同时也可以防治初期雨水的污染，雨季雨水储存满后会通过明渠溢流进潮河。

（4）初期雨水暂存湿地

初期雨水暂存湿地位于十里堡镇，潮白河与城西路交叉口的西北侧低洼地，为采砂形成的废坑，占地面积大约16hm²，可用于初期雨水的暂存及初步处理。

（5）潮河上游生态河道湿地

潮河上游生态河道湿地是利用潮河现状干涸的河床，进行河道的生态治理，利用再生水厂的水源作为河道的补充用水。生态河道湿地自东白岩桥至万岭漫水桥，全长约15km。规划利用生态湿地对再生水的净化作用，使得潮河城区河道水质有所改善。

4.5 水源保护与建设用地的空间协调

密云县域内的地表水源和地下水源是密云城区的供水水源，同时密云水库又是北京城区的主要供水水源，地下水源又是北京城区的应急备用水源，因此水源保护对于保障首都北京的供水安全至关重要。本课题采取基于流域的水源地保护规划方法，通过城市建设用地与水源保护的协调，有效保障区域供水水源安全。

4.5.1 水源地对城市发展方向的影响

密云城区地下水水源集中位于西田各庄镇和十里堡镇，地下水源地防护区范围为从潮白河汇合口，沿开发区南侧至西山村和西田各庄村，东至西智村、密西公路与京承铁路交叉处，面积63km²。城市发展方向应当避开水源地方向。将京承铁路以西地下水源地作为生态控制区，强调自然生态空间的保护，确定城市向东向南发展。

4.5.2 水源地周边地区经济发展模式

水源地周边地区的主要地形是低山丘陵，土地资源利用类型齐全，包括耕地、林地、园地、草地等。但是各种资源分散分布，不宜进行规模化、集约化和专业化生产，当前经济水平落后，是北京山区经济发展较为缓慢的地区之一。由于严格保护水库水源的要求，库区生产发展、人民生活受到某些限制。随着人口的不断增加，人地关系趋于紧张，资源开发利用与水源保护之间的矛盾日益凸显。不过，正是由于各种严格保护措施为周边地区自然环境的恢复和重建创造了优越的条件，经过相当长时期的保护，水库周边地区乃至整个区域的生态环境质量得到了一定程度的改善，大气、水、土等更加洁净，为大力发展绿色食品的生产和旅游观光休闲创造了得天独厚的条件。规划周边地区经济发展按照"强一优二兴三"的战略，加强生态农业，优化生态工业，大力兴办生态旅游业，并应加强本区域与其他地区的经济一体化。

4.5.3　水源地保护区村镇的搬迁合并

由于水源地周边人口居住相对分散，即使是人口相对集中的乡镇也都缺乏有效的污水收集处理设施，部分生活污水直接或间接排入水库；由于缺乏相应的收集系统，生活垃圾则大量堆置在河道旁，易受雨水冲刷进入水库，都会影响到水库水质安全。因此建议密云水库一级水源保护区内所有村庄和人口进行搬迁，在继续推行补偿移民的基础上，加强产业移民、就业移民、教育移民等措施的实施，加强青壮年劳动技能的培养，并提供充分的就业机会。积极引导二、三级水源保护区内中心城镇周边村庄的人口集聚，提供基础设施及公共服务设施的供应，持续改善居住环境。

4.5.4　对水源地上游村镇雨水污水排放的要求

农村污水和雨水排放系统不完善，村庄排水多为地表漫流，生活污水随意排放，垃圾随意堆放、就地填埋。水源保护区内污水处理率低，未经处理的污水就近排入沟渠、河道、渗坑、渗井，都影响到水环境质量。建议以小流域为单元，强化水源地、涵养区以及山区丘陵等自然生态系统的保护与建设，构筑"三道防线"，建设生态清洁小流域，实施污水、垃圾、厕所、河道、环境五项同步治理。加强农村污水治理，建设农村污水处理设施。引导农民科学使用化肥、农药，禁止使用高毒、高残留化学农药，大力发展生态农业和有机农业。推广测土配方施肥、节水灌溉技术及病虫害生物防治技术。鼓励秸秆还田和秸秆气化、青贮氨化、发电、养畜等综合利用。实施规模化畜禽养殖场的废水废物处理。优化产业结构，加快污染治理和污染工业企业调整搬迁。加强垃圾管理，对垃圾及废物进行收集、运输、储存和处理。大力推进农村改水、改厕、改圈、改厨，解决"脏、乱、差"，改善农村环境卫生条件。开发整理土地，实施绿化造林，修复废弃矿山生态，封山育林。

4.5.5　水源地对危险品运输线路规划的要求

危险品运输线路力求规避水源保护区。一级保护区应禁止建设任何交通道路。在二级保护区内也应保证无危险品运输线路，在无法避免的前提下，城市危险品应当有独立、受到监控的运输线路。

4.6　案例小结

课题针对密云县城水系现状和特点，在多水源配置、水源地空间布局协调、应急供水调度、水量水质协调规划技术、蓝线划定技术等方面进行了深入研究。

应用供水系统高危要素识别及应急能力评估方法，对密云供水系统存在的安全风险进行了评估，存在的主要问题是水源单一以及供水管网布局不合理、局部不完善等，研究提出了构建以地下水源、水库引水及再生水合理比例组成的多水源配置方案，规划建设新的地表水厂，完善现有管网，为提高城区供水系统的运行效率和安全保障水平提供了技术支撑。

针对城区可能遇到的水质安全风险，通过建立供水系统模型对运行工况进行模拟分析，提出了优化的应急供水调度方案，为城市应急供水提供技术指导。

结合城区的建设时序，提供了水厂及管网设施的建设时序、分期建设规模及运行调度方案，为供水设施的建设提供了技术指导，同时充分提升了设施建设的运行效率。

应用城市水系水量水质协调技术，统筹供水需求侧与供给侧实现了水源的优化配置；分析了河道景观水量不足、水质难以维持的问题，提出了不同的景观用水补给方案，以及城区污水处理回用和初期雨水污染控制等的策略。

5 杭州海绵城市建设技术验证研究

杭州市是浙江省省会、长江三角洲中心城市之一。位于中国东南沿海北部，浙江省北部，东临杭州湾。市辖上城、拱墅、西湖、滨江、萧山、余杭、临平、钱塘、富阳、临安10个区，建德1个县级市，桐庐、淳安2个县。

5.1 自然地理条件

市域河湖密布，主要河流有钱塘江、东苕溪、京杭大运河、杭申甲线、杭申乙线、萧绍运河和上塘河等。湖泊主要有西湖、白马湖、湘湖、西溪湿地等。地势整体西高东低，主要有丘陵和平原两种地形，丘陵山地占全市总面积的65.6%，集中分布在西部、中部和南部；平原占26.4%，主要分布在东北部；江河湖库占8.0%。森林覆盖率达66.85%，居全国省会城市第一。"三面云山一面城"是杭州市山、水、城融为一体的真实写照。

杭州属亚热带季风气候，温暖湿润，四季交替明显，光照充足，降雨量充沛。杭州市多年平均降雨量1546mm。

全市成土环境复杂多变、土壤性质差异较大，共有9个土类、18个亚类、58个土属及148个土种。土壤分布主要受地貌因素的制约，随地貌类型和海拔高度的不同而变化。全市土壤中，红壤分布最广，占土壤总面积的一半以上；水稻土次之，约占土壤总面积的14.0%。红壤的颗粒状况为粉粘比0.83～0.98，岩相为冲洪积、泻湖—湖沼积，砂砾石含黏性土，亚黏土，渗透系数为0.5～1.5m/d，属于渗透性能尚可的类型。水稻土的岩相为湖积、泻湖—湖沼积，岩性为淤泥、粉砂质淤泥、淤泥质黏土为主，渗透系数为0.05～0.5m/d，属于渗透性能一般的类型。

5.2 降雨特征分析

据杭州市1951～2006年56年月平均降雨量的统计资料，月际分配呈梅雨型（第一雨季）、台风雨型（第二雨季）的双峰降水特征，一般3～7月上旬为第一雨季，占年降水量的42%～48%，特别是6～7月上旬，雨量集中，大雨、暴雨多；8月底～9月底为第二雨季，受台风影响，多狂风暴雨。雨季降水量占全年降水量的65%～75%。由上可知，杭州市总体上雨量丰富，但由于降雨分布的不均匀性（时间和空间）须对雨水进行合理规划，以实现控制洪涝、控制径流污染与雨水资源利用相结合的多系统多目标雨水管理。

为分析可利用雨水资源，将杭州市1951～2006年的降雨量资料按照24小时雨量（20∶00～次日20∶00）进行划分，日降雨又分为小雨、中雨、大雨、暴雨进行分析，降雨等级划分详见表4-5-1。

统计结果显示，1951年到2006年共有7119日降雨，日最大雨量为189mm，降雨日数占34.8%。图4-5-1和图4-5-2分别为日降雨按降雨日数和降雨量分类组成统计情况。从降雨日数看，（可利

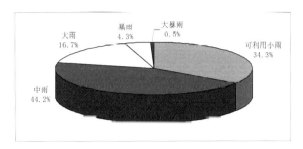

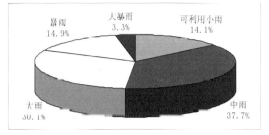

图4-5-1　降雨日数分类组成图　　　　　　　　　　　图4-5-2　降雨量分类组成图

降雨等级划分（24小时降雨量）　　　　　　　　　　表4-5-1

等级	小雨	中雨	大雨	暴雨	大暴雨	特大暴雨
降雨量（mm）	<10	10~25	25~50	50~100	10~200	>200

用）小雨和中雨最多，分别为34.3%和44.2%；但从降雨量来看，小雨、中雨和大雨分别占到14.1%，37.7%和30.1%。日降雨量和月降雨分布相似，具有明显的季节性，主要集中在6~9月；暴雨主要集中在6月、7月和9月。降雨量大的雨型在年内分布的次数少，且集中在多雨季节。中雨和小雨时间分布均匀。

陆地蒸发受气象和下垫面因素的制约。杭州市多年平均年陆地蒸发量大致为650~800mm。东北平原和南部的新安江，兰江下游富春江电站上游为800mm左右。其他地区多数在700~750mm。蒸发量一般由西北向东南递增。

水面蒸发的日变化与气温的日变化大体一致，气温最高时，蒸发量最大。蒸发的年内分配随各月的气温、湿度、风速、辐射而变化。杭州市水面蒸发量年内最大值出现在7月、8月，最大月蒸发量占全年的15%，由于蒸发的峰值，正好出现在杭州市少雨季节，因此形成了多伏旱的特点。1月、2月为全年中蒸发量最小，最小月蒸发量占全年的3%~4%。由于水面蒸发量的大小，主要决定于气候因素，而多年平均的气候因素在特定的地理位置下，年际变化是不大的，因此水面蒸发量的年际变化也不大，其年水面蒸发量的变差系数只有0.04~0.07。

统计杭州市1980~2001年的年降雨量与年蒸发量资料如图4-5-3所示。杭州市年降雨量一般大于蒸发量（1994、2000年的蒸发量略大于降雨量）。1980~2001年，平均年蒸发量1286mm，最大年蒸

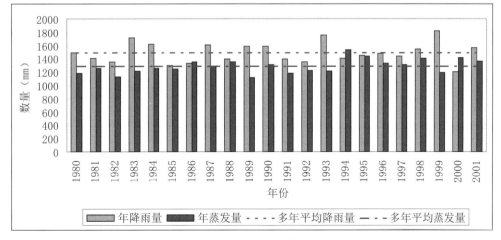

图4-5-3　杭州市1980~2001年蒸发量与降雨量

第四篇
典型城市应用案例

发量1531mm，最小年蒸发量1119mm；1980~2006年，平均年降雨量1437mm，最大年降雨量1824mm（1999年），最小年降雨量949mm（2003年）。

根据《海绵城市建设技术指南》，杭州市位于Ⅲ区，不同年径流总量控制率对应的设计降雨量见表4-5-2。

年径流总量控制率对应设计降雨量情况表　表4-5-2

年径流总量控制率	60%	65%	70%	75%	80%	85%	90%
设计降雨量（mm）	13.2	15.3	18.0	21.1	25.3	30.7	38.9

5.3　项目筛选和验证区范围

结合杭州市系统化全域推进海绵城市建设的工作需求和要求，结合杭州市2017~2020年建设项目分布和建设周期，及2018~2019年项目进度情况，综合考虑地域特色、项目类别、适用技术与集成技术的应用，最终筛选出29个项目（图4-5-4）组成技术应用验证区，共计5.199km²。

5.4　分类项目技术验证结论

根据《海绵城市建设技术指南——低影响开发雨水系统构建（试行）》《海绵城市建设国家建筑标准设计体系》等相关标准规范，将技术验证区29个项目分为海绵型小区、海绵型公共建筑、海绵型道路与广场、海绵型公园绿地、城市水系共五种类型。在规划设计、建设施工、监测评估和模型应用等方面开展多种项目的技术验证。

5.4.1　海绵型小区类项目

海绵型小区类项目共6项，分别为小营街道南班巷微更新项目、葛衙庄安置房项目、杭政储出〔2017〕39号地块海绵城市建设项目、石桥单元XC0802-R21-08地块拆迁安置房项目、秦望区块安置房海绵城市建设项目、临政储出〔2017〕17号地块海绵城市设计项目。

居住小区建筑相对紧凑，屋面、铺装面积较大，地面暴雨积水、地面环境较差导致的雨水径流污染、设计不合理导致的景观绿化缺失等问题较为

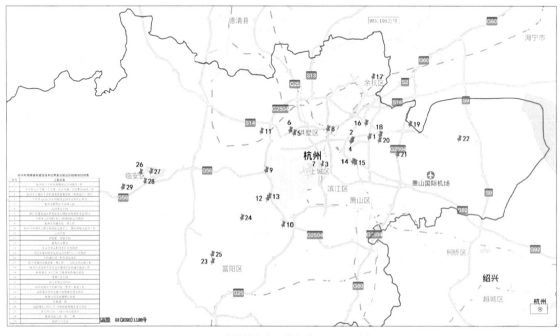

图4-5-4　海绵城市建设技术验证区项目分布图

常见。选择小营街道南班巷微更新项目作为典型案例,进行海绵设施的总体设计、建设和改造,应用海绵城市建设监测技术的研究成果进行验证。

小营街道南班巷微更新项目位于上城区小营街道金钱社区,南北范围分别以南班巷、严衙弄为界,占地面积约9900m²,其中建筑占地约4300m²(图4-5-5)。

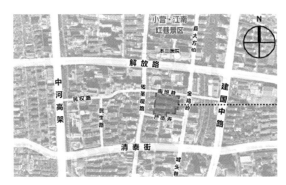

图4-5-5 项目区位图

1. 问题与需求分析

小区地面环境较差,部分空间堆放杂物,垃圾房附近地面较脏,很容易形成雨水径流污染;小区排水能力偏低,小区内雨水管道规格满足排水要求,但雨水口偏少,雨水排除能力不足,需增设雨水口以确保小区排水防涝安全。据了解,小区部分楼幢存在雨落水管漏水情况,须加以修缮改造。

2. 总体设计

(1)设计目标

年径流总量控制率达到60%,对应设计降雨量为13.2mm;TSS削减率不小于40%;提升小区排水系统排水能力。

(2)设施选择与降雨径流路径设计

硬化地面雨水经地面竖向导流至LID设施,如渗渠和下凹式绿地等,或经植草沟转输至雨水花园,经调蓄、下渗、净化后进入地下,大雨溢流至管网;直接降至透水铺装部分的雨水可直接入渗地下,超渗雨水进入上述LID设施;部分屋面雨水引入改造后的高位花坛,经植物截留、储蓄、下渗进入土壤,大雨溢流至管网;其他屋面雨水排放至雨

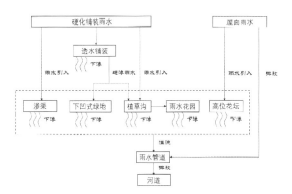

图4-5-6 降雨径流路径设计图

水管网。径流路径设计如图4-5-6所示。

3. 建成效果评估

海绵设施建成前后的对比如图4-5-7、图4-5-8所示。

(1)计算有效雨水径流控制

根据《海绵城市建设设计指南》的计算:年径流总量控制率60%,污染物控制TSS削减40%,已基本达到《杭州市上城区海绵城市建设实施方案》相关的控制要求。经南班巷微更新(海绵试点)改造后,年径流总量控制率与TSS削减率得到提升,并解决了小区乱停车、占用人行空间等问题,改造前后径流指标值对比如表4-5-3所示。

图4-5-7 南班巷建设前

图4-5-8　南班巷建设后

（2）降雨监测评估

2021年3月6日12：40至3月7日06：35，降雨总量为62mm。本次监测南班巷两处片区，一处为进行综合海绵化改造的小型游园片区出口，另一处为未进行源头海绵改造区域。通过对比降雨时段两处雨水出口出流情况分析海绵建设效果。结果显示，降雨时段内，海绵改造区域雨水排口出流流速明显低于未改造区域，流速集中在0～0.4m/s范围内，而未进行海绵建设的区域雨水排口流速在降雨时段内达到0.7～0.8m/s，高于海绵改造区域近2倍。由此可见，区域经海绵化改造后，雨水排口出流有了显著降低，雨水径流控制效果较好（图4-5-9）。

（3）模型模拟评估

①设计降雨模拟结果（表4-5-4）

②单独年份降雨控制效果评估（表4-5-5）

径流控制指标评估表　表4-5-3

指标	年径流总量控制率	TSS削减率	标准停车位
景观改造前	37%	19%	0
景观改造后	30%	25%	30
景观+海绵改造后	60%	40%	30

不同重现期径流控制效果　表4-5-4

重现期	降雨深度（mm）	径流深度（mm）	控制率（%）
1	40.345	15.649	61.21%
3	58.787	28.919	50.81%
5	67.361	35.476	47.33%

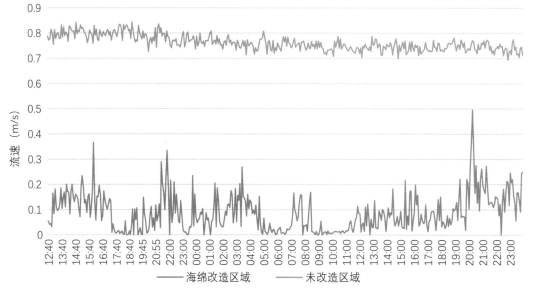

图4-5-9　海绵改造区域与未改造区域降雨出流对比

年份/年	降雨深度（mm）	径流深度（mm）	控制率（%）
2006	1122.00	333.44	70.3%
2007	1400.90	480.68	65.7%
2008	1214.50	380.64	68.7%
2009	1437.70	454.94	68.4%
2010	1625.50	535.40	67.1%
2011	1311.50	439.80	66.5%
2012	1772.70	555.06	68.7%
2013	1490.10	511.49	65.7%
2014	1360.60	412.92	69.7%
2015	2137.70	698.37	67.3%

③2006~2015年连续降雨控制效果评估

年径流总量控制率计算公式为：

$$\alpha = \frac{W_总 - W_外}{W_总} \times 100\%$$

式中：α——研究区域整体的年径流总量控制率；

$W_总$——研究区域天然降雨体积；

$W_外$——研究区域外排径流体积。

经计算得本项目年径流总量控制率约为67.79%。

5.4.2　海绵型公共建筑类项目

海绵型公共建筑类项目共5项，分别为杭州云谷学校项目、杭州高级中学东湖学校新建工程项目、杭州市西湖第一实验学校迁建工程、浙江省建筑设计研究院安吉路院区海绵化改造项目，西溪医院二期工程。

该类项目通常缺少对径流污染的控制，需通过海绵城市建设提高景观质量，有效解决周边雨水径流对道路及周边居住、公建用地的硬化地面冲刷而带来的初期雨水污染。应用相关的规划设计技术指导该项目完成海绵设施总体设计，经评估上述项目年径流总量控制率分别达到82%、75%、83%、83.6%、75%，实现了海绵城市的相关建设要求。

5.4.3　海绵型道路与广场类项目

海绵型道路与广场类项目共4项，分别为云栖小镇国际会展中心二期海绵城市建设工程、临半老城区有机更新一期工程——文化艺术长廊工程、2022年第19届亚运会运动员村1号及2号地块、亚运村技术官员村地块。

道路与广场类项目海绵建设以大面积铺装及绿化改造为主，场地建设条件较好，通过海绵城市建设可提升生态环境，打造舒适的休闲活动空间。应用规划设计技术指导上述项目进行海绵城市建设总体设计，经评估上述项目年径流总量控制率分别达到78.95%、77.79%、75.73%（亚运村技术官员村地块暂缺），满足海绵城市建设的相关要求。

5.4.4　海绵型公园绿地类项目

海绵型公园绿地类项目共10项，分别为泥山湾公园—口袋公园改造项目、东湖路市民公园绿化工程、牛田单元G11C3C4-01地块公园及文体中心项目、方家埭公园项目、运河亚运公园、丰收湖公园工程总承包项目、钱塘生态公园、沿江景观公园西区、横溪湿地公园、银湖公园及两侧慢行系统。

公园绿地类项目场地具有较大面积绿地及景观水体，项目不仅要考虑场地内部的雨水消纳，同时需通过海绵城市建设减少周边区域市政管网排水压力，承担部分排涝压力，改善景观水体及周边关联河道的水生态环境。应用规划设计技术指导上述项目完成海绵设施总体设计，经评估海绵城市建设后均能达到区域海绵城市建设的相关要求。

5.4.5　城市水系类项目

城市水系类项目共4项，分别为牛田单元五号港（七号港—艮山东路）河道整治绿化工程、杭州经济技术开发区金沙湖项目海绵城市建设工程、阳陂湖一期、锦溪综合改造。

城市水系类项目需充分考虑通过海绵城市建设缓解城市内涝、恢复自然驳岸、形成弹性蓄水空间以及改善河道生态景观等方面问题。应用规划设计技术指导上述项目进行海绵城市建设总体设计，经过海绵建设后上述项目年径流总量控制率分别达到

79.6%、85.41%、70%、80%，实现了区域海绵城市相关建设目标。

5.5 片区海绵城市建设系统化方案

以小营街道为例，说明如何应用相关规划设计建设技术指导并完善片区的海绵城市建设系统化方案。小营街道是典型的老城片区，总面积2.7km²，以老旧小区为主。

5.5.1 片区概况

小营街道位于杭州市上城区，区域内人口密度为2.97万人/km²，是上城区人口最为密集的老旧住宅区。区域内自北向南主要有紫金、马市街、小营巷、葵巷、老浙大、大学路、茅廊巷、金钱巷、长明寺巷、梅花碑、姚园寺巷和西牌楼等12个集中社区。小营街道属于运河水系，有中河、东河、贴沙河等主要河流。市政排水管网基本实现雨污分流，

雨水就近入中河、东河。

5.5.2 问题识别

小区空间狭小，使用不合理；绿化小而散，收水功能较差，环境破旧散乱，面源污染入河；市政设施破旧、布设杂乱，管道搭接不合理；小区内部管道布置较乱，雨水接入污水井导致雨天污水漫溢，污水接入雨水井导致河道污染。

5.5.3 系统化方案

优先保护历史文化街区，打造海绵型历史文化街区。以铺装引领，街景更新，嵌入式海绵改造方式，打造富蕴文化特色的街区与口袋公园；古韵化的生态设施和海绵型街区相结合。结合污水提质增效，对具备雨污分流改造条件的小区实行应改尽改。对于绿地空间有限、生活品质不高的老旧小区，以更新设施为主（图4-5-10）。

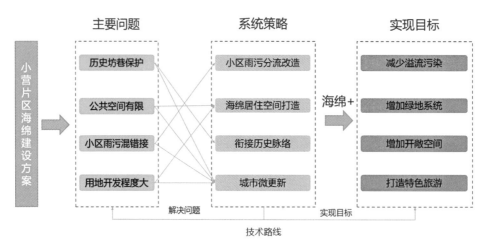

图4-5-10 技术路线图

在实施过程中，城市更新方案提出分类菜单式方法设计，形成"首要保证、尽量满足、特色可选"三大改造层次。针对不同街区民众需求和现状问题，方案对各街区分类，对应提出不同的改造模式，突出重点、逐个击破。如紫金和马市街社区宜进行基础修补，保证居民最首要、最基本的生活需求得到解决；葵巷、茅廊巷等社区宜进行功能完善型改造，可尽量满足居民基本需求外的改善性需求；小营巷、金钱巷等社区则宜进行特色提升改造，可进一步融入街区文化特色，提升城市风貌（图4-5-11）。

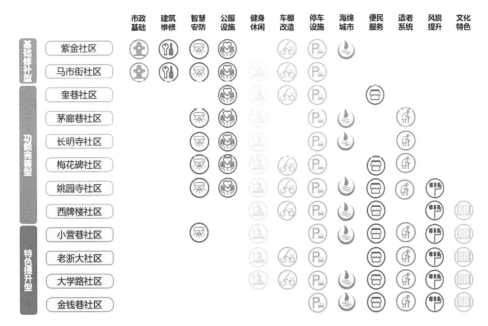

图4-5-11 小营街道改造菜单选项

5.6 全域海绵城市建设系统化方案

应用课题研究成果，以水生态恢复、水安全保障、水环境改善、水资源涵养、韧性宜居、系统化推进为主要目标，指导杭州市完成了统化全域推进海绵城市建设实施方案的编制工作。

5.6.1 海绵城市建设目标

结合"十三五"期间的建设实践，以及《杭州市海绵城市专项规划》的总体要求，确定了杭州市六大海绵城市建设具体目标。

（1）水生态恢复目标：鱼翔浅底；

（2）水安全保障目标：告别看海；

（3）水环境改善目标：水清岸绿；

（4）水资源涵养目标：高效集约；

（5）韧性宜居的目标：绿色宜人；

（6）系统化推进目标：分层递进。

5.6.2 海绵城市规划指标体系

为更好地实现城市水生态恢复、城市水安全保障、城市水环境改善、城市水资源丰富，打造更

适宜人居、更绿色发展、更富有江南韵味的魅力城市，提出了6方面21项指标体系，并对示范期末及"十四五"近期、中期、远期均提出了指标要求（表4-5-6）。

5.6.3 实施方案概要

严格落实蓝绿生态空间的管控要求，包括敏感山地、湿地公园、城市公园、郊野公园、生态绿廊等绿色空间，城市蓝线、水域控制线、河湖管理范围划定等蓝色空间，千岛湖风景名胜区、天目山森林公园、新安江饮用水水源保护区等生态红线，钱塘江沿线的带状水源保护区、闲林水库、千岛湖水库等水源地，按相关的管控要求实施严格保护。落实水环境功能区划目标；利用生态措施的改造现有硬质驳岸，实施保障行洪能力的微改造；打造"两山为屏、三廊相接、多斑块共生"的海绵生态格局。

为保障城市水安全，从流域到城市层面构建内外统筹的水安全保障体系，保护流域现有雨洪调蓄空间、扩展城市建成区外的自然调蓄空间，统筹流域生态环境治理与城市建设。对外，提出加强水系

指标类型	指标名称	示范期 2023年	近期 2025年	中期 2030年	远期 2035年	指标性质
建设区域	海绵城市达标区占建成区比例	40%	55%	80%	90%	约束性
水生态恢复	年径流总量控制率	75%	75%	75%	75%	约束性
	可透水地面面积比例（%）	40%	45%	50%	55%	推荐性
	生态岸线比例	60%	65%	80%	90%	约束性
	地下水位变化	下降趋势得到控制	下降趋势得到控制	下降趋势得到控制	下降趋势得到控制	推荐性
	热岛效应变化	有所缓解	有所缓解	有所缓解	有所缓解	推荐性
水安全保障	防涝标准	30年一遇以上；县与县级市10年一遇以上	50年一遇以上；县与县级市20年一遇以上	50年一遇以上；县与县级市20年一遇以上	50年一遇以上；县与县级市20年一遇以上	约束性
水环境改善	地表水水质功能区达标率	92%	95%	98%	99%	约束性
	地表水水质变化	水质变好	水质变好	水质变好	水质变好	约束性
	SS削减率	40%	40%	40%	40%	约束性
水资源涵养	城市污水再生利用率	16%	17%	18%	20%	推荐性
	雨水资源化利用率	3%	4%	5%	6%	推荐性
	管网漏损率	9%	9%	8%	8%	约束性
韧性宜居建设	城区水面率	不减少	不减少	不减少	不减少	约束性
	城区绿地率	38%	38%	38%	38%	约束性
	滞洪区	满足防洪要求	满足防洪要求	满足防洪要求	满足防洪要求	推荐性
	老旧小区改造数量（个）	750	901	—	—	推荐性
	老旧小区改造建筑面积（万m²）	2212	2835	—	—	推荐性
	地下空间开发量（万m²）	10000	11000	—	—	推荐性
	地下综合管廊建设（项）	19	27	—	—	约束性
	完整社区覆盖率（%）	40	60	80	90	推荐性

防洪防潮建设，加强富阳永兴河、余杭上埠河、西湖九溪等山洪承泄河道的山洪导除规划建设，强化江河治理防洪工程；强化生态堤岸改造，提升干堤防洪能力与景观功能。对内，结合受纳水体位置统筹合理安排设置优化竖向高程；开展低影响开发雨水系统构建；通过拓浚通道、扩大强排、增加蓄滞等综合措施推进平原骨干排涝工程；建设骨干河道，打通断头河，强化水系通畅，增强片区防洪排涝能力；建设系列口门闸站工程、调蓄工程以及圩区整治；强化排涝能力，缓解城市内涝。

形成以排水体系完善为核心的水环境改善机制，通过完善污水管网系统，进一步消除直排口；改造合流制管网，减少污水溢流；落实低影响开发，控制雨水径流污染，继续推进源头截污工作。实施底泥淤积，结合河道绿化开展底泥清理和再利用，进行内源治理，综合改善河道水环境。

针对城市水资源问题，建立多途径的水资源供给体系，持续推进水厂规划建设，完善四大供水系统建设，优化城市供水格局，新建水厂尽可能采用优质水源，增加千岛湖供水比例；同时推进钱塘区、萧山区、余杭区、富阳区、临安区等区完成各自的污水再生利用目标，提高再生水及雨水资源利用率。

为统筹数据资源，利用杭州数字化经济高速发展的优势，建设基于城市信息模型（CIM）基础平台的城市综合管理信息平台，对城市降雨、防洪、排涝、蓄水、用水等信息进行综合采集、实时监测和系统分析等。结合城市大脑建设，统筹城市地下综合管廊、快速交通、雨水调蓄、能源输送等多项市政功能系统的通道建设。

为推动海绵城市建设有序进行，规划海绵城市建设重点区，按照排水分区达标的要求，依托已有的海绵城市建设项目，以丰富的河流水系资源串联形成形态多样的区域与项目分布格局。城区以小水系为主串联各区项目，市域以大水系为主串联区域，整体上形成片状与带状兼具的海绵城市建设区域。零星散布的区域或项目将作为未来海绵城市建设口岸，以持续推进的海绵城市建设为桥，逐步达成区域连片。

5.7 案例小结

课题集中在杭州市上城区（含原江干区）、西湖区、临安区和滨江区开展技术（应用）实证，并兼顾中心城区其他地区，为杭州市实现不低于25%建成区达到75%降雨就地消纳和利用的海绵城市建设目标，在规划设计、建设施工、监测评估和模型应用等方面开展多种项目的技术验证，提供全过程技术指导与支持。

应用海绵城市规划设计及建设运维技术，指导涵盖住宅小区、公共建筑、道路与广场、公园绿地、城市水系等五种主要用地类型29项海绵城市建设工程的设计方案及施工建设，技术验证区面积达到5.2km²，经量化评估均可达到海绵城市建设的相关目标要求；选取典型项目编制海绵城市建设效果监测方案，指导监测工作进行，并完成监测评估。

基于海绵城市规划设计技术，从城市层面指导杭州市海绵城市规划建设，完善杭州市系统化全域推进海绵城市建设实施方案；为杭州市2021年成功入选国家系统化全域推进海绵城市建设首批示范城市提供了技术支撑。

结合老旧小区改造和城市微更新，选择典型片区应用海绵城市规划设计建设技术进行片区的海绵化改造。其中小营街道海绵城市建设项目入选了浙江省优秀项目案例。

课题简介

第五篇

内容
摘要

　　本篇简要介绍了中规院水务院"十一五"以来、围绕着城市水系统规划建设领域承担的国家水专项4个课题和7个子课题（研究任务）的研究内容和主要成果。共分为11章，每章内容包括：研究背景和目标、研究任务和技术路线、主要结论和成果以及成果应用情况。

1 城市供水系统规划调控技术研究与示范

"城市供水系统规划调控技术研究与示范"是"十一五"国家水体污染控制与治理科技重大专项课题（课题编号：2008ZX07420-006）。中国城市规划设计研究院为课题牵头承担单位，参与单位包括重庆大学、北京市政工程设计研究总院、郑州自来水投资控股有限公司等三家单位。

1.1 研究背景和目标

1.1.1 研究背景

随着我国工业化、城镇化进程快速推进和经济社会的快速发展，水污染日益严重，特别是饮用水源污染形势非常严峻，大部分城市饮用水水源受到不同程度污染，饮用水安全保障存在严重隐患。

另一方面，由于城市空间布局不协调带来的突发性水污染事故频发，严重影响着水源及城市供水安全。我国长期以来工业布局，特别是化工石化企业布局不合理，众多工业企业分布在江河湖库附近，造成水源水污染事故隐患难以根除。据环保总局2006年的调查，全国总投资近10152亿元的7555个化工石化建设项目中，81%布设在江河水域沿岸、人口密集区等环境敏感区域，45%为重大风险源。其次，长期以来对水源保护缺乏战略上的规划调控措施，交通设施建设和水源保护管理不协调，经常造成化学品的泄漏，污染下游水源。2001～2004年全国发生水污染事故3988件，2005年松花江水污染事故、2006年湘江株洲霞湾港至长沙江段发生镉重大污染事件、2007年太湖蓝藻暴发等，都严重影响了城市供水安全。

此外，伴随着城镇化的快速发展，在一些经济发达、人口密集、城镇密布的地区，已出现了区域供水的发展趋势，迫切需要统筹城乡和区域，完善区域协调机制，提高水资源综合利用效率，保障区域供水安全。

1.1.2 研究目标

基于减少和控制城市供水系统突发性水污染事故和为应急供水工程体系提供规划指导的需要，以城市空间和产业布局协调、应急供水优化、区域供水协调为重点，建立城市供水系统规划调控技术方法，为城市安全供水提供规划保障，并进行典型城市示范应用研究。

1.2 研究任务和技术路线

1.2.1 技术路线

基于保障供水安全的总体目标，坚持城乡统筹与区域统筹、集约利用资源的规划理念，课题按识别问题——系统优化——实证分析三大部分展开研究：首先，通过系统解析和关联高危要素的识别，分类明确系统安全存在的主要问题；其次，研究城市、城乡、区域多尺度空间条件下城市供水系统与城市布局协调的规划调控技术，研究突发性水污染事故时应急供水的规划调控技术，研究基于系统安全、经济合理、技术可行多目标下的系统优化技术，从而形成综合解决方案；最后，通过在典型城市集成应用上述关键技术，进行示范应用研究。技术路线如图5-1-1所示。

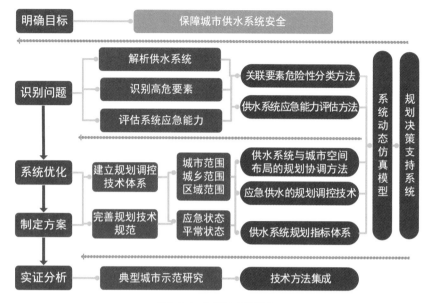

图5-1-1 课题技术路线图

1.2.2 研究任务

研究任务分解为以下四个子课题：

1. 城市供水系统的解析及安全关联要素的识别

（1）从"取、净、输、配"四大环节解析城市供水系统；

（2）城市供水系统高危要素的分类方法；

（3）城市供水系统应急能力评估方法。

2. 城市供水系统规划与城市布局的空间协调研究

（1）城市供水设施与城市空间布局的规划协调方法；

（2）城乡区域供水的设施共建共享研究；

（3）区域城市供水相关设施的规划协调研究。

3. 城市应急供水的规划调控技术研究

（1）应急水源需求的分析方法及其规模论证的技术方法；

（2）不同水污染事故条件下应急供水调度及替代方案；

（3）满足不同应急需求的供水工程设施建设、合理布局、用地预留的规划方法；

（4）应急供水规划调控方案优化的技术方法。

4. 城市供水系统动态仿真模型及规划决策支持系统的研发

（1）建立城市供水系统数据库；

（2）研发城市供水系统动态仿真模型；

（3）构建供水系统规划决策支持系统。

1.3 主要结论和成果

1.3.1 主要成果

通过梳理和借鉴国外在理论方法和实践的最新进展和经验，总结全国各区、各大流域区的十四省市近30个典型城市供水规划、建设及管理的实践，在理论方面吸取和应用风险评价理论、水质—景观/土地利用模型、供水管网模型等研究成果，探索提出了城市供水系统高危要素识别及应急能力评估方法、应急供水优化调度模型和供水方案多目标综合评估方法等关键技术，取得了以下主要成果：

1．建立了城市供水系统高危要素的识别方法及应急能力综合评估方法

对城市供水传统的"取、净、输、配"内部构成及外部影响因素进行了系统解析。在分析国内外风险识别方法的基础上，结合供水系统的特点，提出了基于全寿命周期的供水系统高危要素的风险严重性/风险概率双因素半定量识别方法。针对不同的地区采用德尔菲法分析风险严重性、公众调查法确定风险严重性权重，统计法分析风险概率，得到了高危要素识别和评价矩阵表（表5-1-1、表5-1-2）。

总结国内外相关研究成果，针对上述高危要素

城市供水系统高危要素识别矩阵表——自然风险 　　　　　表5-1-1

灾害种类	威胁部位	潜在影响	可能后果
台风	取水	形成巨浪，威胁取水设施	破坏取水设施
	供电	中断	电力及通信系统失效
	水处理系统	破坏设施	供水中断
	交通	中断	延长断水时间
暴雨	水源	洪灾	水源污染
	取水	水位涨幅过大，威胁取水设施	破坏取水设施
	交通	中断	延长断水时间
干旱	水源	水量不足	原水缺乏
	取水	水位降低	水压、水量不足，能耗增加
	水处理系统	水质降低	增加处理费用
地质灾害	水源	遭到影响或破坏	水量不足、水质污染
	取水	设施破坏	供水中断
	输配水系统	管线爆裂	供水中断
	水处理	设施破坏	供水中断
	供电系统	中断	电力及通信系统失效
	储水设施	设施破坏	降低延迟力
	交通	中断	延长断水时间
极端天气	输配水	管线漏损	漏水量增加，需水量增加
水传染病	水源	污染	疾病、死亡
	水处理系统	污染	疾病、死亡
	输配水系统	污染	疾病、死亡
	储水设施	污染	疾病、死亡

风险种类	威胁方式	威胁部位	潜在影响	可能后果
主动攻击型	爆炸袭击	取水	结构性破坏	供水中断
		水处理系统	设施或设备损坏	供水中断
		输水	结构性破坏	供水中断
		配水	结构性破坏	水量减少、水压降低
		储水	结构性破坏	延迟能力降低
		水源	结构性破坏	原水不足
	中断控制系统	水源	设备失效	远水缺乏
		取水	停止运行	供水中断
		水处理系统	处理及检测系统失控	供水中断，影响公众健康
	中断电力系统	水源	系统失效	供水中断
		取水	系统失效	供水中断
		水处理系统	系统失效	供水中断
	化学生物污染	水源	原水污染	影响公众健康
		水处理	水质污染	影响公众健康
		储水设施	水质污染	影响公众健康
		输配水系统	水质污染	影响公众健康
	计算机入侵	计算机及SCADA系统	供水系统失控	供水中断，水质下降
被动失误型	污染区泄漏	水源	原水污染	影响公众健康
	操作失误	供水系统	设施损坏，系统失效	水质污染，供水中断
系统故障	运行失常	供水系统	设施损坏，系统失效	水质污染，供水中断
心理恐吓	煽动谣言			公众恐慌

的识别建立了城市供水系统应急能力评估方法，包括评估指标体系、评价标准、指标权重和评价模型；运用层次分析法（AHP）构建了系统结构层次递阶图，提出了基于属性理论的城市供水系统应急能力评估指标表（表3-3-10），并对应于不同层次的规划。

2. 基于安全风险防控完善了供水规划调控技术体系

研究提出水源地规划管理应实现以下三个方面的转变：①从局部到全流域管理的转变。水源地保护首先应强调全流域保护，水源一级和二级保护区应在水动力学模型的分析基础之上划定，水源准保护区（即集水区）的划定应作为必要工作内容。

水源地保护区应在排污控制的前提下，增加对集水区土地利用类型的管控，对集水区提出科学合理的土地利用方式的规划建议。②从排污管制到用地管制的转变，明确水源保护区内的用地权属及规划建设管控要求：实施低冲击的开发模式，提出适宜的建设强度和建设方式（包括排水体制和透水地面比例等）等管控要求。③从职权分离到职权对等的转变。水源保护区的监管部门与日常管理部门应赋予相应的职责和权力，对相关职责部门采取问责制度。

城市供水设施布局需要与城市空间布局相协调，以保障城市供水安全、节省给水系统建设投资、降低给水系统运营成本。根据城市空间布局的不同，可以分为块状、带状、环状等六种主要布局形式；通过前述规划案例研究，总结提出对应的城市供水设施的推荐布局模式（表5-1-3）。

不同城市布局形式下的城市供水设施布局　表5-1-3

城市布局形式的主要类型		推荐的城市供水设施布局
块状布局形式	a 块状	分散均衡布局
带状布局形式	b 带状	线状布局
环状布局形式	c 环状	对置布局
串联状布局形式	d 串联状	分区联通
组团状布局形式	e 组团状	分区联网
星座状布局形式	f 星座状	城镇统筹

课题研究了城乡/区域供水的适用条件、合理规模、设施共建、实施机制、运行管理及发展趋势等，总结提出了区域供水的四种模式（图5-1-2）。

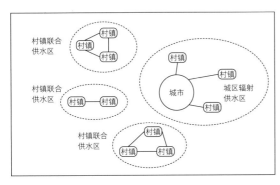

图5-1-2　区域供水的不同模式示意图

3．提出了城市应急供水规划调度技术

总结城镇用水的规律，研究基本生活需求量和不同应急状态下城市各类用水的优先顺序，建立了不同类型城市应急水源需求分析的方法，明确不同应急状态下的应急水源需求量。针对不同的突发性水污染事故等应急状态，研究包括压缩城镇用水、应急处理工艺（表5-1-4）、多级应急水源调度等各种调控方案，以技术可行性、经济合理性和供水安全性为目标，提出了多目标城市应急供水优化调度模型（图5-1-3）。与正常条件下的供水设施与管网布设相结合，提出了不同应急调度方案下输配管网的连通设施设置、管线路由及辅助设施的建设条件、合理规模及其他建设要求。

水厂应急处理工艺技术　表5-1-4

项目	技术分类	去除污染物	常用措施
1	活性炭吸附技术	大部分有机物、部分金属和非金属离子	粉末（粒状）活性炭
2	化学沉淀技术	金属和非金属离子	投加化学药剂，使污染物形成难溶解的物质，从水中分离
3	应急氧化技术	某些还原性的无机污染物（硫化物、氰离子等和部分有机污染物）	投加氯、高锰酸盐、臭氧等强氧化剂
4	强化消毒技术	致病微生物	加强消毒
5	曝气吹脱技术	挥发性污染物	曝气吹脱

4．集成开发了城市供水规划决策支持系统

建立城市供水系统基础信息数据库，构建了供水系统动态仿真模型，可实现城市供水逐时动态模拟、水源优化配置模拟、应急供水仿真模拟、输配水系统优化调度模拟等功能。综合考虑技术、经济、安全、可操作性等方面因素，建立了城市供水系统多目标规划方案的综合评估方法，研发了规划决策支持系统，为多情境供水系统规划方案的综合比选和优化提供了定量化的分析工具（图5-1-4）。

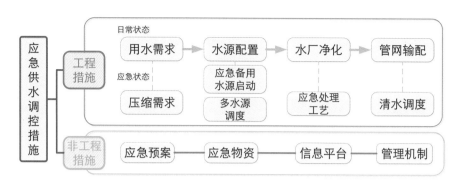

图5-1-3 城市供水系统应急规划调控技术路线

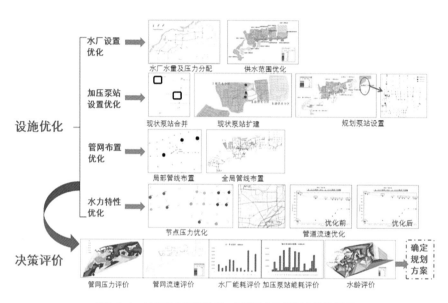

图5-1-4 城市供水系统建模、方案评估及规划决策流程图

1.3.2 典型城市应用示范

课题选取了济南市、郑州市、东莞市、玉溪市、密云县和北川县六个不同类型不同规模的典型城市，针对其存在的主要问题，提出了城市供水规划调度优化方案，并形成了典型城市供水规划调度案例报告。在济南市、北京市密云县及中国城市规划设计研究院建设了城市供水系统中试基地，实现了供水系统建模、动态模拟优化、应急规划调控及指导示范城市规划动态实施等功能。

1.3.3 成果产出

形成《城市供水系统规划技术指南（建议稿）》，提出了城市供水与城市用地及空间布局的规划协调要求；通过供水系统的仿真模拟和多方案的多目标综合比选，提高规划决策的科学性；增加了应急供水和区域（城乡）供水等内容，并对国家标准《城市给水工程规划规范》GB 50282-98提出了城市应急供水等方面的修订建议。

研发了《城市供水规划决策支持系统》UWPDS-v.1，申请软件著作权1项（登记号：2011SR061599）。

1.3.4 创新点

突破了原有的规划理念，将应急供水从工程技术层面的被动应对扩展到规划层面的主动预防，从单个城市转变为区域空间，建立了包括水源、设施、空间布局协调、应急调控、区域协调供水等要素在内的全方位应急供水规划技术体系。建立了多目标规划方案综合评价方法，为规划提供了定量化的分析手段，完善了现有的供水系统规划指标及技术方法体系，提高了规划的科学性。

1.4 成果应用

课题成果为国家、行业主管部门和地方制定城市供水规划提供了技术支撑，对于指导城市供水设施建设，促进城市供水事业的可持续发展具有重要的现实意义，并已经在以下规划实践中得到应用：《全国城镇供水设施改造与建设"十二五"规划及2020年远景目标》《哈尔滨市城市供水专项规划》

（2010-2020年）《哈尔滨市西泉眼水库城乡一体化供水规划》（2010-2020年）《滕州市城乡供水专项规划（2010-2020年）》《滕州市城区供水工程规划（2009-2020年）》《天津市总体规划之水资源专题研究》《东莞市城市供水规划（2007-2020）》《济南市城市供水专项规划（2010-2020年）》《合肥城市供水专项规划》等。

课题成果与"城市水环境系统的规划研究与示范"课题成果集成后的整合研究成果"城市水系统规划关键技术研究与示范"，获2016年华夏建设科学技术奖二等奖。

（执笔人：中国城市规划设计研究院　莫罹）

2 城市水环境系统的规划研究与示范

"城市水环境系统的规划研究与示范"是"十一五"国家水体污染控制与治理科技重大专项课题（课题编号：2009ZX07318-001）。中国城市规划设计研究院为课题牵头承担单位，参与单位包括清华大学、中国市政工程华北设计研究总院、中国科学院遥感应用研究所、杭州市城市规划设计研究院等四家单位。

2.1 研究背景和目标

2.1.1 研究背景

目前，我国城市承载的人口和经济负荷集中，城市水系统面临着排污强度高、水功能割裂、水质控制标准混乱、基础设施整体功效差、行业效益低等问题，亟须通过城市水环境系统的规划研究和综合应用示范，建立城市水环境系统规划技术体系及建设标准体系，完善城市水环境系统规划管理方法，构建城市水环境系统规划技术、管理、政策法规等体系，形成城市水环境系统规划的理论体系。

2.1.2 研究目标

本课题的研究目标是：针对当前我国城市水环境系统规划体系缺失，涉水专项规划条块分割、监控缺位、管理薄弱、手段欠缺等突出问题，围绕城市水环境系统的污染控制和治理需求，初步构建城市水环境系统规划理论方法，建立城市水体功能划分技术及水质控制标准，揭示城市水环境系统规划与城市总体规划的关系及城市水环境系统与城市发展之间的规律，突破城市功能水体系统模拟与风险识别技术、基于GIS的城市水环境系统规划信息管理技术、城市水环境系统规划协调性技术等关键技术，并构建城市水环境系统规划管理体系框架。

2.2 研究任务和技术路线

2.2.1 研究任务

根据本课题的研究目标，确定本课题的研究任务为：开展我国城市水环境系统的结构及规划管理模式、城市水体功能定位与水质控制标准、城市发展与城市水环境系统的互动机制、城市水环境系统规划的协调机制、城市水环境系统规划的调控机制等方面研究，实现仿真模拟，构建规划信息管理平台，建立规划标准，编制技术指南，制定规划编制办法，形成城市水环境系统规划编制的技术政策体系，发挥规划对水环境系统的调控和协调的作用，实现城市水环境的改善和水环境系统的健康循环。研究任务分解为以下5个子课题：

1. 我国城市水环境系统结构及规划管理模式研究

（1）城市水环境系统结构及运行机理研究；

（2）基于城市水环境系统特征的城市分类研究；

（3）我国城市水环境系统相关规划管理研究。

2．城市水体功能定位与水质控制标准研究与示范

（1）城市水体的功能划分技术研究；

（2）各类功能水体的风险识别技术研究；

（3）基于风险控制的城市水环境质量指标体系研究；

（4）城市重要水功能区水环境质量控制基值研究；

（5）不同类型城市水环境系统水质控制标准研究。

3．城市水环境的影响机理与规划调控技术研究与示范

（1）城市总体规划与城市水环境系统规划的关系研究；

（2）城市总体规划中影响水环境的宏观因子及作用机理研究；

（3）基于GIS的城市水环境系统模型及仿真系统；

（4）城市水环境系统规划调控及优化技术研究。

4．城市水环境系统规划的协调性技术研究与示范

（1）城市水环境系统区域协调研究；

（2）城市水环境系统规划的水质水量协调研究；

（3）城市水环境系统中的子系统协调研究。

5．城市水环境系统规划编制技术研究与示范

（1）建立城市水环境系统规划信息公共平台；

（2）城市蓝线空间管制技术政策研究；

（3）城市水环境系统规划编制技术方法研究。

2.2.2 技术路线

对我国城市水环境系统规划的现状及存在的问题进行分析，在相关理论的支撑下，结合典型案例开展城市水环境系统规划研究，形成技术、标准、管理办法等一系列成果，将课题成果在示范项目中应用，同时根据示范效果完善相关研究技术方法体系。课题的技术路线如图5-2-1所示。

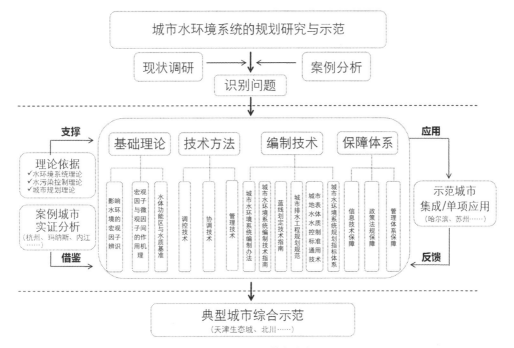

图5-2-1　课题技术路线

2.3 主要结论和成果

2.3.1 主要成果

1. 提出了城市水体功能区划分与水质控制基准制订技术

针对目前我国水功能区划分和水环境功能区划分尚未完全覆盖城市水体的问题，在统筹考虑现有水功能区划分和水环境功能区划分技术和成果的基础上，结合城市水体与公众接触密切、与周边土地利用相互影响较强等特点，建立了城市水体功能区划分技术，提出了对景观娱乐水体功能进行细分的新体系，为城市水体的精细化管理提供了依据（表3-4-2）。

针对现行《地表水环境质量标准》尚存在部分与水体功能不匹配、对公众主观感受重视不够等问题，在系统梳理国内外地表水环境质量基准以及专业水质基准的基础上，初步提出了与城市水体功能相适应的水质控制基准，基准兼顾科学依据的客观性与公众感受的主观性，使之既能有效保护城市水体功能，又能符合公众对城市水环境质量的要求。

2. 提出了城市功能水体系统模拟与风险识别技术

针对特定功能水体，识别影响城市水体功能的关键水质指标，进而识别其风险来源，在暴露浓度监测、人群暴露途径和频率调查等基础上，建立风险水平的量化评估方法，进而建立起一定风险水平下的水质控制基准。该技术既能在宏观层面应用于某一类水体功能，建立与该水体功能相匹配的城市水质指标体系和水质控制标准；又能在微观层面应用于特定水体，体现特定水体的水质特征、服务对象或需要保护对象的暴露特征等，筛选和识别影响特定水体功能的主要风险和污染物，建立与特定水体相匹配的水质指标体系和水质控制标准，提高城市水环境管理的精细化水平（图3-4-11）。

3. 基于城市水环境系统影响要素识别，提出了城市水环境系统的规划控制指标体系

研究总结了城市水环境系统规划与城市总体规划的关系，以及城市水环境系统与城市发展之间的规律；剖析了城市水环境系统与城市建设的制约、保障、互动与共生的关系。对城市总体规划中影响水环境的宏观因子及作用机理进行了研究，定量地分析了城市性质、土地利用、人口、产业及基础设施等对城市水环境系统的影响。

在以上两方面研究的基础上，筛选出了城市总体规划中影响水环境系统的引导性指标（表5-2-2）和控制性指标（表5-2-3）。引导性和控制性指标的提出对于科学合理地编制城市水环境系统规划，从而改善城市水环境质量具有重要意义。

城市水环境系统规划的引导性指标　　表5-2-2

指标层	编号	指标	单位
规模	（1）	人口规模	万人
	（2）	用地规模	km²
	（3）	经济规模	万元
布局	（4）	用地布局	
	（5）	涉水设施布局	
结构	（6）	产业结构	

城市水环境系统的引导性指标分为规模、布局、结构三个方面，共计6个指标。控制性指标是通过对城市水环境系统规划所涵盖的相关涉水规划进行综合分析确定的，按照"水源—供水系统—末端用户—排水系统—雨水径流—防洪排涝"流程，从水环境质量、水资源节约利用、污染减排、水污染防治，以及雨水调蓄、防洪排涝及涉水设施建设标准的各个环节出发，将影响水环境污染的相关控制性指标分类比选。从水环境与水生态、供水与水源保护、污水处理、雨水及防涝和涉水设施用地五个方面进行控制性指标的分类，共计20个指标。

4. 城市水环境系统规划调控及优化技术

在影响要素识别技术成果的基础上，构建了基于DPSIR概念框架的城市水环境系统规划调控模型，从驱动力、压力、状态、影响与响应五个环节，研究对城市水环境系统进行调控与优化的手段

城市水环境系统规划的控制性指标 表5-2-3

指标层	编号	指标	单位	备注
水环境与水生态	（1）	集中式饮用水水源地水质达标率	%	100%
	（2）	城市水域功能区水质达标率	%	100%
	（3）	水系生态岸线比例	%	生态保护区≥80%；风景区≥30%
	（4）	自然湿地净损失率	%	0
供水及水源保护	（5）	节水器具普及率	%	100%
	（6）	非常规水资源利用率	%	≥20%
	（7）	人均综合用水量	L/（人·d）	—
污水处理	（8）	污水处理达标率	%	地级市85%；县级市70%
	（9）	污泥无害化处理率	%	近期60%；远期80%
	（10）	人均污染物排放量	kg/（人·d）	—
	（11）	污水再生利用率	%	≥15%
雨水及防涝	（12）	综合径流系数	—	—
	（13）	截流倍数	—	从经济角度考虑，n=2；重点水域n≥3
	（14）	重现期	年	一般地区为1～3年；重要地区3～5年；特别重要的地区可10年或以上
	（15）	水系调蓄负荷指数	—	<1时，水系有较为充足的调蓄能力；=1时，水系处于满负荷调蓄状态；>1时，水系处于超负荷调蓄状态
	（16）	防洪标准	—	—
涉水设施用地	（17）	给水厂用地	ha/（m³/d）	—
	（18）	再生水厂用地	ha/（m³/d）	—
	（19）	污水处理厂用地	ha/（m³/d）	—
	（20）	污泥处置用地	ha/（m³/d）	—

与方法。以城市水环境系统规划调控模型为核心，结合情景分析方法，构建了城市水环境系统规划调控与优化技术。首先，定性分析了人口规模控制、产业结构调整、消费模式转变、人口与产业布局优化、污染控制、修复与活化、补偿与适应等不同环节调控措施的作用效果；其次，通过构建数学模型，实现对调控与优化的过程及效果的定量化分析。

城市水环境系统规划调控模型包括四个模块："驱动力—压力"模块、"压力—状态"模块、"状态—影响"模块和响应反馈模块（模型结构如图3-4-2所示）。"驱动力—压力"模块定量模拟人口增长、经济发展和消费增长等驱动力因素对城市水环境系统所产生的压力，包括点源污染负荷和非点源污染负荷，并通过动态模型模拟城市非点源所产生的压力。"压力—状态"模块基于不同维度的河流湖泊稳态和动态水质模型，定量模拟前述驱动力所产生的压力对城市水环境系统的状态变化状况。"状态—影响"模块定量分析前述的城市水环境系统的状态变化对生态环境、社会经济及人体健康等产生的最终影响结果。响应反馈模块描述政府、组织、人群和个人为预防、减轻、改善或者适应水环境状态的变化而采取的对策，并对这些对策所产生的效果进行评估。

城市水环境系统规划调控与优化技术，以所构建的城市水环境系统规划调控模型为基础，以情景分析方法为手段，可采用枚举选优法和逐步寻优法两种方法。城市水环境系统的规划调控，就是对驱动力、压力、状态、影响等各个环节进行调控。在情景设计中，将不同的政策、措施用规划调控模型中的参数予以量化。

（1）枚举选优法，即在条件允许的情况下，尽可能地枚举出多种规划方案，运用规划调控模型对所列方案逐一进行模拟分析，并对各种情景中政策措施的效果进行评估，从中选出最适合的规划方案。

（2）逐步寻优法，是一种类似于"试错法"的情景设计方法。即选定一种起始的情景设计，用调控模型进行模拟分析与效果评估。然后找出该情景中政策措施的不足之处，并在新的情景设计中加以改进，再重新定量模拟各种政策、措施、规划方案的组合对城市水环境系统的影响，并做出绩效评估。通过反复的方案试算及比选，使方案逐步优化，最终得出各方可接受的理想方案，从而实现调控与优化的目标。

5. 城市水环境系统规划协调技术

协调技术的核心是在对城市水环境系统整体考虑的基础上进行水量与水质的协调，即实现水量优化配置与水体水质良好的目标。协调技术分为两个层次，第一层次是区域协调，对区域内不同行政区之间的水资源进行统筹协调与优化配置，对天然水体的水质状况进行控制。第二层次是城市内部的子系统协调，即通过对城市水环境系统基础设施的布局与规模进行优化配置，实现水量与水质的协调。在考虑空间分布协调的同时，亦考虑时间上的协调。协调技术的特点在于其整体性和动态性。以往的研究主要以稳态为主，本研究引入动态协调技术。

形成了从水资源分配入手的区域水资源协调技术、从地表径流变化入手的区域防洪协调技术、从水环境容量入手的区域污染控制协调技术。构建了水资源动态配置多目标优化模型，实现了动态的水资源平衡分析及优化配置。应用SWMM等数学模型，定量地研究了降雨径流、雨洪利用等问题，对城市水环境系统基础设施的规模与布局进行统筹协调（图5-2-2）。

2.3.2　典型城市应用示范

根据广泛性、一致性、典型性的原则，本课题选择海河流域的天津生态城、太湖流域的杭州市、珠江流域的东莞市、高原湖泊城市云南玉溪市、北京重要水源涵养地密云县、东北老工业基地哈尔滨市，以及四川省北川县等城市作为示范城市或案例研究城市。通过这些城市的规划研究与示范，将研究的理论与技术成果应用到实践之中，用实践检验理论，并反过来促进理论的提升，从而在理论与实践之间形成良好的互动。

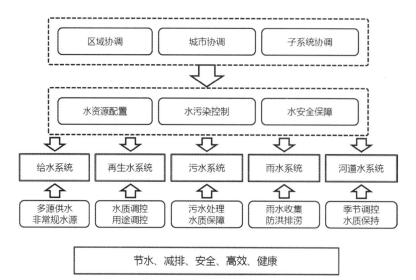

图5-2-2　城市水环境系统协调技术整体框架

2.3.3 成果产出

1. 技术标准类

课题成果经提炼，形成了《城市水环境系统规划技术指南（建议稿）》《城市蓝线划定技术指南（建议稿）》《城市水（环境）系统规划编制办法（建议稿）》等三部技术指南或编制办法。

（1）《城市水环境系统规划技术指南》，提出了城市水环境系统规划编制的主要内容及相关技术要求，包括水体功能区划、水资源可持续利用、水系布局、水环境保护、滨水空间管制、水系开发利用、城市涉水工程协调，以及与其他相关规划衔接等，为科学编制城市水环境系统规划提供了技术支撑。

（2）《城市蓝线划定技术指南》，对住房和城乡建设部的《城市蓝线管理办法》进行了深化，对其中未加明确的蓝线划定技术进行了详细阐述。本指南明确了蓝线的概念、构成要素，以及城市蓝线与城市其他四线（城市红线、城市黄线、城市紫线、城市绿线）的相互关系；明确了蓝线的划定范围与

划定原则，确定了不同等级、类型的河道、湖库的蓝线划定方法，以及对应于不同层级规划的蓝线划定技术。完善后的《城市蓝线划定技术指南》增强了《城市蓝线管理办法》的可操作性，对于协调城市蓝线与其他四线之间的相互关系，协调城市蓝线与其他城市用地之间的关系具有重要意义。

（3）《城市水（环境）系统规划编制办法》（下文简称《编制办法》），是国内首个水环境系统方面的综合性规划编制办法。《编制办法》共5章42条。《编制办法》的制定，有利于规范城市水（环境）系统规划的编制工作，加强城市水（环境）系统的保护与管理，综合协调城市水环境系统的各项功能，实现城市水环境系统的良性循环。

2. 软件著作权

申请并获得具有自主知识产权的软著作权2项：城市水环境系统规划公共信息平台（图5-2-3）和城市水环境仿真系统（图5-2-4）。

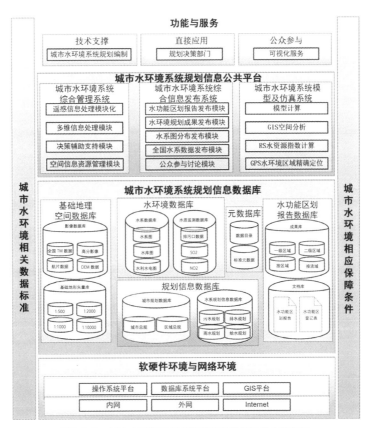

图5-2-3　城市水环境系统规划信息公共平台总体结构图

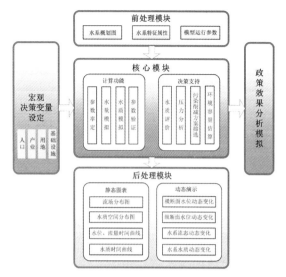

图5-2-4　城市水环境仿真系统总体框架

2.4　成果应用

本课题研究形成了一整套水环境系统规划的编制技术与方法，通过中规院等多家单位的规划实践，在多个城市进行了应用示范，并完成多次行业协会的宣传推广，在城市水系统规划实践中发挥了重要的理论指导和借鉴作用。

本课题与"城市供水系统规划调控技术研究与示范"课题集成后的整合研究成果"城市水系统规划关键技术研究与示范"获2016年度华夏建设科学技术奖二等奖。

（执笔人：中国城市规划设计研究院　徐一剑）

3 海绵城市建设与黑臭水体治理技术集成与技术支撑平台

"海绵城市建设与黑臭水体治理技术集成与技术支撑平台"是"十三五"国家水体污染控制与治理科技重大专项课题（课题编号：2017ZX07403001）。中国城市规划设计研究院为课题牵头承担单位，参与单位包括中规院（北京）规划设计有限公司、中国市政工程华北设计研究总院有限公司、北京建筑大学、亚太建设科技信息研究院有限公司、上海市政工程设计研究总院（集团）有限公司、浙江贵仁信息科技股份有限公司、天津静泓投资发展集团有限公司等七家单位。

3.1 研究背景和目标

3.1.1 研究背景

随着我国快速城镇化进程，城镇水资源短缺、水环境污染、内涝灾害频发、生态环境恶化等问题日益凸显，已经成为制约城市高质量发展的重要问题。党的十八大以来，党中央、国务院高度重视水安全与水环境问题，将水安全保障和水环境保护作为生态文明建设的重要内容。习近平总书记强调要大力增强水忧患意识、水危机意识，明确提出要建设自然积存、自然渗透、自然净化的"海绵城市"。

针对我国海绵城市建设起步较晚，相关技术研究储备不足，存在规划设计、建设运维、监测评估标准体系不健全，技术适应性不充足，运行维护不到位，集成技术缺乏系统性、可推广等突出问题。同时，针对水体水质季节性返黑返臭、面向水质

量长效保持和工程实施过程中技术参数不明确、工程整治完成后运维管理与效果评估严重不足等技术问题，为了形成我国海绵城市建设和城市黑臭水体治理的系列技术文件，科学技术部、住房和城乡建设部在2017年国家水体污染控制与治理科技重大专项中设立了"海绵城市建设与黑臭水体治理技术集成与技术支撑平台"独立课题开展技术集成工作。

3.1.2 研究目标

以支撑和服务于海绵城市建设和黑臭水体治理两项国家战略性任务为导向，针对整体规划、方案设计、工程实施、运行监管、评估考核工作中面临的技术难题，系统梳理总结并集成海绵城市规划设计、建设和运营维护的关键技术，建立相关集成技术及工程技术案例库；通过典型海绵城市建设技术应用实证，开展海绵城市建设分析模型构建技术研究和经济技术评估方法研究，编制海绵城市规划设计手册；研究制定各类海绵城市设施的验收评价标准和成片海绵城市区域验收评估技术指南；研究提出海绵城市建设全生命周期监测评估技术方法，提出海绵城市运行管理机制；梳理总结城市黑臭水体治理工程技术，研究开发不同技术组合及模拟模型，形成城市黑臭水体治理集成技术；选择典型城市，开展黑臭水体污染源动态解析、治理技术方案编制及经济技术评估方法研究，形成技术方案编制技术指导手册；开展城市黑臭水体整治工程实施与验收评估技术方法研究，建立相应的评估和管理

指标体系；研究并构建适合城市黑臭水体治理整体打包的投融资模式；结合行业管理需求，分别开发"国家—省—城市"三级海绵城市信息管理系统、城市黑臭水体治理信息及评估监管系统，构建网络平台并建立保障可持续运行的管理体制与协调机制。

3.2 研究任务和技术路线

3.2.1 研究任务

开展海绵城市规划设计、建设和运营维护的关键技术研究和技术应用实证，提出海绵城市建设全生命周期监测评估技术，研究成片海绵城市区域的验收评估技术，开展海绵城市建设经济技术分析，提出海绵城市运行管理机制；提出黑臭水体污染源动态解析和整治技术方案编制方法，开发城市黑臭水体整治技术组合与模拟模型，建立不同特征的城市黑臭水体整治集成技术，研究黑臭水体治理和城市水环境质量改善的评估和管理指标体系，构建适用于黑臭水体整治整体打包的投融资模式，开展黑臭水体治理经济技术评估；建立海绵城市建设、黑臭水体治理的关键技术与案例数据库，构建国家海绵城市建设和黑臭水体治理监管平台，研究保障业务化运行的管理体制和协调机制。围绕以上研究内容，课题的研究任务分解为五项。

1. 海绵城市规划设计、建设运维关键技术研究集成与应用实证

（1）海绵城市规划设计方法与参数研究；

（2）海绵城市建设、运维和验收关键技术研究；

（3）海绵城市建设分析模型和参数研究；

（4）海绵城市建设技术应用实证研究。

2. 海绵城市全生命周期监测评估、验收评估技术与监管体系研究

（1）海绵城市建设全生命周期监测评估技术研究；

（2）海绵城市建设技术经济评估方法研究；

（3）海绵城市监管技术研究。

3. 城市黑臭水体治理与水质保持集成技术路线及实证研究

（1）基于水质长效保持的污染源动态解析技术研究；

（2）基于水质指标提升的水体治理技术评估研究；

（3）基于不同类型城市黑臭水体治理技术路线研究。

4. 城市黑臭水体治理技术经济评估与工程考核验收方法研究

（1）城市黑臭水体治理与水质保持技术路线应用实证技术经济评估；

（2）城市黑臭水体治理长效监管评估技术与方法研究；

（3）城市黑臭水体治理投融资模式及考核评估的影响研究。

5. 海绵城市和黑臭水体治理综合监管平台研究

（1）海绵城市建设关键技术与案例数据库构建技术研究；

（2）黑臭水体整治关键技术与案例数据库构建技术研究；

（3）海绵城市与黑臭水体行业监管平台构建技术与应用研究。

3.2.2 技术路线

课题针对当前我国海绵城市建设与黑臭水体治理缺乏指导性技术文件、建设工程实施效果难以评估、监管体系和能力不足等问题，以全国30个海绵城市建设国家试点城市的实践和全国典型城市黑臭水体治理实例为基础，结合我国气候、地理等不同条件分区，分类开展海绵城市建设和黑臭水体治理的规划、设计、实施、运营、维护、效果评估、技术经济分析等关键技术和案例研究，并开展技术集成与技术应用实证。课题的技术路线如图5-3-1所示。

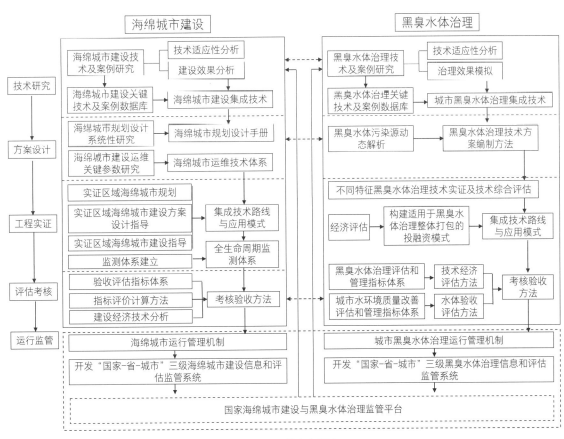

图5-3-1 技术路线图

3.3 主要成果和产出

3.3.1 突破的关键技术和集成技术

开展了海绵城市规划设计、建设和运营维护、监测评估技术及黑臭水体整治技术研究，突破了以下3项关键技术，并形成了海绵城市建设集成和城市黑臭水体治理技术系列2套成套技术。

1. 海绵城市建设中不同历时降雨特征下雨峰、雨量控制评估关键技术

提出典型年的降雨筛选方法，按照降雨量、降雨日数、降雨场次进行筛选，针对合流制排水体制溢流问题、分流制排水体制区域的雨水初次冲刷污染问题，筛选中、小降雨的典型过程方法，针对排水和内涝问题，筛选大雨和大暴雨降雨过程分析方法。根据长短历时降雨特征，通过地表下垫面低影响开发设施调整、排水管网提标改造、设置调蓄

空间，大区域在以上基础上再进行河湖联调等组合方式，提出不同历时特征下降雨径流雨峰的控制评估和降雨径流过程的雨量径流总量控制评估方法（图5-3-2）。

2. 海绵城市建设片区建设效果评价关键技术

明确了评价对象为城市建成区的海绵城市建设片区，构建了片区效果的评价流程。针对包括片区海绵效果，建筑小区、停车场与广场、公园与防护绿地项目有效性，路面积水与内涝及径流污染控制、水体质量控制、生态格局与岸线保护，系统运维、公众满意度等14个一级指标及其项下细分指标提出了具体的评价要求。明确了海绵城市评价指标的数据获取、核实、综合评价的方法。海绵城市建设评价结果应为评价对象基于排水分区单元进行统计且达到国家政策和当地规划要求的面积占城市建成区总面积的比例（图5-3-3）。

177

课题简介 第五篇

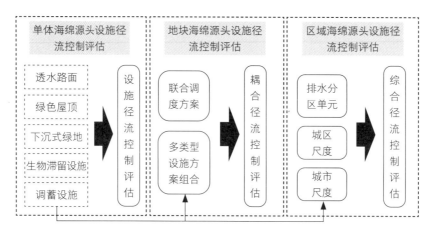

图5-3-2　海绵城市建设中不同历时降雨特征下雨峰、雨量控制评估关键技术

评价指标	评价方法						
	资料查验	仪器监测	现场核实	公式核算	模型模拟	专家评议	公众评议
海绵设施径流体积和径流污染控制及溢流排放		√√	√√	√	√		
年径流总量控制率及径流体积控制	√	√		√√	√√		
径流污染控制	√		√		√√		
径流峰值控制	√		√√				
硬化地面率	√		√√			√	
道路排水行泄功能	√		√√				
路面积水控制	√	√	√√				
灰色设施和绿色设施衔接	√		√√				
内涝防治	√		√		√√		
雨天分流制雨污混接污染和合流制溢流污染控制	√	√	√√		√√		
城市水体环境质量	√	√√				√√	
自然生态格局管控和水体生态性岸线保护		√√	√			√√	
地下水埋深变化趋势	√		√√	√√			
城市热岛效应缓解		√√		√		√√	
源头减排系统运维	√		√			√√	
排水管渠系统运维	√					√√	
排涝除险系统运维	√					√√	
城市水体运维	√					√√	
运营管理工作制度	√		√			√√	
区域排水防涝预警系统和应急联动管理预案	√		√			√√	
人员技能培训	√					√√	
人员责任考核	√					√√	
人员激励机制	√					√√	
海绵设施运维资金	√					√√	
海绵调度管理资金	√					√√	
路面积水情况改善的公众满意度							√√
城市内涝情况缓解的公众满意度							√√
水体黑臭情况改善的公众满意度							√√
热岛效应缓解的公众满意度							√√

图5-3-3　海绵城市建设片区建设效果评价关键技术

3. 城市黑臭水体治理及水质保持污染源识别与动态解析关键技术

构建了基于城市黑臭水体特征的污染源识别与分类方法，从污水直排、合流制溢流、分流制雨水、底泥、岸带垃圾、上游或直流来水、厂（站）尾水、岸带径流、植物残体、干湿沉降、事故性排放11类污染源进行识别；重点关注底泥内源污染夏季释放、雨季的降雨污染、干湿沉降污染的季节性变化等方面，形成基于不同污染源时空规律的污染负荷量化方法；基于污染物汇入、迁移、扩散和转化规律，结合天津前进渠技术实证工程数据，建立污染源削减控制与水质响应关系数值模拟方法。

4. 形成海绵城市建设集成技术系列1套，技术长清单1份

形成涵盖规划设计、建设运维、监测评估共计146项技术的长清单1份。从海绵城市建设工作实际

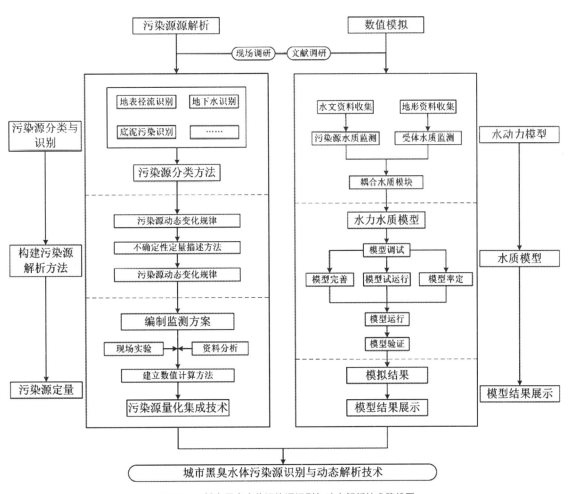

图5-3-4 城市黑臭水体污染源识别与动态解析技术路线图

需求和规建管程序出发，形成了包括海绵城市建设技术指南、海绵城市建设相关模型应用条件和关键参数率定成果，海绵城市建设施工图审查要点，海绵城市相关设施施工验收和运行维护标准，海绵城市建设技术标准体系及相关标准修订建议等内容的成套技术。

5. 形成城市黑臭水体治理集成技术系列1套，技术长清单1份

构建涵盖污染源动态解析、规划设计、评估考核到长效监管全过程的城市黑臭水体治理与水质长效保持成套技术，含共计90项技术的长清单1份。其中，按城市黑臭水体治理工程实施流程，成套技术主要包含城市黑臭水体整治方案编制技术、整治工程实施技术、水体监测预警与运维技术、水体验收评估与监管技术4个子技术系列。

3.3.2 技术标准

课题研究过程中，编制完成了国家标准《海绵城市建设评价标准》GB/T 51345-2018、团体标准《城市黑臭水体整治技术方案编制技术手册》T/CECA 20004-2021等标准规范8部，并已被颁布实施或被相关管理部门采纳。

1.《海绵城市规划设计手册》(待出版)，已作为地方主管部门培训材料发布

在总结国内外研究和工程实践经验基础上，从海绵城市建设的基本概要、规划、设计、运行维护管理、监测模拟与绩效评价方面对海绵城市建设全过程进行了全面阐述。提出从流域汇水分区、建成区排水分区整体层面制定规划方案和系统化建设方案的技术要点，并对海绵城市建设体系中的源头减排系统、排水管渠系统、超标雨水蓄排系统、合流

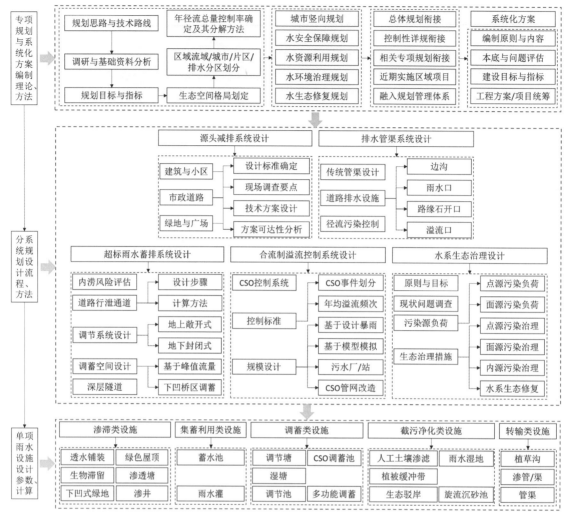

图5-3-5 海绵城市规划设计体系

制溢流污染控制系统、水系生态治理系统、各类雨水控制设施的设计给出了较为详细的设计方法、示例图集。该成果已作为北京、杭州等地方主管部门培训材料进行发布，并在海绵城市示范城市专项规划修编和各类型项目中得到应用。

2. 团体标准《城市黑臭水体整治技术方案编制技术指导手册》T/CECA 20004-2021，已颁布

针对工程项目前期调查不足、技术路线缺乏系统性和连续性、整治后黑臭反复等问题，科学建立了城市水环境现状和黑臭水体污染源变化特征调查及黑臭成因分析方法；系统提出了基于水体功能定位和水资源特征的技术路线制定方法；对《城市黑臭水体整治工作指南》中水体识别与分级、水体黑

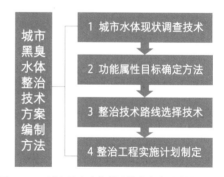

图5-3-6 城市黑臭水体整治技术方案编制方法框架

臭成因及环境特征分析、治理方案编制方法等内容做了进一步的规定。该成果已发布，技术措施与管理对策已经在天津、江苏、江西等地黑臭水体整治工程中应用。

3.《海绵城市监测技术指南》,由住房和城乡建设部指定作为各城市开展实施效果评估的参考依据,将进一步提升为国家标准《海绵城市建设监测标准》

针对海绵城市建设成效缺乏监测技术指导的问题,从监测方案制定、项目与设施监测、市政管网关键节点监测、受纳水体监测等方面提出海绵城市建设成效的监测方案制定方法与监测内容,并对水量水质监测和监测设备测试、校准与维护作出了规定,对监测数据采集、质量控制和应用提出要求。该技术指南由中国城镇供水排水协会发布实施,并由住房和城乡建设部在开展海绵城市建设评估工作中被采纳推广应用,在国家海绵城市建设2019年、2020年的自评估工作中得到广泛采纳和应用。

图5-3-7　海绵城市监测评估内容框架

4.《海绵城市监管技术指南(建议稿)》,已通过国家行业主管部门组织的评审

针对海绵城市建设监管方面的技术难题,从规划编制、衔接与审查,分区建设方案监管,项目的前期、建设、验收移交与运营管理全过程监管等方面作出了规定,提出海绵城市监管技术指南。其中明确了在规划设计、建设、验收移交、运行维护等过程中各部门、各单位监管职责和主要工作内容,提出了国家行业主管部门、省级行业主管部门、城市人民政府、市区两级行业主管部门监管职责和绩效考核内容。通过行业主管部门组织的专家评审,并作为常德、鹤壁海绵城市建设指导文件进行应用。

5.团体标准《成片海绵城市区域验收评估技术指南》T/CECA20017-2022,已颁布

针对成片海绵城市建设区域验收评估缺乏技术指导的问题,以海绵城市建设达标片区为对象,明确了验收评估指标、方法、责任主体,提出具体的资料核验要求、现场核查要求、监测分析规定,并对各项评估技术的计算方法、模型模拟核算方法提出要求,最后对评议过程和成果表达作出了规定。

6.《城市黑臭水体整治工程实施与验收评估技术指南》(已出版),已通过国家行业主管部门组织的评审

在工程技术验证和实施效果评估的基础上,明

图5-3-8　海绵城市建设项目管控流程及要点

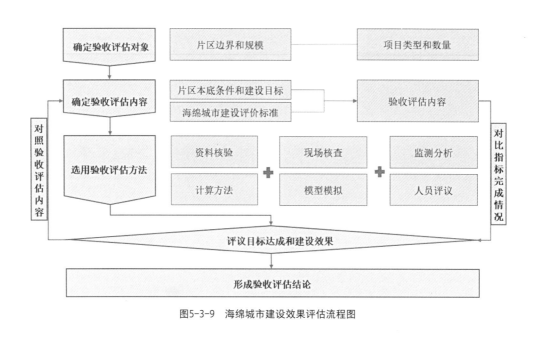

图5-3-9　海绵城市建设效果评估流程图

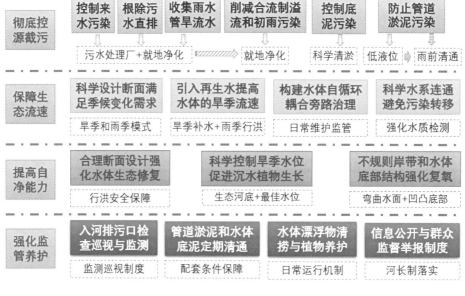

图5-3-10　城市黑臭水体整治技术措施图

确基于污染源调查和解析的技术选择需求；强调匹配水体功能定位和水资源特征的技术路线制定要求；建立基于技术效果与适用性评估的技术选择依据；提出基于参数控制和误区识别的工程实施技术要点；形成黑臭水体整治工程评估与验收指引。

7. 对国家标准《室外排水设计规范》GB 500014提出落实海绵城市建设技术要求的修改建议清单

根据我国海绵城市建设实践和相关研究，提出涵盖《室外排水设计规范》的总则、雨水工程、污水工程、泵站等四部分内容的共计18条修改建议，实现海绵城市下雨时吸水、蓄水、渗水、净水，需要时将蓄存的水"释放"并加以利用的功能，以及实现融合建筑与小区、绿地、道路与广场、城市水系多系统多目标进行雨水管理的目的，构建源头减排、管网排放、蓄排平衡、超标应急的雨水系统。该修改建议清单在现行国家标准《室外排水设计标准》GB 50014-2021中得到采纳并已经颁布实施。

图5-3-11 全国城市黑臭水体整治监管平台

8．提出《室外排水建设规范》研编内容，并通过行业主管部门组织的专家评审

本标准为全文强制规范，充分研究吸收了我国室外排水工程相关的17本国家标准，12本行业标准的强制性规定，提出雨水系统和污水系统的组成，厘清室外排水工程系统组成、各系统之间的关系和功能目标，并按照源头减排工程、排水管渠工程、排涝除险工程进行雨水系统的技术规定，明确污水和再生水处理、污泥处理处置要求。

3.3.3　业务化平台建设

国家海绵城市建设监管平台，是一个集建设监管与经验推广于一体的全国性共享平台，主要包含海绵城市统计评价、技术库、案例库、产品库、数据库和信息填报六个模块。监管平台实现了城市一级的海绵城市基本信息填报、技术文档和案例项目资料上传入库、省级和国家统计信息及评价等功能。

全国城市黑臭水体整治监管平台，进一步完善原监管平台的信息填报模块，新增信息采集功能；增加黑臭水体整治评估模块，对已经进入整治评估阶段的黑臭水体全过程采集水质分析检测报告及结论、公众调查报告、完工证明材料、整治工程实施记录及水体整治前后效果对比资料、长效机制建立

和履行情况等；强化统计分析功能，实现国家—省—市三级对黑臭水体基础信息、季报信息、月报信息、周报报送信息、监督核查信息、治理情况等统计评价（图5-3-11）。

3.3.4　技术验证区

1．海绵城市建设技术（应用）实证

对杭州市不低于25%建成区达到75%降雨就地消纳和利用提供技术指导与支持。在规划设计、建设施工、监测评估和模型应用等方面开展多种项目技术实证，实现技术应用实证项目29个，实证区面积达到5.2km²，并协助杭州市2021年成功入选国家系统化全域推进海绵城市建设首批示范城市。

2．黑臭水体治理技术（应用）实证

在天津静海、江苏淮安等城市，开展了水体污染源控制技术、水动力改善技术、水生态系统恢复技术、水体旁路治理技术和其他问题技术等16项城市黑臭水体治理工程技术产品效能应用实证，经过天津市静海前进渠、淮安市洪泽区和平沟与洪新河三个治理技术应用实证，城市水体ORP、水体DO、透明度等指标均达到《城市黑臭水体整治工作指南》指标要求，达到城市黑臭水体整治工程实施与验收评估技术指南的考核要求，技术产品与应用实证的河道长度达到11.5km。

3.4 成果应用

课题成果在北京、上海、天津、武汉、厦门、南宁、珠海、遂宁、池州等国家海绵城市试点中得到充分应用和借鉴，各城市根据课题成果形成了地方相关系列标准和技术指南。

课题成果支撑了住房和城乡建设部《关于开展海绵城市建设试评估工作的通知》（建办城函〔2019〕445号）提出的任务，实际应用于全国600多个城市海绵城市建设评价过程，并作为第二批国家级海绵城市建设试点城市验收及绩效考核工作的主要考核标准及依据。课题成果在2021年国家系统化全域推进海绵城市建设示范城市申报的实施方案编制中得到广泛应用。

课题成果支撑了《城市黑臭水体治理攻坚战实施方案》的编制，支撑了60个黑臭水体治理示范城市的技术方案制定和整治工程推进等工作，全面支撑了2018～2020年国家黑臭水体整治工程效果评估工作。

课题形成的海绵城市规划、评估和运行管理集成技术，城市黑臭水体整治和监控集成技术，以及海绵城市和黑臭水体治理综合监管平台，直接支撑了水专项标志性成果"城镇水污染控制与水环境综合整治整装成套技术"的技术集成。

课题成果也在全国"十三五""十四五"海绵城市建设推进工作和截至2020年全国2914条黑臭水体治理工作中得到有效广泛应用和综合实施。

（执笔人：中规院（北京）规划设计有限公司　周方）

4 雄安新区城市水系统构建与安全保障技术研究

　　"雄安新区城市水系统构建与安全保障技术研究"是"十三五"国家水体污染控制与治理科技重大专项课题（独立课题编号：2018ZX07110-008）。中国城市规划设计研究院为课题牵头承担单位，参与单位包括中国水利水电科学研究院、清华大学、中国市政工程华北设计研究总院有限公司、河北省城乡规划设计院、北京建筑大学、同济大学、河北恒特环保工程有限公司、云南合续环境科技有限公司、北京理工水环境科学研究院等九家单位。

4.1　研究背景和目标

4.1.1　研究背景

　　2017年4月1日河北雄安新区正式设立，是党中央深入推进京津冀协同发展作出的一项重大决策部署。新区地处北京、天津、保定腹地，包括雄县、容城县、安新县三县及周边部分区域，控制区面积约2000km²，起步区面积约200km²。新区规划提出了建设蓝绿交织、清新明亮、水城共融、多组团集约紧凑发展的绿色宜居生态新城区、实现人与自然、人与水和谐共生的发展目标。

　　新区位于太行山东麓、冀中平原中部、南拒马河下游南岸，境内有南拒马河、大清河、白沟引河等河流，华北平原最大的淡水湖泊——白洋淀位于新区东南部。新区城市水系统的构建正面临着诸多问题和挑战：所处流域水资源较为短缺，水环境普遍受到污染；地势低洼、城市洪涝风险突出；下游

白洋淀水生态系统退化较为严重。其次，面向千年大计的城市还需要充分考虑未来发展可能面临的全球气候变化及急性冲击等诸多不确定影响，城市水系统安全保障也面临着巨大挑战。亟待总结国内外先进理论与实践，创新传统的规划理念方法，构建绿色、生态、更高弹性韧性的城市水系统，为雄安新区城市水系统规划建设提供科技支撑。

4.1.2　课题目标

　　紧紧围绕国家和雄安新区的科技需求，课题重点从城市水资源承载力配置、水环境承受力调控、水设施支撑力建设和水安全保障力提升四方面出发，研究提出雄安新区城市水系统构建与安全保障的总体策略、建设标准、控制指标、成套技术方法和管理模式；研究形成适合雄安新区分散村镇污水处理及再生利用的技术设备；以为雄安新区实现"高品质饮用水、高质量水环境、高标准水设施、高韧性弹性"新型城市水系统的建设目标提供技术支撑，同时引领未来中国城市水系统发展模式、理论和技术方法的革新。

4.2　技术路线和研究任务

4.2.1　技术路线

　　课题以构建健康循环的雄安新区新型城市水系统为目标，按照统筹"综合规划　系统建设—智慧管理"三大环节的研究思路，从水资源承载力配

置、水环境承受力调控、水设施支撑力建设和水安全保障力提升等四方面开展研究。

在综合规划方面，系统梳理和总结国内外先进理念和经验，结合雄安新区现有的水资源、水环境条件，以城市水资源承载力配置和城市水环境承受力调控两项研究任务互为支撑和反馈，创新提出适合雄安新区的城市水系统综合方案，包括量质控制方案、空间布局和安全风险管控策略，并与新区相关规划协调对接。

系统建设方面分为两个部分，一是城市水设施支撑力提升研究，包括城市供排水设施的建设标准，优质高效的城市供水、污水处理及再生利用、市政污泥的能源化及资源化利用、高标准排水防涝设施及市政地下管网的建设方案等；二是村镇（分散）污水处理及利用的成套技术方法的研究，包括处理工艺技术路线、关键技术（设备）筛选及成套

技术（设备）开发以及运行管理模式等。

在智慧管理方面，统筹考虑各专业各领域规划、建设及运行方面的管理需求，研究监测体系的构建方案、智慧管理的技术方案及实施机制等，以保障城市水系统高效运行（图5-4-1）。

4.2.2 研究任务

研究任务包括以下五部分：

1. 雄安新区城市水系统综合规划及智慧管理研究

（1）基于良性循环的城市水系统建设模式及量质控制方案研究；

（2）城市水生态空间优化及水系统综合布局方案研究；

（3）基于风险控制的城市水安全保障力提升研究。

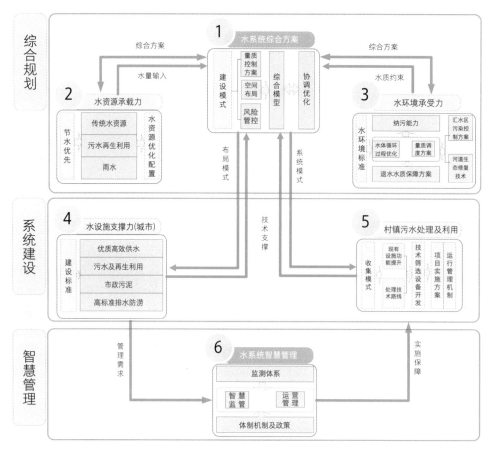

图5-4-1 课题技术路线图

2．基于多源优化的雄安新区城市水资源承载力配置研究

（1）城市水资源承载控制指标与综合节水方案研究；

（2）城市多水源综合利用技术方案研究；

（3）城市水资源优化配置整体方案研究。

3．基于健康循环的雄安新区城市水环境承受力调控研究

（1）健康水环境构建与维持指标体系建立与优化；

（2）水循环情景方案优化和健康水环境承受能力评估研究；

（3）水环境承受能力提升与水生态系统健康维系技术集成。

4．基于绿色高效的雄安新区城市水设施支撑力建设研究

（1）优质低耗供水设施建设标准（控制指标）与技术方案；

（2）污水高标准净化处理与再生利用设施建设标准（控制指标）方案与技术方案；

（3）污泥及厨余废弃物能源化与资源化设施建设标准（控制指标）方案与技术方案；

（4）高标准排水防涝设施建设标准（控制指标）方案与技术方案研究。

5．雄安新区分散村镇污水处理技术路线与成套技术方案

（1）雄安新区分散村镇污水处理规划方案研究；

（2）分散村镇污水处理关键技术（设备）筛选及集成技术（设备）验证；

（3）雄安新区（协调区）代表性分散村镇污水处理项目实施方案与运行管理模式研究。

4.3　主要结论和成果

4.3.1　主要成果

1．构建了"节水优先、灰绿结合"的双循环新型城市水系统模式

在充分认识城市供排水系统性及维持自然水循环重要意义的基础上，构建了双循环结构的新型城市水系统模式，即城市水系统是自然水循环和社会水循环耦合的复杂系统（图2-4-4），系统是由多要素组成的、有序排列的有机整体。系统具有整体性，两个水循环过程在城市、片区和地块不同尺度通过各种要素，各个过程相互作用和联系。结构稳定是系统实现多样化功能的基础，在实现健康良性自然水循环的基础上，系统才能充分发挥出水资源供给、水环境治理、洪涝安全排除、生态产品服务、景观文化等多样化功能。

通过对城市水系统全要素、全过程的调控来实现系统的整体优化。落实节水优先的理念，对社会水循环水量进行需求控制。强化污水再生利用和雨水资源化利用等子过程促进资源的循环利用，提高整体的运行效率，同时降低资源能源消耗。落实海绵城市理念，建设灰绿结合的基础设施体系，形成基于自然的解决方案。

2．提出了"四水统筹、人水和谐"的新型城市水系统建设标准

雄安新区是白洋淀流域的关键节点，对流域环境改善和生态修复起到示范和带动作用，城市水系统建设要促进流域良性自然水循环和白洋淀水环境质量改善；同时，新区是新时代高质量发展的标杆，坚持以人民为中心的发展理念，城市水系统也要满足人民对美好生活的更高要求；课题提出了"四水统筹、人水和谐"的新型城市水系统建设标准（控制指标），以引领新区城市水系统高质量发展。

基于维持良性自然水循环的目标，提出了四维度（即水资源、水环境、水生态和水安全）的系统目标：以水资源承载能力为刚性约束，促进流域水资源的可持续利用；以水环境承受能力为刚性约束，推动流域水环境质量的持续改善；以排水安全为前提，践行海绵城市理念，尽可能维持流域的自然水文循环；以水生态健康为底线，维护流域水生态安全格局结构与功能的完整性，促进流域生态系统的修复。进而建立了由目标—准则—指标构成的

控制指标体系，共提出29项指标并结合新区实际确定了各项指标的目标值（表5-4-1）。

从社会水循环发挥功能的角度出发，对高品质饮用水、高质量水环境、高标准水设施、高韧性弹性的最终目标进行分解、逐级细化，明确提出了建设绿色高效水设施支撑能力的四维度28项指标及目标值，涵盖各项社会功能的服务范围、服务水平及效率、资源环境效益以及技术经济性等方面（表5-4-2）。

3．过程耦合、综合评估，优化提出城市水系统综合方案

（1）提出分布式、灰绿结合、不同尺度的设施布局方案

基于水系统四维度目标，对系统全要素、全过程及循环模式进行调控，通过单个过程的模拟、四个维度的过程耦合、综合评估与多轮反馈，优化水资源配置，调控水环境承受力调控，确定片区—组团—城市不同空间尺度上、分散或分布式灰

雄安新区新型城市水系统构建指标标准表　　　　　　　　表5-4-1

维度	目标层	准则层		指标层		2035年目标值
水资源	水资源承载能力为刚性约束	促进流域水资源的可持续利用	节约优先	1	人均综合用水量	260L/d
				2	人均新鲜水用水量	210L/d
				3	人均居民家庭用水量	100L/d
			发展非常规水资源利用	4	雨水替代率	2.8%
				5	污水资源化利用率	100%
		促进流域水资源的可持续性		6	水资源开发利用率	≤56%
				7	地下水超采率	0%
				8	跨流域外调水资源量	不增加
水环境	水环境承受能力为刚性约束	推动流域水环境质量的持续改善	满足流域的水功能区/断面水质目标	9	断面水质达标率	100%
				10	水功能区达标率	100%
				11	集中式饮用水源地达标率	100%
			满足流域城镇污水厂排放标准目标	12	城镇污水处理厂排放达标率	100%
			满足入淀水污染物排放总量控制目标	13	入淀污染排放总量	（待定）
水安全	水安全为前提	践行海绵城市理念，尽可能地降低对流域水文循环的影响	全频率降雨径流过程线不变化	14	设计降雨频率	典型年/5y/50y/100y
				15	径流总量控制率	不变化
				16	径流峰值流量	不变化
				17	径流峰值到达时间	不变化
水生态	水生态为底线	维护流域水生态安全格局结构与功能的完整性，促进流域生态系统的修复	严守生态红线，城镇用地布局生态优先	18	空间布局和结构	蓝绿空间占比	50%
				19		水面率	3.5%
			严格管控生态空间，建设生态网络	20		水系连通性水平	≥0.76
				21		生态岸线比例	100%
				22		河道弯曲程度	定性
			维持生态系统的物理化学及生物完整性，恢复和修复水系生态系统	23	水文	生态流量保证率	0.9
				24		生态水深[1]	0.3m
				25		生态流速[2]	0.2~1.5m/s
				26	水质	BOD_5	6mg/L
				27		营养物质指标-TN	1.5~2.0mg/L
				28		营养物质指标-TP	0.3mg/L
				29	生物多样性	土著物种数量	≥5[3]

注：1．按当地常见鱼类的生存需求设定；2．按当地常见鱼类生存适宜的流速设定；3．暂定值（建议根据生态实测数据核定）。

维度	目标层	准则层		指标层	2035年目标值
水资源供给	服务功能及水平	服务全覆盖	1	公共供水普及率	100%
		供水保证水平	2	供水保证率	≥97%
		水质安全	3	高品质饮用水覆盖率	100%
	资源和环境效益	减少资源浪费	4	供水管网漏损率	3%～5%
		减少能源消耗	5	吨水能耗	（待定）
	安全性	水源类型及组成	6	水源互补性	定性
		应急处理能力	7	应急备用水源供水能力	定性
			8	应对突发性水污染类型	定性
水环境治理	服务功能及水平	生活污水全收集全处理	9	污水集中收集处理率	≥95%
		污泥无害化全处理	10	污泥无害化处理处置率	100%
		控制径流污染	11	年径流污染控制率	85%
	资源和环境效益	污水处理后全回用		（污水资源化利用率）	与水系统的指标重复
		能源自给率水平	12	吨水电耗	0.20kWh
		物质（营养元素）回收利用	13	氮元素回收率	导向性
			14	磷元素回收率	导向性
		污泥资源化利用	15	污泥土地利用率	≥50%
	安全性	厂网联动	16	厂网设置	定性
		应急调蓄能力	17	事故池设置	
有效应对洪涝灾害（水安全）	服务功能及水平	保留蓝绿空间		（蓝绿空间比例）	与水系统的指标重复
		工程设施建设	18	工程防洪标准	200年一遇
			19	内涝防治标准	50年一遇
			20	管网设计重现期	5年一遇
水生态产品的供给	服务功能及水平	感官水质良好	21	透明度	≥1m
		景观娱乐功能	22	亲水便利性	定性
			23	公共岸线比例	≥80%
			24	美学价值	定性
		文化功能	25	水文化传承	定性
	资源和环境效益	碳汇作用	26	单位面积碳汇量	（待定）
技术经济性	经济性	优化建设运行成本	27	建设成本	按吨水或者单位建设面积计；引导型指标
			28	运行成本	

绿结合、功能复合的涉水设施及蓝绿空间的规模及布局方案。起步区地势平坦、组团式的城市空间布局，分布式的设施布局有利于实现系统的多层次循环和多维度目标，并提高系统的整体效率和灵活性，新鲜水资源的消耗量较传统模式降低30%以上（图5-4-2）。

供水子系统建议采用水厂对置布局、区块化的环网结构布局，以实现分区供水，优化供水压力控制，降低能耗和管网水龄。污水处理及再生回用子系统采用雨污分流制、片区循环式，以实现城市污水全收集全处理全回用。

结合起步区规划"中间高、两边低"的龟背式竖向设计，构建了不同尺度雨水和水系湿地子系统的布局模式。雨水子系统：在地块/片区层面，因地制宜地采用地块分散收集处理后利用，道路分散收集、集中处理后利用的布局模式，以在维持开发

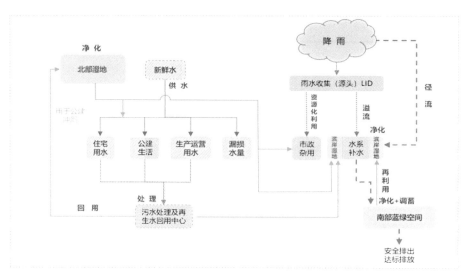

图5-4-2　城市水系统量质平衡方案图

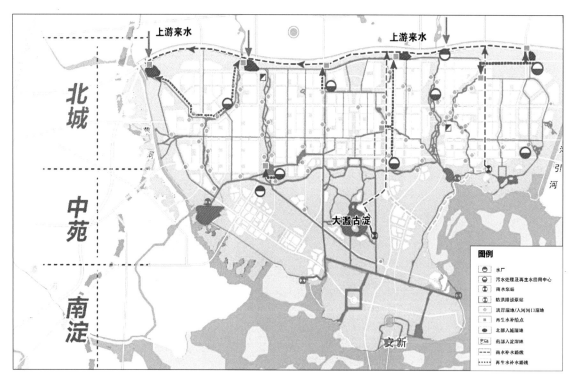

图5-4-3　起步区涉水设施布局图

前水文条件的基础上，同步实现雨水集蓄利用、径流污染控制与峰值削减等综合目标。在组团尺度，结合用地布局布置排水分区，雨水主干管沿东西方向布局，就近排入南北向河道水系，形成"鱼骨式"布局，利用南部大溆古淀调蓄利用雨水资源。对于水系湿地子系统：沟通流域，构建纵横交织、主次分级，集调蓄、输送、净化、回用、景观文化

功能为一体、水量水质水位分级调控的循环水系湿地网络（图5-4-3）。

（2）集成创新工艺技术，支撑绿色高效城市水设施建设

基于生态、绿色、低碳、高效的目标，结合新区原水水质水量特征，提出了新区多水源切换条件下的"预氯化—混凝—沉淀—砂过滤—深度处理—

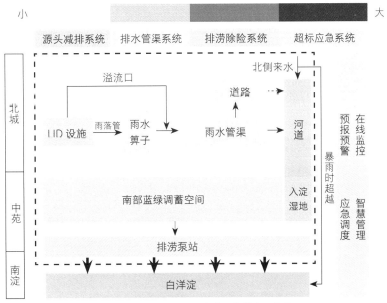

降雨强度

小 ——— 大

源头减排系统　排水管渠系统　排涝除险系统　超标应急系统

图5-4-4　起步区排水防涝系统模式示意图

UV/氯消毒"供水工艺技术路线及全流程安全保障技术方案；结合雨旱季的水质水量波动特征，提出了雨污完全分流排水体制下，"高浓度生活污水——复式断面管道高效收集+深度净化处理+再生水回用+物质能量回收，雨水——源头减排+管网输送+中途调蓄+雨污协同一级强化+深度净化后循环利用"、工程措施与生态治理结合的雨污协同污染控制及资源化利用总体方案；提出了"竖向协调+（源头减排—过程控制—末端调蓄）+应急调度"、灰绿结合的排涝综合解决方案及控制策略，确定了多工况多类型多功能的蓝绿空间布局方案（图5-4-4）；提出了污水处理厂污泥与厨余垃圾分质预处理、协同厌氧处理处置及资源化利用的全链条技术方案。

4. 强化风险管控，提出弹性应对气候变化和急性冲击的韧性城市水系统构建方案

针对气候变化对新区产生的长期影响，构建了"气候模式预估—气候变化增量分析—水系统影响风险分析"的技术框架。运用区域气候模式，进行了高时空分辨率、长时间序列的气候变化预估，分析了未来气候变化中等强度RCP4.5和高强度RCP8.5情景下雄安新区的降雨变化：至21世纪末，

年均降雨量将增加7%～13%，百年一遇短历时降雨强度将增加10%～30%，百年一遇长历时降雨强度将增加30%～55%。在气候变化增量分析的基础上，模拟分析了气候变化对排涝安全、水环境、水资源的影响与风险。通过对洪涝风险及应对策略进一步的模拟与评估，提出的分布式、灰绿结合的基础设施能够有效应对气候变化，且适宜比例的组合方式综合效益最佳。

针对各类急性冲击对新区形成的巨大威胁，研究建立风险分析矩阵，识别出洪水、内涝、地震、野火、寒潮、公共卫生事件、网络与信息安全事件为雄安新区城市水系统主要面临的急性冲击风险，进而提出了分级分类的风险管理策略。

5. 提出了"水城共融、多元共治"的城市水系统全周期管理机制

遵循城市水系统整体性、系统性及循环再生的内在发展规律，落实全周期管理理念，建立了城市水系统全周期管理框架。建议强化规划引领，以城市水系统综合规划为抓手，统筹"四水"，实现管理要素"全覆盖"。以管理机构整合为依托，推动设立雄安新区水系统综合管理工作领导小组，满足

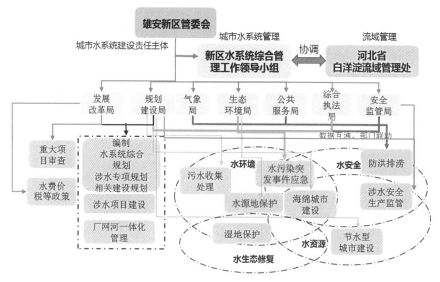

图5-4-5 雄安新区城市水系统综合管理机构框架图

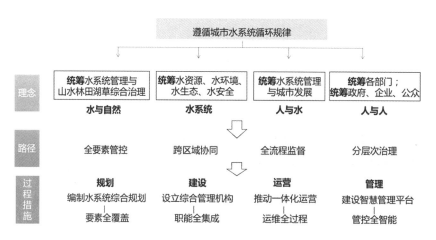

图5-4-6 城市水系统全周期管理框架图

规划建设管理一体化管控需求，实现管理职能"全集成"（图5-4-5）。以一体化运营为突破口，通过创新运营管理模式，以政府购买服务方式，由一个或两个大型水务企业打包运营，推广实施供排水一体化、厂—网—河（湖）一体化等运行维护模式，实现运行管理"全流程"，并探索建立运营服务费与供水水质、污染物浓度或削减量等挂钩的按效付费机制。以监测数据和智慧平台为支撑，对接新区CIM平台，开展城市水系统全过程监测，逐步实现集智慧生产、智慧经营、智慧管控、智慧服务于一体的智慧水务管理平台，实现管控方式"全智能"（图5-4-6）。

4.3.2 成果产出

在课题研究和凝练过程中，形成了《雄安新区城市水系统规划编制技术指南》《雄安新区城市水系统安全保障技术指南》《雄安新区城市水资源承载力提升（含综合节水）技术指南》《雄安新区城市水环境承受力调控技术指南》《雄安新区城市水系统智慧管理技术指南》5部技术指南（建议稿），上述技术指南已通过雄安新区管理委员会组织的专家评审会，正在申请团体标准。

申请专利6项、软件著作权2项，分别包括《基于集中式数据处理中心的多水源联合调配方法及系统》《一体化污水处理设备》《一种雨水低影响开发设施建设规模确定方法》《具有耦合过滤系统的高效截留型多模式二沉池工艺及系统》《一种一体化生活污水处理方法及其装置》《一种强化深度脱氮除磷工艺污水处理装置》等6项专利，以及《基于规划用地方案的精细化节点需水量测算方法软件》《城市雨水资源化潜力估算软件》2项软件著作权。

4.4 成果应用

课题以分阶段提供相关专题研究报告等方式，为新区城市水系统规划设计的深化提供了科学支撑。提供的专题研究报告主要有《关于雄安新区起步区污水处理规模与布局的论证报告》《雄安新区供水系统布局方案研究》《雄安新区水系规模及布局优化调整方案研究》等，提出的供水设施系统优化、污水及再生回用设施布局优化、蓝绿空间布局优化、城市水系统弹性韧性管理策略及实施保障等方面的建议，为《河北雄安新区起步区市政基础设施专项规划》等新区后续相关规划设计提供了借鉴。在新区"起步区2号水资源再生中心工程""南张水资源再生中心工程（一期）"和"雄安综保区1号地块首期市政道路建设工程勘察设计"等工程项目的设计实施中，雨污统筹的高标准污水再生处理

设施工艺技术路线、成套技术方法和运行管理模式等课题成果为新区水资源再生中心项目的总体设计方案提供了借鉴。

课题成果为水专项标志性成果2"城镇水污染控制与水坏境综合整治整装成套技术"、标志性成果5"从源头到龙头饮用水安全多级屏障与全过程监管技术"和标志性成果7"京津冀区域水污染控制与治理成套技术综合调控示范及应用"等关键技术凝练提供了技术支撑。

课题提出的新型城市水系统的模式、标准和实施机制等内容为住房和城乡建设部组织编制的《"十四五"全国城市市政基础设施建设规划》和《城市水系统建设工作方案》，国家发展和改革委员会、住房和城乡建设部组织编制的《"十四五"城镇污水处理及资源化利用发展规划》提供了技术支撑。课题负责人作为特邀专家，出席了2021年5月14日国家发展和改革委员会组织召开的推进污水资源化利用现场会，并以"推进污水资源化利用，统筹城市水系统规划建设"为题作了专题报告，课题提出的新型城市水系统循环模式和实施机制等成果得到了全国范围的推广应用，取得了良好的社会效益。

（执笔人：中国城市规划设计研究院　莫罹）

5 基于动态规避河流水污染的城市供水规划研究

"基于动态规避河流水污染的城市供水规划研究"是"十一五"国家水体污染控制与治理科技重大专项课题"水源季节性重污染的城市饮用水安全保障共性技术研究与示范"（课题编号：2009ZX07424-006）之子课题——"基于规避水污染高峰的多水源优化调度研究与示范"下设的研究任务。北京首创股份有限公司（现北京首创生态环保集团股份有限公司）为课题牵头承担单位，中国城市规划设计研究院为课题参与单位之一，负责承担本项研究任务。

5.1 研究背景和目标

淮南市作为饮用水安全保障共性技术研究与示范项目的典型城市之一，水源季节性污染明显，其中淮河水季节性污染和瓦埠湖水夏季高藻等可预见性水源污染，以及淮河可能面临的水面油污和化工企业化学品泄漏等不可预见性污染事故，给淮南市城市供水安全带来严重影响。因此，有必要在区域空间范围、在规划层面进行资源配置和供水设施优化布置的研究。

本研究主要针对淮河突发的水污染高峰事件，在规划层面分析水资源支撑能力，预测城市需水量，并对供水设施进行优化布置，提出满足城市远期发展需求的水源开发利用规模以及供水设施的位置和规模，通过原水或净水调配规避水污染高峰，降低管网水的水质风险，并为多水源供水系统优化

调度模型的构建提供支撑。

5.2 研究任务和技术路线

课题首先深入分析淮南市供水现状及存在的问题，以供水水源分析为基础，进行多水源供水评价和水资源支撑能力分析；其次，结合用水指标分析和城市总体规划，确定城市发展对水资源的需求，并将需求分为分区需求和分类需求两类，考虑在污染期的水资源优化配置和供水能力建设；最终形成涵盖区域联络管建设、应急输配管建设和水源保护等方面的供水系统优化布置。技术路线如图5-5-1所示。

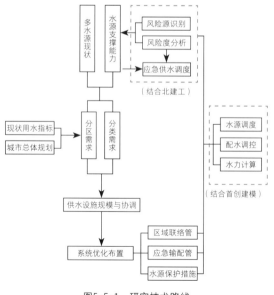

图5-5-1 研究技术路线

5.3 主要结论和成果

1. 提出了淮南城市水源优化配置方案

研究提出了城市供水水源以淮河水为主、以瓦埠湖为辅，以大别山引水作为补充，以地下水作为应急的水源规划方案。提出取消望峰岗水厂、扩建现状第四水厂、新建山南新区水厂，以及对一水厂、三水厂、李咀孜水厂和翟家洼水厂进行工艺改造（表5-5-1）等的供水设施优化方案。

淮南市区规划水厂一览表　　　　　　　　　　　　　　　　　　表5-5-1

位置	名称	供水能力（万吨/d）	占地（公顷）	水源	备注
东部	淮南市第一水厂	7	4	淮河	工艺改造
	淮南市第三水厂	10	2.2	淮河	工艺改造
	淮南市第四水厂	10	4.8	淮河	远期扩建至20万吨/d
西部	翟家洼水厂	7	3.0	瓦埠湖	工艺改造
	李咀孜水厂	8	3.3	淮河	工艺改造
	平山头水厂	10	—	瓦埠湖	保留现状
山南新区	山南新区水厂	28	12.4	瓦埠湖、大别山水	新建
	合计	80	—	—	—

注：表中不包括大型企业（如淮化、热电厂等）的自备用水设施。

考虑可能发生的动态避污、优化取水等因素，有条件的水厂实现主水源和应急水源的多水源模式，东部城区以淮河水作为水源的第一、第三、第四水厂与以瓦埠湖作为水源的平山头水厂联通，瓦埠湖水同时作为东部城区的备用和应急水源，山南新区仅有一座水厂，其水源以大别山引水和瓦埠湖水为主，以淮河水为辅，与四水厂共用取水头部，同时与四水厂相联通。

2. 提出了淮河水高污染期的避污方案

淮河水高污染期一般发生在每年的1~3月和7~8月，通过水厂低负荷运行保证淮河水源水厂的净水水质。提出如下建议方案：①保持翟家洼水厂、平山头水厂满负荷运行；②一水厂取水量压缩至4万m³/d，由平山头水厂和翟家洼水厂调配净水2万m³/d；③三水厂取水量压缩至5万m³/d，由平山头水厂和翟家洼水厂调配净水2万m³/d；④四水厂取水量压缩至10万m³/d，由平山头水厂和翟家洼水厂调配净水3万m³/d；⑤李咀孜水厂取水量压缩至6万m³/d，详见表5-5-2。

淮河水高污染期各水厂建议规模（单位：万m³/d）　　　　　　　　表5-5-2

位置	名称	区内供水量	淮河水	瓦埠湖水	大别山引水	备注
东部	第一水厂	6	4	0	0	净水调配：2
	第三水厂	7	5	0	0	净水调配：2
	第四水厂	13	10	0	0	净水调配：3
西部	翟家洼水厂	4	0	7	0	转供东部：3
	李咀孜水厂	6	6	0	0	压缩水量
	平山头水厂	6	0	10	0	转供东部：4
山南	山南新区水厂	28	0	5	23	—
合计		—	70	25	22	23	—

3．提出了瓦埠湖高藻期的避污方案

在瓦埠湖高藻期，瓦埠湖水呈现出轻度富营养化和高藻的特征，规划以瓦埠湖为水源的水厂压缩取水量，减轻水厂净水负荷，保证水厂出水水质。提出如下建议方案：①保持淮河水源水厂（一水厂、三水厂、四水厂和李咀孜水厂）的满负荷运行；②翟家洼水厂取水量压缩至4万m³/d；③平山头水厂取水量压缩至5万m³/d。详见表5-5-3。

瓦埠湖高藻期各水厂建议规模（单位：万m³/d）　　表5-5-3

位置	名称	区内供水量	淮河水	瓦埠湖水	大别山引水	备注
东部	第一水厂	7	7	0	0	—
	第三水厂	10	10	0	0	—
	第四水厂	10	10	0	0	—
西部	翟家洼水厂	4	0	4	0	压缩水量
	李咀孜水厂	8	8	0	0	—
	平山头水厂	5	0	5	0	压缩水量
山南	山南新区水厂	28	0	0	28	—
合计		—	72	35	9	28	—

4．突发性水污染事故的应急供水方案

在淮南市供水水源受到不可预判的水污染事故时，若淮河水受到严重污染，城区供水参照上述淮河水高污染期的情况执行。启用翟家洼水厂和平山头水厂至东部城区的配水管道，同时山南新区水厂也同步向东部城区供水，保证东部城区基本的生活用水需求，同时东部城区启用地下应急水源。若瓦埠湖受到严重污染，城区供水参照上述瓦埠湖高藻期的情况执行，启用四水厂至平山头水厂的配水管道，将四水厂净水输送至平山头水厂，由平山头水厂的二次加压泵站进行紧急供水，同时启用西部城区的地下应急水源，保证西部城区基本的用水需求。若大别山引水水源受到突发污染，规划增加四水厂向山南新区水厂的配水量（5万m³/d～8万m³/d），保证山南新区的供水安全。

5．提出部分取水口布局调整的建议方案

规划将一水厂与三水厂共用取水头部，或者一水厂新建取水头部。规划新建的山南新区水厂在瓦埠湖的取水头部位于现状望峰岗水厂和平山头水厂取水头部的上游，初选位置为申家咀村附近。根据水厂规划和水厂动态避污的建议，取水头部的规模除满足水厂规模外，还需要满足应急期供水的要求，因此规划各取水头部规模如表5-5-4所示。

淮南市规划各取水头部规模（单位：万m³/d）　表5-5-4

名称	规模	水源	位置	服务水厂
李咀孜水厂取水头部	8	淮河	现状李咀孜水厂取水头部	李咀孜水厂
四水厂取水头部	25	淮河	现状四水厂取水头部	四水厂和山南新区水厂
三水厂和一水厂取水头部	17	淮河	现状四水厂取水头部下游	三水厂和一水厂
平山头水厂取水头部	17	瓦埠湖	东方村附近	平山头水厂和翟家洼水厂
山南新区水厂取水头部	18	瓦埠湖	申家咀村附近	山南新区水厂
合计	85	—	—	—

5.4　成果应用

本研究成果已在淮南首创水务有限公司开展的城市供水设施改造与建设、安全保障能力建设等工作中陆续予以采纳应用，有效缓解了水源动态污染给城市供水带来的水质风险，提高了淮南市城市供水安全保障水平。

（执笔人：中国城市规划设计研究院　刘广奇）

6 城市供水系统风险源调查

"城市供水系统风险源调查"是"十一五"国家水体污染控制与治理科技重大专项课题"城市供水系统风险评估与安全管理研究"（课题编号：2009ZX07419-004）的子课题三。上海城市水资源开发利用国家工程中心有限公司为课题牵头承担单位，中国城市规划设计研究院是子课题三的牵头承担单位。

6.1 研究背景和目标

随着城市人口经济的不断集聚，供水规模不断扩大，供水系统也变得越来越复杂；另一方面，由于城市供水是维持城市正常运行的生命线工程，如何降低供水风险、保障供水安全是国家及地方各级政府部门及供水企业亟待解决的关键问题。课题针对我国各个地区城市供水安全面临的典型问题，对城市供水系统进行风险评估，并建立城市供水系统安全管理体系。子课题的目标在于选择国内典型城市进行供水系统风险源调查，为建立城市供水系统风险评估体系提供支撑。

6.2 研究任务和技术路线

从全国城市供水系统的发展水平、水源特征、供水规模、处理工艺和责任主体等方面提炼的共性特征与问题，对城市供水系统归类并描述其系统特征；以此为基础，选出代表不同供水类型的城市作为风险源调查的研究对象。根据供水行业特点，在《城镇供水企业安全技术管理体系评估指南（试行）》的基础上，设计标准的表格和问卷对选择城市的供水系统进行现状特征及风险源调查，并编写调查报告。

整理收集近年来发生的大量供水风险事故案例，对事故进行归纳总结，提炼出事故原因和类型，识别影响供水系统安全的影响因素。

调查方式主要有问卷调查、座谈了解、实地考察、专家咨询等。

6.3 主要结论和成果

6.3.1 主要结论

1. 影响城市供水系统安全的主要风险有水源污染、供水企业生产事故、爆管及二次供水事故等

（1）水源污染是我国城市供水安全最大的隐患

课题组对我国近年来发生的116起供水安全事故进行了梳理，对事故的类型进行了分类，对事故的原因进行了分析，发现供水安全事故中水源污染事故所占比例较高，有60个（表5-6-1），占52%，供水企业、供水管网事故发生的比例基本一致，均占18%，二次供水时有事故发生，但比例较少，占11%。

城市供水事故案例统计　　　表5-6-1

事故类别	水源污染事故	供水企业生产事故	供水管网事故	二次供水事故
事故数量	60	21	22	13

（2）危险品污染是水源污染最大的风险

水源与水厂和输配水管网相比，是一个相对

开放的生态系统，它深受人类社会活动的影响，所面临的各种风险因素也很复杂。根据污染物的性质，可将水源污染事故分为危险品污染、藻类污染、油污污染、致病微生物污染、泥沙污染等7类（表5-6-2）。危险品污染是水源污染最大的风险。

水源污染事故案例统计　　　　　　　　　　　　　　　　　　　　　　　　　表5-6-2

污染物性质	危险品（有机、无机）	藻类	油污	污泥污水	致病微生物
案例数量	33	10	9	5	3
事故原因	工业生产事故泄漏；违法超标排污；偷排污水	环境污染、高温导致水体快速富营养化	航运船舶泄漏；沿海及河口石油的开发、排放含油工业废水	水利工程施工不当；滑坡和泥石流	
处理措施	控制污染源，清捞过滤藻类；封堵污染物排放口；稀释污染物；强化水处理；启动备用水源				

（3）城市供水企业生产事故时有发生

供水企业的安全生产，正常运营是城市供水安全的基础。近年来由于自然原因、人为因素，供水企业生产事故时有发生，影响了城市供水安全。

其主要类别有停电、电气设备事故、泵房进水、水质事故等。各种事故发生的概率相差无几（表5-6-3）。

供水企业生产事故案例统计　　　　　　　　　　　　　　　　　　　　　　　　表5-6-3

事故类别	双电源停电事故	电气设备事故	泵房进水	水质事故
案例数量	4	3	5	7
事故原因	雷击恶劣天气外部线路遭破坏	恶劣天气未正常巡检	周围及房内排水不畅、泵房设备维修违规操作	水源井污染、净水工艺缺陷、净水设施未能有效维护
处理措施	检查线路；启动应急系统；电力公司抢修	启动应急预案；严格按操作规程巡视与检修	疏通排水沟渠，移除排水障碍物；严格按操作规程巡视与检修	合理布置水源井；确保净水设施有效维护；强化净水工艺

（4）爆管事故屡见不鲜

我国供水管网老化现象比较严重，由于管网的超期服役，加之管网材质较差、施工工艺水平低、规划设计不合理等原因，致使爆管事故屡见不鲜，造成城市供水安全受到一定影响。在供水管网事故中，爆管事故占多数，接近70%（表5-6-4），而施工不当、错接管引起的污染事相对较少，占30%左右。

供水管网事故案例统计　　表5-6-4

事故类别	爆管事故	管网水污染事故
案例数量	15	7
事故原因	第三方破坏；路基塌陷；管网陈旧；水库泄洪；河流冲击	管网施工维护不当（管道渗漏）；新水源水质引起管垢溶解（黄水）；管道错接（误接农用、工业用水）
处理措施	抢修不漏，监督工程施工更新陈旧管网	冲洗管网规范施工

（5）二次供水事故不容忽视

我国城市居民小区内普遍存在二次供水，二次供水也会有一些污染事故发生，但由丁其影响范围有限，主要是一些细菌污染等，没有引起足够的重视。二次供水污染事件的主要原因有自然灾害、操作失误、设备老化、设计缺陷、管理不到位等（表5-6-5）。

二次供水事故案例统计　表5-6-5

事故类别	二次供水污染
案例数量	13
污染物性质	细菌总数、大肠菌群、沙门氏菌、致病性大肠杆菌
事故原因	操作失误（投药、管道错接）； 自然灾害（洪水）； 供水设施陈旧、渗漏； 设计不合理、施工不科学、运行管理不善，二次供水设施监管缺位
处理措施	改造不达标的二次供水设施；完善二次供水法律法规，对二次供水设施的设计、施工和移交管理做出详细规定，明确监督管理部门的职责

2. 确定了典型城市，编写了15个典型城市供水情况调研报告

选择典型城市的原则如下：

全面性原则。典型城市的选择应具有全面性，应考虑到影响饮用水安全的各个方面、各个环节、各种因素，要有不同规模不同等级的城市代表，也要有不同工艺不同水源类型，不同供水方式与管理模式的代表，要全面而系统。

代表性原则。所选择的城市要有代表性，能反映同类型、同工艺、同类规模的水厂的共性问题，具有良好的代表性和普遍性。

典型性原则。所选的典型城市在反映城市饮用水安全风险问题上要具有一定的典型性，其问题的解决具有事半功倍的作用，对解决其他城市问题具有借鉴意义。

可操作性原则。所选典型城市要具有可操作性，即该城市同意和课题合作，同意为课题研究提

供支持，课题能通过各种渠道和城市所在地的水司取得联系，得到该地水司的支持，获得基础研究资料，能够完成调研任务。

按照以上原则，本研究选择了南北方、东中西部地区位于各大流域的北京、上海、武汉、大连、深圳、珠江、长江、长春、铜陵、遵义、包头、喀什等15个不同规模、不同性质、不同水源状况的典型城市或地区的供水系统作为研究对象（表5-6-6）。从地理位置来看，这些城市所代表的省区涵盖了我国的大部分范围；从城市的主要的饮用水水源地来看，包括了长江、黄河、涪江、湘江、漓江、太湖等处水源地；从气候特征来看，这些城市从暖温带大陆性季风气候到温带大陆性干旱气候到亚热带季风气候/亚热带海洋性气候。气候和地域上的各具特色使得这些城市在水源、水质，以及制水工艺等方面存在着不同的特点。

15个典型城市饮用水水源地　表5-6-6

序号	城市名称	水源地	序号	城市名称	水源地
1	上海	黄浦江	9	济南	地下水、黄河
2	北京	密云水库	10	武汉	长江
3	深圳	东江	11	包头	黄河、地下水
4	长春	松花江	12	苏锡常	太湖、长江
5	铜陵	淮河流域	13	遵义	乌江
6	珠海	西江	14	桂林	漓江
7	九江	长江	15	喀什	西北诸河
8	大连	辽河流域地下水	16	绵阳	涪江

注：16 绵阳为备选城市。

课题组对上述15个典型城市供水情况进行了详细的调研，编写并提交了15个城市供水系统特征调研报告，为课题研究提供了基础支撑。

3. 提出了影响我国城市供水安全的主要影响因子

影响城市供水安全的主要因素有：气候条件、城市规模、水源类型、水源水质状况、水厂的数量

及规模、水厂工艺、供水方式、输水方式、管网状况、供水企业的性质等，其原因如下：

气候条件。饮用水安全隐患、事故发生类型、原因与城市的地理位置、气候条件具有相关关系。气候条件恶劣，城市供水发生事故的概率就高，例如我国的东北地区由于气候寒冷，冬季城市管网被冻裂的事故就时有发生，影响城市供水安全，冬季水厂设备的防冻、管网的防冻问题就非常突出。

城市规模。我国的城市人口差别很大，如北京、上海都是千万人口以上的大城市，也有人口只有几万的小城市。不同的城市规模，其用水人口不同，突发事件的影响人口不同，关系到事件影响范围、事件的严重程度、风险等级等。

供水设施情况也是影响供水安全的重要因素，其中包括水厂工艺、水厂数量及规模、供水方式、输水方式、管网情况等。

水厂工艺。水厂的工艺情况直接影响出水水质，同时还会影响水厂的成本，常规处理工艺和深度处理工艺差别很大，无论是常规还是深度处理工艺都有很多种，不同的工艺所采取的应急方案不同，抵抗风险的能力也不同。

水厂数量及规模。单一水厂和多水厂的供水系统抵抗风险的能力不同，其管理方式也有所不同。单一水厂抵御风险能力差，多水厂供水抵御风险能力强；水厂规模的大小和其抵御风险的能力也有关，规模大且管理好的水厂抵御风险的能力大，反之，规模小的水厂抵御风险的能力也低。

供水方式。一次供水和二次供水的管理方式、水质状况、污染概率均不同，应对措施和方案也不同。二次供水的供水方式相对于一次供水而言，其水质受到污染的环节增加了，水质受到污染的概率就加大了。

输水方式。独立供水系统与联网供水系统，其抵抗风险减少影响、降低损失的能力、方式均不同。独立供水的管网系统，相对于联网供水系统安全系数低，独立供水系统一旦出现问题，就要停水，影响生活和生产。联网供水系统抗风险能力强，一个水厂出现问题，别的水厂可代替其供水。

管网状况。管网建设的年限和材质情况，直接关系到爆管、漏失及污染发生的概率，对城市供水系统有直接影响。我国管网漏失率很高，每年有近1/5的城市供水在管网输水中漏失掉，因此供水历史悠久、管网老化严重的城市在管网的更新、改造、维护、事故应急方面的处理经验值得借鉴。

供水企业的性质。企业性质不同，关系到管理方式、生产经营目的、人员配备、资金投入等情况等，其风险概率也有所不同。

目前我国城市供水行业的性质还没有定性，供水行业既有企业性质的，也有行政事业型的，所属的部门也不一致，有归水利水务部门管理的，也有归公用事业、建设部门管理的，其管理方式、收费情况、人员情况均有较大的差别。

6.3.2　主要成果

子课题在分析我国城市供水系统现状及问题的基础上，梳理了大量城市供水事故案例，对城市供水事故的类型、成因进行了分析，总结出我国现阶段城市供水安全风险环节，从统计数据分析结果来看，城市供水安全问题最多的是水源水质问题，其次是供水企业事故，管网爆管问题也较严重。15个典型城市调查结果进一步印证了这一结论，许多城市供水均受到原水水质不达标，或水源单一问题的困扰。由于原水水质差，给净水工艺带来的压力较大，目前我国绝大多数城市的净水工艺较落后，难以满足新的饮用水标准的要求，部分典型城市管网老化现象严重，输配水安全难以保障。

6.3.3　成果产出

发表文章1篇。《我国城市供水系统安全的问题与对策》发表于2012年城镇供排水安全与水质监测控制技术与管理大会论文集。

（执笔人：中国城市规划设计研究院　张桂花）

7 城市规划布局、产业结构等对城市节水影响机理研究

"城市规划布局、产业结构等对城市节水影响机理研究"是"十一五"国家水体污染控制与治理科技重大专项课题"城市节水关键技术研究与示范"的子课题三（子课题编号：2009ZX07317-005-03）。北京建筑大学（原北京建筑工程学院）为课题牵头承担单位，中国城市规划设计研究院为子课题牵头承担单位。

7.1 研究背景和目标

我国节水工作始于20世纪80年代，经过近30年的努力，我国节水技术水平和管理水平均有了长足发展，但所取得的成就多局限于具体的节水技术、单个节水行业和用户，在综合节水方面还很欠缺。城市规划是指导城市社会经济建设的全局性指导性文件，在规划阶段落实节水理念意义重大。城市规划涉及用地布局、产业结构、资源配置，这些因素对城市节水影响机理的研究在我国还属空白，为此设立了本子课题。子课题研究的主要目标是研究城市规划布局、产业结构等对城市节水的影响作用与途径，识别主要影响因子，提出引导节水型城市建设的规划控制指标体系，探讨节水型城市规划的理念与方法。

7.2 研究任务和技术路线

通过收集整理30多个城市规划成果，以解剖麻雀的方式，归纳总结出现有城市规划在节水方面存在的共性问题；从理论层面剖析了城市总体规划中用地布局、产业结构、资源配置及市政设施建设等对城市节水的影响作用和影响路径；提出了节水型城市规划编制的技术方法以及节水规划控制指标体系。

7.3 主要结论和成果

7.3.1 主要结论

1. 城市规划对城市节水具有引导、指导和落实的重要作用

2010年我国城市规划在节水方面还存在水资源配置不合理、城市用水以需定供、城市需水预测偏大、设施布局不优化、产业结构定位与水资源条件不匹配等问题，通过城市规划发挥城市综合节水的作用与效益，还没有得到充分重视和落实。

城市规划可以通过空间布局、资源配置、产业结构调整等对城市节水产生影响，城市节水的理念、方法及措施也需要在规划层面上实施和体现，城市规划对城市节水具有指导、引导和落实的重要作用（图5-7-1）。

规划指标对城市节水的影响。城市规划对城市节水最直接的影响是城市规划指标值的确定，规划中指标值的选取直接影响城市用水量的多少，直接关系城市节水，相关的具体指标主要为人口经济规模及用水效率等，如城市人均综合用水量、万元

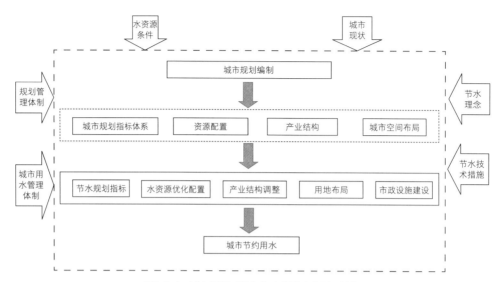

图5-7-1 城市规划对城市节水的影响作用及途径

GDP用水量、污水再生利用率等。

空间布局对城市节水的影响。主要体现在用地与空间发展布局、供排水设施布局及绿地水系布局等三方面。规划通过合理优化城市空间布局与结构，有利于促进城市水资源的循环利用，从而实现节水。

水资源配置对节水的影响。合理优化的水资源配置，是实现城市宏观节水的重要途径，水资源的开发利用策略对城市节水具有巨大的影响作用。

水资源供需平衡分析、用水人口承载力分析、水源的合理选择、水资源的优化分配等是水资源配置的具体依据。其主要功能体现在：（1）解决水资源对城市规模的制约问题；（2）优化城市用水结构；（3）从水资源的约束及影响出发，对城市发展战略和对策提出建议。

产业结构对城市节水的影响。产业结构及产业发展模式，是影响城市节水的重要因素，城市规划可通过调整产业结构比例，选择用水少、效益高的产业实现城市节水。产业结构对城市节水产生影响根源在于不同的产业耗水量不同，不同的产业产生相同产值或利润所需的水资源量差别很大，这就为通过调整产业结构实现城市节水提供了可能。城市产业结构中，第二产业对城市节水作用显著。调

整工业结构实现节水的路径包括：采取减缓、限制甚至关停某些高耗水工业等措施，削减其在国民经济体系中的比重；采取技术和工艺改造，提高其用水效率；采用非传统水资源进行替代，整体降低对传统水资源的占用等。

城市规划指标体系、水资源配置、产业结构和空间布局四个方面各自影响着城市节水，但彼此之间也相互制约、相互影响、不可分割，共同影响着城市节水。

2．城市规划要为落实节水和实现水资源的高效利用打下良好基础

城市规划应在编制过程中始终贯彻节水的理念，改进城市规划的编制方法和任务，通过合理配置水资源，优化产业结构，优化涉水设施布局、制定节水指标体系等方式，落实节水理念和促进城市水资源的高效利用。

重视水资源优化配置研究。规划中要充分研究水资源的禀赋条件，搞好水资源供需平衡论证工作。节水型的资源配置应采取以供定需的方法，具备科学合理性、动态前瞻、因地制宜、全面统筹等特点。

节水型产业结构的规划应遵循持续发展、有限目标、突出重点、产业协调的原则。

节水型的城市供水、排水、再生水、水环境

等基础设施规划应梳理城市现状布局对城市节水不利的方面，在节水思想的指导下进行合理配套和布局，做到合理节流、多渠道开源、分层次控污。（1）节流：合理布局供水设施，改善供水模式，普及节水器具，降低漏损并提高城市供用水效率；（2）开源：充分利用当地水资源的条件，合理利用雨水、再生水、海水等非常规水资源；（3）控污：由简单的城市污水末端处埋转变为生态水循环系统，通过污水、雨水等污染控制设施的合理分散布局，提高收集率与处理率，并结合自然水体、人工水系等要素形成循环体系，降低污染对水体的影响，达到节水和改善环境的双重目标。

3．构建了分层次的城市规划节水指标体系

城市规划指标体系应包含节水指标，具体需要在城市规划的宏观、中观、微观三个层面体现和落实，如表5-7-1所示。

城市规划指标体系应包含的节水指标　　表5-7-1

宏观指标	万元GDP用水量（m³/万元） 人均综合用水量［L/（人·d）］
中观指标	人均生活用水量［L/（人·d）］ 工业增加值取水量（m³/万元）
微观指标	再生水利用率（%） 海水替代率（%）（适宜沿海地区） 管网漏失率（%） 城市污水处理率（%）

7.3.2　成果产出及获奖情况

《城市规划对城市节水的影响与作用》发表于2012年城市发展与规划论文集。

《城市节水关键技术研究与示范》课题获得2014年度华夏科技进步一等奖，中国城市规划设计研究院作为参与单位获奖。

（执笔人：中国城市规划设计研究院　张桂花）

8 城市地表径流污染减控与内涝防治规划研究

"城市地表径流污染减控与内涝防治规划研究"是"十二五"国家水体污染控制与治理科技重大专项课题"城市地表径流减控与面源污染削减技术研究"（课题编号：2013ZX07304-001）的子课题一。北京水科学技术研究院为课题牵头承担单位，中国城市规划设计研究院是子课题的牵头承担单位。

8.1 研究背景和目标

在全球气候变化和城市化过程的双重影响下，降雨带来的内涝问题、水环境问题日益突出，已成为制约城市可持续发展的重要因素。近年来有关城市降雨径流综合管理方面的研究已提到议事日程。实践证明，星星点点的雨水利用措施难以形成降雨径流水量水质的综合管理体系，必须建立从源头、过程到末端解决城市面源污染和内涝问题的降雨径流控制与污染减控技术体系。

8.2 研究任务和技术路线

本研究致力于建立基于排水影响评价和内涝风险评估的城市内涝防控规划技术体系，并探索解决地表径流控制与面源污染削减的规划管控问题。技术路线如图5-8-1所示。

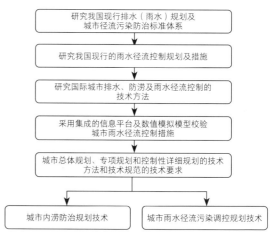

图5-8-1 子课题技术路线图

8.3 主要结论和成果

8.3.1 主要成果

1. 提出建立城市建设项目排水（雨水）影响评价制度的建议

研究建议将城市建设项目（居住小区、商业综合体、大型场馆区、立交桥等）排水（雨水）影响评价作为规划管理的重要环节、规划审批的重要依据，从而避免建设项目开发后，将排水压力向流域下游地区转移，或将局部地区的内涝风险转移给其他临近地区、将本地的污染问题转嫁到其他地区。建设项目排水（雨水）影响评价的技术路线如图5-8-2所示。

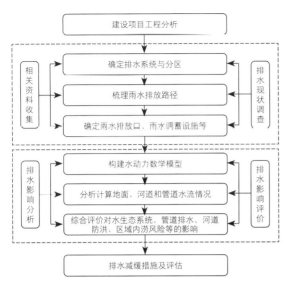

图5-8-2　建设项目排水（雨水）影响评价技术路线图

在分析建设项目对区域排水影响的基础上，构建了建设项目排水（雨水）影响评价指标体系及其评价方法，见表5-8-1。

2. 提出了建设项目径流系数控制管理办法

课题研究了径流系数应用条件，并对计算径流

系数与控制径流系数之间的关系进行了研究，提出了雨水径流总量控制、峰值控制、污染控制的目标与手段，并提出建设项目径流系数控制的原则与管理办法。

径流系数是一个非常复杂的函数，受下垫面条件（透水与不透水、土壤与植被、产流与入渗、注蓄与初损等）、降雨量、降雨强度、汇流时间（汇流面形态、坡度、粗糙度等）的影响。按照《建筑与小区雨水利用工程技术规范》中的定义和划分，主要分为雨量径流系数和流量径流系数。采用径流系数进行雨水径流量计算时应分为雨水设计径流总量和雨水设计径流流量，分别采用雨量径流系数和流量径流系数进行计算。

低重现期短历时降雨条件下径流系数宜综合考虑用地类型、建筑密度、地形坡度等因素，取值如表5-8-2所示。中、高重现期降雨条件下径流系数宜以低重现期短历时降雨条件下的径流系数为基准值，乘以修正系数进行修正，径流系数修正系数应符合表5-8-3的规定。

建设项目排水（雨水）影响评价指标体系表　　　　　　　　　　表5-8-1

影响方面	具体指标	评价方法	方法类型
水生态系统	排涝水系格局	查看相关设计图纸、规划资料，现场调查，评价格局是否破坏	空间分析
	水面面积率	查看相关设计图纸，评价是否减少	空间分析
	调蓄水体容积	查看相关设计图纸，评价是否减少	空间分析
	水生态敏感区范围	查看相关设计图纸，评价是否侵占	空间分析
管道排水	出口径流总量	通过模型模拟分析计算	数学模型模拟
	出口峰值流量	通过模型模拟分析计算	数学模型模拟
	出口峰现时间	通过模型模拟分析计算	数学模型模拟
河道防洪	下游河道洪水水位	通过模型模拟分析计算	数学模型模拟
	下游河道峰值流量	通过模型模拟分析计算	数学模型模拟
	下游河道峰现时间	通过模型模拟分析计算	数学模型模拟
区域内涝风险	淹没范围	通过模型模拟分析计算	数学模型模拟
	淹没水深	通过模型模拟分析计算	数学模型模拟
	淹没历时	通过模型模拟分析计算	数学模型模拟
施工期排水能力	施工期排水路径	现场调查，评价是否被阻断	空间分析

径流系数取值　　　　表5-8-2

用地类别	用地类别代码	径流系数ψ
居住用地	R	0.60～0.70
公共管理与公共服务设施用地	A	0.65～0.75
商业服务业设施用地	B	0.70～0.80
工业用地	M	0.60～0.70
物流仓储用地	W	0.60～0.70
道路与交通设施用地	S	0.80～0.90
公用设施用地	U	0.70～0.80
绿地	G1、G2	0.15～0.20
广场用地	G3	0.20～0.30
非建设用地	E	0.15～1.00
	E1	0.15～0.40
	E2	1.00

3. 探索了城市内涝风险评估技术

根据不同地表特征的产汇流实验研究和计算方法研究，结合城市规划中的土地利用方案，研究不同情景方案的城市内涝风险，提出不同尺度排水分区的内涝风险评估技术和等级划分方法。

城市内涝风险评估应包括现状管渠排水能力评估、现状内涝风险评估、规划管渠排水能力评估、规划方案内涝风险评估等。内涝风险评估应采用数学模型法，基础资料不完善的城市，也可采用历史水灾法或指标体系评估法进行评价。数学模型应包括降雨模型、地表产汇流模型、管渠模型及河道模型，宜进行模型参数率定和验证。利用数学模型进行城市内涝风险评估时，应开展设计暴雨与城市洪水、潮水的遭遇分析，确定数学模型的边界条件。

径流系数修正系数　　　　表5-8-3

降雨重现期	低重现期（≤5年）	中重现期（>5且≤10年）	中重现期（>10且≤20年）	中重现期（>20且≤30年）	高重现期（>30年且≤50年）	高重现期（>50年）
短历时修正系数	1.0	1.0～1.05	1.05～1.1	1.1～1.2	1.2～1.3	1.3～1.5
长历时修正系数	—	1.0～1.1	1.1～1.2	1.2～1.3	1.3～1.5	1.3～1.5

注：1. 修正后的径流系数计算值大于 0.95 时，可取 0.95。

　　2. 长历时中、高重现期降雨条件下，修正后的径流系数不得小于 0.8。

城市内涝风险等级宜根据城市积水时间、积水深度等因素综合确定，内涝风险等级划分标准如表5-8-4所示。

城市内涝风险等级划分标准　　表5-8-4

积水深度（h）／积水时间（t）	0.15≤h≤0.3m	0.3≤h≤0.5m	h≥0.5m
t<0.5h	低	中	高
0.5≤t≤1h	低	中	高
1≤t≤2h	低	中	高
t>2h	中	高	高

注："高、中、低"分别代表内涝低风险区、内涝中风险区及内涝高风险区。

4. 提出了城市内涝防治规划编制技术指南

对比研究国际（如美国、英国、德国、澳大利亚等）较为先进的城市排水、排涝及雨水径流控制的理念和技术方法，根据城市总体规划、专项规划和控制性详细规划的技术要求，综合本课题示范城市开展的工程实践，提出了我国《城市排水防涝规划编制技术指南》，并形成国家标准《城市内涝防治规划标准（报批稿）》，用以指导城市内涝防治规划、排水防涝规划及相关规划的编制。

《城市排水防涝规划编制技术指南》的主要内容包括：规划原则、主要规划任务和技术标准，设计暴雨及径流量计算方法，道路、水系、调蓄隧道等行泄通通道的规划方法和计算方法，内涝风险评估的内容和技术方法，水体、绿地广场等开敞空间用地排水功能的利用，以及各规划层次中内涝防治的内容与规划标准。

5. 提出了城市雨水径流污染调控规划技术和管理办法

对比研究国际（如美国、英国、德国、澳大利亚等）较为先进的城市雨水径流污染控制的理念和技术方法，结合城市雨水径流污染控制的实验研究和计算方法研究，提出了雨水径流污染调控技术，并采用集成的信息平台及数值模拟模型进行城市雨水径流污染控制措施的校验。

8.3.2 示范应用

课题在北京未来科学城开展了建设项目排水（雨水）影响评价、内涝风险评估技术的应用示范，在科学城的中国国电地块进行了地块排水影响评价的示范应用。结果表明，示范区北区温榆河总排口峰值流量从海绵设施建设前的12.43m³/s，削减至海绵设施建设后的10.30m³/s，采用海绵城市建设措施有利于削减整个示范区的径流峰值流量（图5-8-3）。

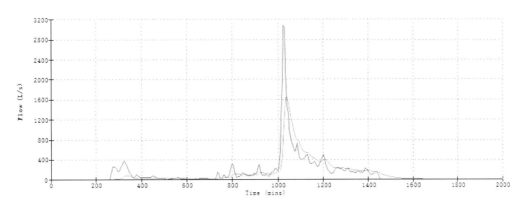

图5-8-3　中国国电地块建设前后出口径流过程对比图

8.3.3 成果产出

依托本课题成果编制完成的技术标准/导则五项：《建设项目排水（雨水）影响评价技术指南（建议稿）》；《城市排水（雨水）防涝综合规划大纲实施导则（建议稿）》；《城市内涝风险评估技术指南（建议稿）》；《城市内涝防治规划编制技术指南（建议稿）》和国家标准《城市内涝防治规划规范（报批稿）》；《城市径流污染控制规划编制技术指南（建议稿）》。

出版专著2部：《城市雨水综合管理与内涝灾害防治》，中国建筑工业出版社出版；《海绵城市典型设施建设技术指引》，中国建筑工业出版社出版。

发表文章若干。

8.4　成果应用

研究提出的风险评估的方法、排水防涝及径流管控等规划技术在业内达成广泛共识，并形成了相关技术标准，在城市规划及市政设计领域得到广泛应用，在海绵城市建设及韧性城市建设中发挥了重要作用。

课题"城市地表径流减控与面源污染削减技术研究"获2020年度华夏建设科学技术奖三等奖、2020年度北京水利学会科学技术奖一等奖，中国城市规划设计研究院作为主要参与单位，排名第二。

（执笔人：中国城市规划设计研究院　谢映霞）

9 城市水污染治理规划实施评估及监管方法研究

"城市水污染治理规划实施评估及监管方法研究"是"十二五"国家水体污染控制与治理科技重大专项课题"城市水污染控制与水环境综合整治技术集成"（课题编号：2014ZX07323-001）的子课题。清华大学为课题牵头承担单位，中国城市规划设计研究院是子课题的牵头承担单位。

9.1 研究背景和目标

在城市水环境主题前期课题研究成果的基础上，结合国家"十二五"重点流域水环境治理目标和"十三五"水环境综合整治顶层设计需求，以实现城市水环境综合改善和保障城市水环境安全为导向，提出城市水污染控制相关规划的科学性、适用性评估方法，形成城市涉水规划实施的监管技术方法。

9.2 研究任务和技术路线

本子课题的主要研究任务有以下两部分：

（1）城市水污染治理相关规划编制的科学性、适用性评估方法研究；

（2）城市涉水规划实施监管技术方法研究与示范。

子课题研究的技术路线如图5-9-1所示。

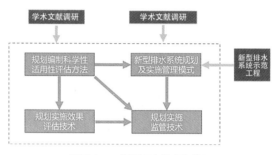

图 5-9-1　课题研究技术路线图

9.3 主要结论和成果

9.3.1 课题突破的关键技术

1．城市水污染控制相关规划的评估方法

从我国城市水污染治理相关规划现状出发，系统调研了我国不同等级城市水污染控制相关规划的编制与实施情况，总结了规划实施过程中的经验与问题，并研究借鉴了国外的规划实施管理经验。在此基础上，构建了城市水污染控制相关规划科学性、适用性的评估方法与评估指标1套。

该评估方法基于"科学性、系统性、协调性和可实施性"的原则，从源头—过程—末端全过程考虑，建立了评价指标体系，采用专家打分法对水污染控制相关规划的科学性和适用性作出评价。

评估流程包括专家筛选、规划评估、评估反馈等。评价指标体系设置为两级指标。一级指标包括科学性、系统性、协调性、可实施性和目标可达性5个，分为基础指标和关键指标两类。其中，科学性、系统性、协调性和可实施性这4个指标为基础指标，所有规划通用；目标可达性为关键指标，针对不同规划设定有针对性的二级指标（表5-9-1）。

规划评价关键指标表　　表5-9-1

一级指标	二级指标		
		指标名称	单位
目标可达性	排水专项规划	城市生活污水集中收集率	%
		排水管网覆盖度	%
		合流制管网溢流频次	次
		雨污分流比例	%
	水污染防治规划/水环境质量限期达标规划	水环境功能区水质达标率	%
		关键污染物（COD、氨氮、TN和TP）年负荷削减量	吨
		阶段性水质目标	—
		水质达标时限	年
		许可排放量	吨
	黑臭水体治理相关规划/方案	黑臭水体消除率	%
		污水直排口	个
		合流制管网溢流频次	次
	污水提质增效相关规划/方案	排水管网覆盖度	%
		污水处理厂进水BOD浓度	mg/L
		污泥无害化处理处置率	%
		污水再生利用率	%
	其他	水系生态岸线比例	%
		自然湿地净损失率	%
		自然空间调蓄负荷指数	—

2．城市涉水规划实施监管技术方法

该技术主要内容包括规划实施监管指标选取、规划实施监管评估模型和规划实施监管措施等三方面。

规划实施监管指标选取方面，依据代表性、综合性、简明性、前瞻性、衔接性以及可考核性原则，选取指标覆盖从地块排水到系统收集、设施处理，以及受纳地表水等城市水系统的多个环节。

规划实施监管评估模型，核心是采用耦合指标重要度打分和目标差距分析的层次分析法。该方法侧重于关键问题的识别，基于层次分析法的原理，构造要素重要度、要素目标差向量，通过矩阵运算得到综合判断矩阵，计算各项要素综合分值，归一化排序后确定关键指标，识别监管重点，制定优化策略。

规划实施监管措施包括规划编制审批、城乡建设监管和项目运行监管。有效进行规划实施监管的前提是依托现有法律体系、法定规划编制涉水相关规划。水污染治理相关规划，应与所在城市总体规划、控制性详细规划、修建性详细规划等法定规划紧密衔接。规划的指标、项目应纳入相应层级的法定规划之中，依法实施规划内容。城乡建设过程中，应对水污染治理、水环境保护设施进行全过程专业化的管理，对设计、建设到建成后投入运营的整个过程进行专业化监管。保障水污染治理设施的正常运行也是落实水污染治理相关规划的重要方面，政府相关部门应采用在线监测与人工化验、定期取样与随机抽查相结合的方式，强化对设施运行的监督和管理。

3．城市建设对径流影响模拟预测模型

该模型为城市规划审批人员及城市规划设计人员提供一个强有力的规划设计编制与审核工具。模型基于SWMM进行二次开发，可对城市建设给降雨径流带来的影响进行模拟预测。模型能计算对比地块开发前后的径流变化，能同时模拟有无LID措施的径流及径流污染的情况。

该模型软件采用C/S框架进行集成，输入地块信息、模型基本参数、降雨蒸发信息及低影响开发设施等基本数据后，即可调用SWMM模型，模拟城市建设对降雨径流排放的影响，输出雨水径流排放、污染物排放等相关结果数据。

模型计算快速准确，功能强大，具有友好的可视化参数设置界面，简洁明了，操作方便，实现了数据快速输入、快速建模与快速计算，可显著缩短工作时间，有效减少输入错误。模拟结果采用Echarts进行可视化，可对结果数据进行汇总统计、对比分析，具有汇总表、折线图等形式的可视化界面，结果查询便捷。模型可自动生成审批报告文本，判断规划设计方案是否满足海绵城市建设、降雨径流管理等的目标要求。

该模型可以辅助管理人员在控规等审批环节校核低影响设施设计目标指标的达标情况，有助于规划审批人员进行审批，提高审批工作效率；也可用于海绵城市、城市水系统规划与设计，便于规划设计人员对规划设计方案进行自主校核，提高规划设计的便捷性与科学性。目前国内尚无类似软件系统的报道。

所开发的基于城市建设对径流影响模拟预测模型的规划实施动态管理系统，已获得软件著作权1项，证书号2018SR485393。已在鹤壁、遂宁、商丘等典型城市的控制性规划中得到应用，应用效果良好。对海绵城市建设的技术指标在设计环节、审批环节的落地起到了技术支持作用（图5-9-2）。

9.3.2 示范应用

选择鹤壁城区进行新型排水系统的应用示范。示范区占地面积2.2km²，针对示范区现有排水系统的问题，针对性地提出了统筹源头减排—过程控制—系统治理的全过程排水工程体系。示范区内的规划项目基本得到实施，建设效果较好，通过灰绿结合的工程措施实现了雨水控制和面源污染削减，对示范区内的黑臭水体治理和排水防涝安全起到了重要作用。根据最新的监测数据，区内棉丰渠、护城河的水质已基本满足地表水Ⅳ类标准，黑臭水体彻底消除，年径流总量控制率不低于80%，易涝点全部消除（图5-9-3）。

9.3.3 成果产出

1.《城市水系统综合规划编制办法（建议稿）》

本编制办法共5章33条，明确了城市水系统综合规划在城乡规划体系中的定位、规划编制的组织方式、编制要求和编制内容，并提出了市域重大涉水基础设施用地范围、城市蓝线、超标雨水行泄通

图5-9-2　城市建设对径流影响模拟预测模型系统输入界面

改造前

改造后

图5-9-3 示范区内城市水系改造前后对比图

道和防涝设施用地空间等强制性内容要求，为相关规划的编制提供了依据。

2.《城市水系统综合规划实施技术导则》

为使《城市水系统综合规划编制办法》能够有效实施，规范城市水系统综合规划技术文件的内容和深度，编制了本导则。内容包括总则、现状与问题分析、水资源保障、水环境改善、排水防涝安全、水生态保护、空间管控、统筹协调等篇章内容，共8章36条。

（执笔人：中国城市规划设计研究院　徐一剑）

10 宜兴市城市水系统综合规划研究

"宜兴市城市水系统综合规划研究"是"十二五"国家水体污染控制与治理科技重大专项课题"江苏省域城乡统筹供水技术集成与综合示范"的子课题"宜兴市城乡供水全流程安全保障技术集成与示范"（子课题编号：2014ZX07405002D）下设的研究任务。宜兴水务集团有限公司为子课题牵头承担单位，中国城市规划设计研究院为参与单位之一，牵头承担本项研究任务。

10.1 研究背景和目标

宜兴市地处江苏省南端、沪宁杭三角中心，近二十年来经济发展迅猛。地理条件独特，山、平、圩兼有。地势南高北低，西南部为低山丘陵，北部为平原区，东部为太湖溇区，西部为低洼圩区。丘陵山区多溪流涧河，平原圩区河网纵横交错，河流密度约2.27km/km²。宜兴市水资源总量较为丰富，水源多样，随着经济社会的发展及城乡供水范围的进一步扩大，水资源需求增加，面临着如何构建多水源的优化配置格局，保证供水安全的问题。

鉴于此，课题以统筹城乡供水为主线，在水源综合评价和需求预测的基础上，研究提出水资源优化配置方案及重大供水工程设施规划布局方案，以为长远的城镇供水安全提供规划保障。

10.2 研究任务和技术路线

针对宜兴市复杂的水源条件，基于对快速城市化过程中城市水循环系统的基本特征及演变规律的认识，识别影响城市供水系统安全的多层次、多维度外部因素；通过构建城市水源综合评价指标体系，对不同水源进行综合评价；结合城镇发展规划预测城镇需水量，统筹城乡供水进行水资源供需平衡分析，提出水资源优化配置方案，明确各水源的战略定位；并研究提出重大供水工程设施规划布局方案及水源保护等保障措施建议（图5-10-1）。

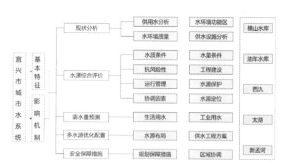

图5-10-1 任务技术路线图

10.3 主要结论和成果

10.3.1 主要结论

1. 对五种水源进行了多目标综合评价

研究确定了宜兴市近远期可利用的五个主要水

源，即横山水源、油车水源、西氿水源、太湖水源和新孟河水源。综合考虑城市水源的水量保证、水质条件、安全风险、设施运行及保障措施等方面因素，构建了包括水量条件、抗风险性和可操作性、配套工程建设、运行管理、水源保护、协调因素等八个维度组成的综合评价指标体系（表5-10-1）。

多水源综合评价一览表　　　表5-10-1

类别		横山水库	油车水库	西氿	太湖	新孟河
水源类型		湖库	湖库	河流	湖库	河流
水量条件	可供水量	97%保证率供水量为16.3万m³/d	97%保证率供水量为4.79万m³/d	97%保证率来水量为17万m³/d	2030年97%保证率蓄水量17.8亿m³，水量充沛	平水年引江入太水量为25.2亿m³，水量充沛
	得分	4	5	3	2	1
抗风险性和可操作性		最好	最好	较好	最差	适中
配套工程建设	水源现状	已建	已建	已建，组合湿地未建	论证中	新孟河已开工建设、引水工程已规划
	征地补偿	无	无	征地最多	征地较少	征地最少
运行管理		简单	简单	复杂	较简单	较简单
水源保护	水源保护区	已划定，位于宜兴境内	准备划定，位于宜兴境内	尚未划定，位于宜兴境内	尚未划定，与浙江长兴交叉	尚未划定，与常州交叉
	水质改善难度	位于上游，治理难度小	位于上游，治理难度小	位于下游，治理难度相对较小	位于下游，治理难度最大	下游，治理难度适中
	得分	4	5	2	1	3
协调因素	水源功能	灌溉、防洪、供水	灌溉、防洪、景观、供水	航运、景观	灌溉、防洪、航运、景观、供水	灌溉、防洪、航运、供水
	协调单位	宜兴市水利局	宜兴市水利局	省交通厅、规划局、国土局	太湖局	长江委、太湖局
	得分	4	5	3	1	2
综合加权得分		3.80	4.40	2.45	1.10	3.25

为进一步量化比较各水源，邀请行业内经验丰富的专家对以上6个评价因素的权重进行打分，经统计分析后得到各因素的权重（表5-10-2）。对各水源的单项得分进行加权加和，计算出总分，可以得出，水源综合评分由高到低的顺序为油车水库 > 横山水库 > 新孟河 > 西氿 > 太湖。

各影响因素权重汇总表　表5-10-2

影响因素	水质条件	水量条件	安全风险	工程管理	协调因素
权重	0.3	0.2	0.25	0.1	0.15

2．提出了水资源优化配置综合方案

宜兴市水资源的优化配置应遵循以下原则：

（1）节水优先，推动产业升级，推动节水型社会建设。

（2）提高非常规水源开发利用率，优先使用再生水和雨水作为生态景观用水。

（3）坚持"平战结合，近远期统筹"的原则。确定应急备用水源及远期战略水源，优化多水源调度。

（4）坚持"以资源承载能力为先"的原则，科学评估水资源承载力分析，以此作为确定城市发展规模的依据。

（5）坚持"优水优用、低水低用"的原则。优质水源优先供给各类生活用水，非生活用水、包括工业用水以西氿及本地地表水为主。

基于水资源的供需平衡分析，提出水资源优化配置的总体格局：

（1）主力水源

以横山水库、油车水库优质水源为主力水源。97%保证率供水量下，横山水库、油车水库实现联合调度，平均日供水量达到21万m³/d。

（2）应急备用水源

充分挖掘本地优质山涧水源。目前已建成大汉岕、永红涧取水工程，2020年前完成园田涧、向阳涧、潼渚河取水工程。

西氿水作为应急备用水源，按2030年的用水需求测算，西氿水作为生活用水备用水源，备用率可达20%以上。

西氿水与山涧水实现互为备用。2020年计划在西氿南岸建设3000亩湿地，进一步提高备用水源水质保障水平。丰水季，利用南部山区流域汇水，引钟张运河、归径河等来水，经湿地调蓄净化，可作水源或者用于河网水质改善。枯水季，山区来水不足时，可利用湿地净化西氿上游来水，改善直接取水的水质状况。

（3）战略水源

长江引水为宜兴市提供了中远期的战略水源。依托即将实施的新孟河引水工程，规划远期在新孟河取水，并建设输水管道，输送至西氿湿地上游入口处（图5-10-2），以供城市取水。

3．提出了城乡一体化的重大供水设施布局方案及保障措施建议

着眼于未来的用水需求和城市供水系统的均衡布局，结合水源布局及现有供水设施，提出了重大供水设施布局方案。

宜兴市水质型缺水较为严重、地势低洼洪涝风

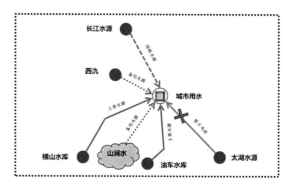

图5-10-2　水资源规划布局示意图

险突出，水问题复杂交织，为提高水资源总体利用效率，建议加快城市水系统的顶层设计，从系统的角度对城市水问题进行梳理，合理确定水功能区划及其水质目标，实施污染物总量控制和排水许可制度；建立以流域为单元的管控空间，协调供水与排水、上游与下游间的矛盾与冲突，协调各涉水工程设施，提高供水安全保障水平。

建议进一步完善从源头到龙头的城市供水安全保障体系，统筹考虑常规供水、应急备用供水水源及配套设施的建设。西氿水源作为新增的备用水源，应严格执行水源保护区的相关管控要求。加强对横山水库及油车水库等水源地的保护，加强水源水质监测及污染的综合防治工作。

建议进一步完善区域流域协调机制。建立以流域为单元、水污染防治及水源保护统一的信息共享机制。完善突发事件的应急通报和协同处置机制，特别是上游发生航运、企业事故性排放时，及时将有关信息通报下游水厂管理部门，以便采取适当的应急措施确保供水安全。

10.3.2　成果产出

发表《降雨径流对河流型水源地的水质影响及应对策略》文章1篇。

（执笔人：中国城市规划设计研究院　莫罹）

11 城市供水系统规划关键技术评估及标准化

"城市供水系统规划关键技术评估及标准化"是"十三五"国家水体污染控制与治理科技重大专项课题"城市供水系统规划设计关键技术评估及标准化"的子课题（子课题编号：2017ZX07501001-02）。中国市政工程中南设计研究总院有限公司为课题牵头承担单位，中国城市规划设计研究院是子课题的牵头承担单位。

11.1 研究背景和目标

我国现有供水规划设计标准体系不完善，难以为2020年"全国饮用水安全保障水平持续提升"这一目标的实现提供足够的支撑。因此，需要对近些年饮用水安全保障技术领域取得的丰富成果，特别是水专项实施十年来形成的大量关键技术进行进一步梳理、凝练，从技术、经济、成熟度、推广应用等方面，建立科学合理的技术验证和技术评估体系，完成对饮用水安全保障技术成果的评估，统一吸纳到国家和行业新的标准规范等指导性文件中，通过规范化的形式推广水专项成果，使先进高效的供水规划设计技术真正落地，提升水专项成果产出的价值。

本研究在构建我国城市供水系统规划技术支撑体系的基础上，对规划技术进行标准化研究，构建基于战略引领和宏观管控的城市供水系统规划技术体系，完成供水系统规划相关标准化文件及应用手册的编制，构建模块化、拼装式、可扩展的城市供水系统规划技术标准支撑系统；以弥补我国城市供水系统规划及供水工程设计的技术短板，充实完善我国饮用水安全保障的技术标准体系，为我国饮用水安全保障系列目标的实现和"水十条"相关工作的落实提供规划技术支撑。

11.2 研究任务和技术路线

本子课题的研究任务是：城市供水系统规划关键技术评估验证方法研究，包括城市供水系统规划关键技术识别与筛选、城市供水系统规划关键技术评估验证方法、城市供水系统规划关键技术验证点选择；供水规划关键技术的评估验证和标准研究，包括供水系统风险识别与应急能力评估关键技术评估与标准化、城市应急供水规划关键技术评估与标准化、多水源供水系统优化关键技术评估与标准化、城乡（区域）联合调度供水关键技术评估与标准化、供水规划决策支持系统关键技术评估与标准化。

本研究通过对国家水专项"十一五""十二五"课题中的饮用水安全保障技术研究相关成果进行梳理、凝练，通过建立城市供水系统规划关键技术的评估方法和指标体系，筛选研究成熟的技术成果，对技术成果的应用效果和适用条件进行评估验证，对规划技术进行标准化研究，补充城市供水系统规划的技术短板。

11.3 主要结论和成果

11.3.1 主要结论

1. 建立了城镇供水系统规划技术评估方法

本研究提出了预评估、技术验证、技术评价的三段式技术评估流程，将评估验证的方法和流程进行标准化。预评估主要采用技术就绪度评价方法，对单项技术的成熟度进行定量评价，集成技术和成套技术应在各单项技术的技术就绪度评价确定后，采用系统就绪度矩阵法得出其技术就绪度。技术验证方法，包括实例验证法、样本率定法、定标比超法、仿真试验验证法等，给出技术的应用程度和应用效果的（半）定量和定性评价。技术评价基于参考指标和验证指标进行，采用定性与定量结合的方式，可采用专家评价法、经济分析法、运筹学评价法、综合评价法等，对安全可靠性、成熟度、经济效益、社会效益、创新与先进程度等指标进行评价（图3-3-1、表5-11-1）。

技术评价指标表　　　　　　　　　　　　　　　表5-11-1

评价指标		评价等级	评价分数
一级指标	二级指标		
A1安全可靠性	A11安全性	低风险、风险完全可控	85~100
		中度风险、风险易控	60~84
		高风险、风险难以控制	59以下
	A12可靠度	可靠度高或提升幅度显著	85~100
		可靠度较高或提升幅度明显	60~84
		可靠度一般或提升幅度一般	59以下
A2成熟度	A21稳定性	技术在不同条件下重现性高	85~100
		技术在不同条件下重现性较高	60~84
		技术在不同条件下重现性一般	59以下
	A22就绪度	就绪度为第九级	85~100
		就绪度为第七级或第八级	60~84
		就绪度为第六级及以下	59以下
A3经济效益	A31单位投入产出效率	单位投入的产出效率显著	85~100
		单位投入的产出效率明显	60~84
		单位投入的产出效率一般	59以下
	A32技术推广预期经济效益	经济效益显著	85~100
		经济效益明显	60~84
		经济效益一般	59以下
A4社会效益	A41技术创新对推动科技进步和提高市场竞争能力	显著促进行业科技进步，市场需求度高，具有国际市场竞争优势	85~100
		推动行业科技进步作用明显，市场需求度高，具有国内市场竞争优势	60~84
		对行业推动作用一般，有一定市场需求与竞争能力	59以下
	A42提高人民生活质量和健康水平	受益人口多、提升显著	85~100
		受益人口较多、提升明显	60~84
		受益人口一般、提升一般	59以下

评价指标		评价等级	评价分数
一级指标	二级指标		
A4社会效益	A43生态环境效益	生态环境效益显著	85~100
		生态环境效益明显	60~84
		生态环境效益一般	59以下
A5创新与先进性	A51创新性	有重大突破或创新，且完全自主创新	85~100
		有明显突破或创新，多项技术自主创新	60~84
		创新程度一般，单项技术有创新	59以下
	A52技术经济指标的先进性	达到同类技术领先水平	85~100
		达到同类技术先进水平	60~84
		接近同类技术先进水平	59以下
	A53技术有效性	关键指标提升显著	85~100
		关键指标提升明显	60~84
		关键指标提升一般	59以下

* 权重根据具体情况通过专家打分法等方式确定。

2．优化提升规划关键技术内容

本子课题对规划关键技术进行了评估验证，同步对关键技术进行了优化和调整，进一步明确技术指标、参数和核心内容的取值，通过在不同城市的应用验证，进一步调整关键技术相关指标参数，提高关键技术的适用性，为关键技术的推广应用和标准化提供基础。通过关键技术在城市供水系统规划中的集成应用，完善了城市供水系统规划编制大纲。

3．建立复杂供水系统布局优化成套技术，创新全流程城镇供水系统规划集成

整合城市供水系统风险识别、水源优化配置、供水布局多尺度协同等关键技术，建立复杂供水系统布局优化成套技术（图5-11-1），并在哈尔滨等城市供水规划中进行应用，为大城市复杂供水系统规划布局优化提供技术支撑。将成熟的供水规划关键技术，纳入城市供水系统规划指标体系和技术指南等标准化文件，辅助实现多目标城市供水系统的

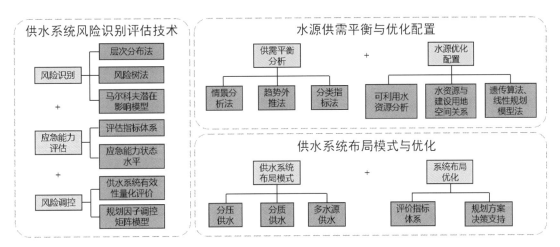

图5-11-1　复杂供水系统布局优化成套技术

优化调控和规划决策支持；进一步推广关键技术的应用，提高规划编制的科学性。

11.3.2 成果产出

经课题成果凝练，编制完成了《城镇供水规划关键技术评估方法指南》T/CECA 20006-2021、《城市水系统综合规划技术规程》T/CECA 20007-2021两部团体标准。

在国内核心杂志期刊发表《城市供水规划决策支持系统研究与应用》《城市饮用水水源风险识别与规划管控对策研究》《城市供水系统规划技术评价指标探讨与体系构建》等文章7篇。

11.4 成果应用

通过关键技术在城市供水系统规划中的集成应用，完善了城市供水系统规划编制大纲，部分研究成果纳入了国家标准《城市给水工程项目规范》GB 55026-2022。

课题提出的复杂供水系统设施布局优化技术，支撑了水专项饮用水主题"城乡统筹饮用水安全保障技术"这一成套技术。相关成果纳入了《饮用水安全保障技术导则》中"供水系统规划"一章及《饮用水安全保障技术体系》中"饮用水安全保障系统规划"一章。

城市供水系统规划是城市供水设施规划、设计、建设、运维全周期建设过程的首要环节，具有引领城市供水行业发展和技术进步的重要意义。依托课题成果，课题组开展了国家相关政策研究，协助编写了"住房和城乡建设部关于加强城市地下市政基础设施建设的指导意见（建城〔2020〕111号）"中相关的内容。

（执笔人：中国城市规划设计研究院　刘广奇）

展望与建议

第六篇

1 发展趋势分析

从城市水系统理论与实践探索的过程可以看出，城市涉水基础设施建设已经显示出由保障基本供应向提升服务品质发展的趋势，从分行业、分专业独立建设的阶段走向多领域协调发展的阶段，城市治水的系统观念逐步形成。随着社会经济发展和科技进步加快，城市水系统领域的新理念和新技术应用将更加广泛，城市水系统的发展也将朝着更加绿色低碳、安全韧性和高质量、可持续的方向发展。

1. 更高品质的城市供水服务

2020年，我国城市公共供水普及率已经达到98.84%，公共供水能力$27625 \times 10^4 m^3/d$，我国城市公共供水普及率、公共供水能力显著增长，城市供水服务已具备良好保障能力。

欧洲发达国家城市供水的龙头水质普遍保持较高水平，以德国为例，2020年每10人（公共供水用户）中约有9人直接使用自来水作为饮用水，居民饮用自来水的习惯，证明了龙头水的高品质。由于我国城市供水水源污染和突发事件等时有发生、部分地区水厂净水工艺不适应水源水质特征、管网老旧导致的水质下降问题突出、供水"最后一公里"水质风险形势日趋复杂，供水水质难以保证稳定持续达标，同老百姓的期待仍有较大差距。

目前，我国深圳、福州、广州、上海等城市正在大力开展高品质饮用水的规划建设工作，包括水源保护，水厂、管网及二次供水设施的改造，进一步完善提升水质标准以及供水设施的

规划、建设、运营标准，建立全流程的监控体系等，以保障供水安全、稳定、优质。大力推进高品质饮用水的规划建设，提供更高品质的供水服务，代表了城市居民对高品质饮用水的需求，是城市供水的重要发展趋势。

2. 更精准的城市节水策略

2000～2020年，全国130个城市创建成为节水型城市，节水型城市用水总量占全国城市用水总量已达58.5%，节水型城市人均综合用水量从2000年的518L/（人·d）降低到2020年的323L/（人·d）。据统计，2020年全国城镇居民生活用水量为134L/（人·d），全国万元工业增加值用水量为$32.9 m^3$，生活、工业等用户端用水量已经降低到较好水平。未来的城市节水工作，将从"用端"发力转向"供端""用端"两手发力。

在此形势下，2021年12月，住房和城乡建设部等四部委联合印发的《关于加强城市节水工作的指导意见》（建办城〔2021〕51号），在部署提高城市用水效率工作时，将狠抓城市供水管网漏损控制作为重要任务，着力进一步减少输配环节的水量损失。

2022年，住房和城乡建设部、国家发展改革委办公厅出台《关于加强公共供水管网漏损控制的通知》（建办城〔2022〕2号）、《关于组织开展公共供水管网漏损治理试点建设的通知》（发改办环资〔2022〕141号），精准锁定控制管网漏损的5项关键任务，即实施供水管网改造工程、推动供水管

网分区计量工程、推进供水管网压力调控工程、开展供水管网智能化建设工程以及完善供水管网管理制度，并筛选不超过50个城市（县城）开展试点建设。"十四五"时期，与城市高质量发展相适应的、以供水管网漏损控制为关键抓手的城市节水工作，实施将更加精准，并迈向更高水平。

3．更大规模的海水淡化利用

有文献报道，2013年西班牙企业全球海水淡化项目总规模达到$294×10^4$ m³/d，其中一半位于西班牙国内，相当于全国工业耗水总量的60.77%或家庭与小商户耗水总量的16.57%。2018～2020年，沙特国际电力和水务公司在拉比格、塔维拉、朱拜勒、迪拜的海水淡化项目的制水成本（用于生活饮用水）已经由约合3.65元/m³降至2.10元/m³，并有望在短期内进一步降低。

我国《2020年全国海水利用报告》显示，截至2020年底，我国共有海水淡化工程135个，工程总规模$165×10^4$ m³/d，这一数字相当于2020年全国沿海11省（市）生活用水总量的1.45%、工业用水总量的1.08%，或直流火（核）电项目用水总量的1.94%，可以看出，我国海水淡化规模进一步扩大仍有较大空间。

我国《海水淡化利用发展行动计划（2021～2025年）》指出，"发展海水淡化利用是增加水资源供给、优化供水结构的重要手段"。以上海为例，2020年全市直流火（核）电项目用水总量为$49.3×10^8$ m³，占全市用水总量的50.56%。若能够推动建设若干海水淡化利用示范城市，并在海水淡化规模化供应、高耗水行业用水费价调整等方面形成示范效应，将对我国沿海地区缓解水资源瓶颈制约、保障经济社会可持续发展具有重要意义。

4．更低碳的污水处理设施

2020年，我国城镇污水处理厂年均吨水电耗为0.48kW·h/m³，按照全年城镇污水厂年耗电总量约$404×10^8$kW·h，占当年全社会第三产业用电总量的3.34%。也有研究报告指出，国外发达国家的污水处理能耗同样占据全社会总能耗的较大比重，如

英国废水处理行业2007年就已成为第四大电力密集型行业。

自2015年巴黎气候协定签订，欧洲国家开始逐步推广利用污水水源热泵等技术，减少污水处理厂的总体碳足迹。有文献报道，2020年，芬兰图尔库污水厂设计能力为14.4万m³/d，通过回收出水余温热能，可以实现冬季为近1.5万户家庭供暖、夏季可以满足当地90%的用冷需求，污水厂年绿色总产能211GW·h，明显高于污水厂能耗21GW·h。

更低碳的污水处理方式要求进一步强化源头减污减碳措施、着力提升污染物削减效率、切实提高设施节能降耗水平以及推动资源能源循环利用。要强化设施负载管理、推行低能耗物耗工艺、推动出水余温热能利用、发展分布式可再生能源、推进污泥减量与多渠道利用等措施，有效降低污水厂的能量消耗，提供绿色能源供给，建设更加低碳的标杆污水处理厂。

5．更高效的污水收集系统

经过近二十年的持续高速建设，我国已建成规模庞大的污水收集处理系统：城市和县城污水处理能力达到2.5亿m³/d，稳居世界第一；污水及雨污合流管道长度64.6万km，可以绕赤道16圈；有力地支撑了城市经济社会的发展，人居环境得以显著改善。

2007～2019年城市污水处理厂的进水污染物平均浓度持续下降，污水收集管网成为影响系统效能的关键。着眼于污水收集处理系统的提质增效，2019年4月，住房和城乡建设部牵头，联合生态环境部和国家发改委制定并印发《城镇污水处理提质增效三年行动方案（2019-2021年）》（建城〔2019〕52号），以此为标志，我国城镇污水处理行业从高速度增长阶段逐步转向高质量发展阶段。并正式提出城市生活污水集中收集率指标，综合评价污水收集系统的效能。

实施城镇污水处理提质增效三年行动以来，全国城市累计新建和改造污水管网8.4万km，消除生活污水收集处理设施空白区2200余km²。2021年全

国城市生活污水集中收集率达到68.6%，进水BOD平均浓度达到110.7mg/L。《"十四五"城镇污水及资源化利用发展规划》提出，推进城镇污水管网全覆盖，城市生活污水集中收集率力争达到70%以上。

6. 更完善的再生水利用系统

2021年1月，国家发展改革委等九部门印发《关于推进污水资源化利用的指导意见》（发改环资〔2021〕13号），提出到2025年全国地级及以上缺水城市再生水利用率达到25%以上、京津冀地区达到35%以上的目标。

根据统计数据，2020年全国城镇污水处理厂出水COD、BOD_5、NH_3-N、SS、TN、TP（水量—浓度累积概率5%～90%）分别介于9～27mg/L（优于地表水Ⅳ类标准）、1～7mg/L（优于地表水Ⅴ类标准）、0.1～1.6mg/L（优于地表水Ⅴ类标准）、2～8mg/L（优于一级A标准）、4.6～12.2mg/L（优于一级A标准）、0.06～0.37mg/L（优于地表水Ⅴ类标准），出厂水中主要污染物指标均已接近或达到现行景观环境、城市杂用再生水水质标准，良好的城镇污水处理厂出水水质为各地落实"十四五"时期再生水利用目标奠定了坚实的基础。

《"十四五"城镇污水处理及资源化利用发展规划》强调，缺水城市新城区要提前规划布局再生水管网，以黄河流域地级及以上城市为重点，突出基础设施的规划建设配套，实现再生水规模化利用，明确了"十四五"时期的建设方向。

水利部等国家部委印发《典型地区再生水利用配置试点方案》，明确以缺水地区、水环境敏感地区、水生态脆弱地区为重点，选择基础条件较好的县级及以上城市开展试点工作，在再生水规划、配置、利用、产输、激励等方面形成一批效果好、能持续、可推广的先进模式和典型案例。从优化再生水利用规划布局、加强再生水利用配置管理、扩大再生水利用领域和规模、完善再生水生产输配设施、建立健全再生水利用政策等5个方面明确了试点内容。

生态环境部等部委发布的《区域再生水循环利用试点实施方案》，要求以京津冀地区、黄河流域等缺水地区为重点，选择再生水需求量大、再生水利用具备一定基础且工作积极性高的地级及以上城市开展试点。方案从合理规划布局、强化污水处理厂运行管理、因地制宜建设人工湿地水质净化工程、完善再生水调配体系、拓宽再生水利用渠道以及加强监测监管提出了具体任务。

7. 更加系统统筹的治水理念

当前我国城市水问题呈现水资源短缺、水环境污染、水生态退化和水灾害频发等新老问题交织的特点，具有明显的复杂性，现有单项的、分专业的、碎片化的治水思路无法满足当前的治水要求，亟待通过系统治水理念来统筹解决当前城市水系统问题。

2014年3月14日，习近平总书记在中央财经领导小组第五次会议上就保障国家水安全发表重要讲话，明确提出"节水优先、空间均衡、系统治理、两手发力"的治水思路。将系统思维应用于城市治水领域，应坚持统筹整体推进与重点突破相结合。在整体推进方面，强化系统整体性和关联性，推进城市治水体系化建设，推动基础设施质量提升、效能提档。在重点突破方面，聚焦关键领域、薄弱环节，精准补齐地下管线、污水资源化设施、生态基础设施等方面的设施短板，以及智慧监管、一体化运营、法规制度等方面的能力短板。

系统治水应坚持全域综合治理，统筹区域流域生态环境治理和城市建设。进一步聚焦城市水系统，应强化水资源供给、水安全保障、水环境治理、水生态修复系统之间的联动和内外衔接，增强各举措间的关联性和耦合性，即"四水统筹"。一是要统筹水资源供给和水安全保障，全域系统化推进海绵城市建设；二是要统筹水环境治理和水资源供给，强化城市节水和污水资源化工作；三是要统筹水安全保障和水环境治理，推进污水提质增效工作；四是要统筹水生态修复和其他功能，构建连续完整的生态基础设施。

8．更多蓝绿要素的治水方案

蓝绿空间是生态优先战略实施过程中不可缺少的支撑体系，其规划和设计策略指向了生态结构与格局的合理建构，也是城市水灾害治理与水资源保护的重要基础。城市建设扩张导致城市生态空间被侵占，河道、绿地等具有蓄滞雨洪、气候调节功能生态空间的破坏阻断了水的自然循环，降低了城市韧性，导致城市水资源短缺、内涝频发等问题。

未来的城市治水一定是更多蓝绿要素结合的生态治水方案，其核心思想是尽可能地保持开发前后的水文条件不变，促进社会水循环与人工水循环良性耦合。通过蓝绿灰融合的生态治水理念，强调尊重、顺应和保护自然，坚持人与自然和谐共生，着眼于源头控制，着眼于分散化、循环化、小型化、本地化的建设方式。

贯彻生态治水理念，应强化城市生态基础设施建设。在资源供给方面，保护和修复城市上游水源涵养空间、建设城市污水资源化、雨水收集利用设施、推进节水型城市建设；在安全保障方面，统筹流域防洪和城市排水防涝、拓展雨洪消纳蓄滞空间、提高城市透水地面面积比例；在环境提升方面，坚持"水岸同治，厂网一体"，保持城市湖河水系连通和流动性，加强水生态修复和滨水空间建设。

9．更加智慧数字化治理方式

新时期，大数据、物联网、信息技术、人工智能、新材料、新能源和节能环保等新技术和新方向为城市水系统工作提供了未来的科技发展动力、路径和机遇。将新技术与城市涉水工作相结合，可实现城市水系统信息汇集存储、共享分发、预测预警和决策支持。城市涉水工作精细化监管需求和科学技术进步驱使智慧化成为传统涉水工作转型的必然趋势。国际水协统计基于供水系统物联网，实现全水网压力实时控制、实时漏水监测和修漏管理，能够提高检漏效率70%，年减少漏损2%～5%，提升用户用水满意度30%。

落实智慧治水理念，应推动城市水系统智慧化监管和一体化运营。运用先进的传感测控、通信网络、数据管理、信息处理等技术，完善城市水系统智能互联与在线监测网络，开发城市水循环全过程智能化安全监管技术，开发水质快速监测响应的水系统应急救援技术，结合城市CIM构建城市水系统规划建设管理平台。将智慧治水理念通过新技术新方法融入城市治水的方方面面，新型智慧信息技术赋能下的水务数字化转型是支撑传统水务行业突破短板、高质量发展的必然路径与核心要务。

2 工作推进建议

1. 开展城市水系统规划建设试点

强化城市水系统构建的统筹协调，在有条件的城市开展城市水系统规划建设试点，探索城市水系统规划建设理论和方法，以实现流域防洪和城市排水防涝工作标准衔接、工程统筹和管理协调为抓手，做好水系统城里城外的衔接；以城市水系统基础设施补短板、提质增效为抓手，做好水系统地上地下的衔接；以统筹水系、绿地等生态空间和灰色基础设施为抓手，做好水系统人工与自然的衔接；以发挥城市水系统在水资源供给、水安全保障和水环境治理三方面合力为抓手，做好各子系统和关键环节衔接。

科学编制城市水系统综合规划。强化城市水系统构建的规划引领，在国家层面，出台城市水系统规划建设指导意见和编制办法，指导区域、城市和基本单元的规划建设，指导2035年涉水专项规划和"十四五"期间涉水建设规划编制。区域层面，落实国家区域发展战略，编制城市群尺度的水系统综合规划。城市层面，编制城市水系统综合规划、涉水专项规划及建设规划。综合规划要从战略层面明确建设目标、总体策略，从城里和城外、地上和地下、人工和自然等方面协调好各子系统和各环节之间的关系。专项规划要落实综合规划的要求，将目标分解落实成指标，并提出具体的实施路径，明确设施布局。近期建设规划要明确近期建设重点，建立项目库，明确项目的位置、类型、数量、规模、完成时间，提出建设时序和资金安排，落实实施主体。针对城市水系统基本单元，开展深入研究，编制单元的水系统建设方案。

2. 建立城市水系统规划建设管理平台

各城市在已有管线普查基础数据、地理信息系统的基础上，建立城市水系统基础设施普查建档制度，进一步摸清城市水系统生态空间、城市水系统基础设施等现状底数，并定期进行更新，动态掌握基础设施情况。结合城市信息化模型（CIM）建设，在国家、省级、市级层面分别建立集供水服务、污水收集处理、排水防涝监测与应急响应等为一体的城市水系统规划建设管理平台，涵盖水量、水质、水压、水设施的信息采集、处理与控制体系，管网的信息化管理和智能化运行，以及城市水系统规划、建设、运维、评估等功能，并将数据逐级接入上一级平台，全要素、全过程掌握城市水系统动态，通过过程建模和系统优化，合理规划和布局城市水系统基础设施，形成全国城市水系统规划建设管理"一张图"。

3. 开展城市水系统监测和综合评估

加强城市水系统监测，以城市水系统关键环节或节点的水质、流量和压力在线监测设备为基础，结合RFID、二维标签码、传感器、视频监控探头、数采仪等智能终端建设对城市水系统的数据进行采集，建立城市水系统智能互联与在线监测网络，精确掌控城市水系统运行状态，及时发现问题并预警。结合城市体检，建立城市水系统综合评估制度，重点评估城市水系统的规划编制、规划实施、建设进展、运行效率、设施水平以及安全性、协同性等内容，总结城市水系统基础设施的建设成效、质量现状、运行效率等，精确查找问题、精准补齐短板。

4. 开展城市水系统补短板行动

推进城市水系统基础设施补短板，结合城市黑臭水体治理、污水处理提质增效、排水防涝补短板等工作，优先消除污水管网空白区和城市易涝积水点，推进排水管网建设与改造；在老旧小区改造中积极落实"渗、滞、蓄、净、用、排"等措施，实现雨水有组织的收集、利用和排放。加强供水管网漏损控制，加快设施运维和更新，推动分区计量管理，运用大数据等智慧化管理方式，降低供水管网漏损水量。

推进生态基础设施补短板，将生态基础设施的保护作为促进健康水循环最重要的举措，基于城市水源涵养、雨水调蓄空间扩展、城市河湖岸线生态改造等需求，统筹城市防洪和排水防涝，对受损的生态空间，通过生态修复、生态恢复和生态建设，修复和建设城市绿地、坑塘、河湖、湿地等生态空间，恢复其水源涵养、洪涝调蓄、净化水体等生态功能。

推进智慧水务补短板，加快推进城市水系统基础设施与5G、物联网、大数据、人工智能等新技术的融合，按照新型基础设施的要求统筹推进城市水系统基础设施的建设与改造，全面提升城市水系统智慧化水平，为基础设施的高质量建设、高标准维护奠定基础。

5. 完善城市水系统建设保障机制

建立和完善城市水系统法律法规。加强城市供水、排水与污水处理、海绵城市建设、健康水循环等方面的立法研究，为立法做准备。及时修订《城市供水条例》和《城镇排水与污水处理条例》，并进一步完善相关配套实施细则。针对城市水系统的事权划分、规划建设、职责分工、保障措施等方面建立法规，实现系统有效监管，形成科学有效的城市水系统管理模式。

建立城市水系统协调统筹机制。以地方各级人民政府作为城市水系统建设的责任主体，通过设立城市水系统管理机构或建立城市水系综合管理工作领导小组等协调工作机制，统筹水利、建设、环保、发改等多个涉水工作部门，明确、细化相关部门具体工作任务和协调机制，落实工作责任，消除管理盲区。明确城市水系统规划建设运行管理各关键环节的责任主体和保障措施，出台具体政策措施并抓好落实。

加大城市水系统建设资金投入。中央政府层面通过设立中央专项资金、发行长期债券、专项债券、税收减免等多种经济手段来加大资金投入。根据地方财力、建设需求、建设力度和效果等，综合评估后，给地方政府水系统建设资金进行奖补。充分发挥开发性、政策性金融作用，加大相关金融机构对城市水系统建设的信贷支持力度。鼓励"厂网一体"模式运作，"肥瘦搭配"吸引社会资本参与建设。财力较为富裕的地区，由城市人民政府拿出专项资金，对实施较好的社会资本建设的项目进行奖励。利用好已有的金融政策，通过基础设施领域不动产投资信托基金（REITs）、资产证券化（ABS）等工具，盘活存量资产筹措资金，积极利用城市建设维护资金和城市防洪经费、城市土地出让收益中的固定比例，用于支持城市水系统建设。

完善供水价格和污水处理费政策。研究污水费收费标准，尽快将污水处理收费标准调整到位，近期应补偿污水处理和污泥处置设施正常运营并合理盈利，远期应考虑涵盖污水管网建设和运营费用。指导各地完善自来水价格政策，科学设置阶梯水价，确保各梯级差距能到起到鼓励节约、惩罚浪费的作用，通过经济杠杆促进节水；参考自来水梯级设置污水处理费阶梯收费。借鉴美国、德国等地的做法，在部分城市适时探索雨水收费制度。

参考文献

[1] 蔡娟. 太湖流域腹部城市化对水系结构变化及其调蓄能力的影响研究——以武澄锡虞区为例[D]. 南京：南京大学，2012.

[2] 车伍，闫攀，赵杨，等. 国际现代雨洪管理体系的发展及剖析[J]. 中国给水排水，2014（18）：45–51.

[3] 车越，杨凯，徐启新. 水源地研究的进展与展望[J]. 环境科学与技术，2005，（5）：105–108.

[4] 陈德强，吴卿，赵新华. 天津市某供水系统水质风险分析[J]. 中国卫生工程学，2009，8（3）：129–133.

[5] 陈吉宁. 城市二元水循环系统演化与安全高效用水机制[M]. 北京：科学出版社，2014.

[6] 陈竞姝. 韧性城市理论下河流蓝绿空间融合策略研究[J]. 规划师，2020，36（14）：5–10.

[7] 陈磊. 遗传算法优化管网神经元网络模型[J]. 中国给水排水，2003，19（5）：5–7.

[8] 陈明吉，邓涛，耿为民，等. 上海市自来水市北公司供水管网信息化建设与展望[J]. 给水排水，2008.

[9] 陈言，朱梓烨. 日本东京的"地下神殿"[J]. 中国经济周刊，2012，000（030）：38–40.

[10] 陈颖，于奇，贾小梅. 借鉴日本《净化槽法》健全我国农村生活污水治理政策机制[J]. 中国环境管理，2019，11（2）：14–17.

[11] 陈佐. 突发性环境污染事故分析与应急反应机制[J]. 铁道劳动安全卫生与环保，2002，29（1）：45–47.

[12] 程声通. 环境系统分析教程[M]. 北京：化学工业出版社，2006.

[13] 仇保兴. 复杂科学与城市规划变革[J]. 城市规划，2009（4）：11–25.

[14] 戴慎志. 城市工程系统规划[M]. 北京：中国建筑工业出版社，2008：54–145.

[15] 邓云峰，郑双忠，刘功智. 城市应急能力评估体系研究[J]. 中国安全生产科学技术，2005，1（6）：33–36.

[16] 刁春晖. 日本大阪的城市供水系统[J]. 城市公用事业，2011（03）：51–54+57.

[17] 董石桃，艾云杰. 日本水资源管理的运行机制及其借鉴[J]. 中国行政管理，2016（5）：146–151.

[18] 杜鹏飞，钱易. 中国古代的城市排水[J]. 自然科学史研究，1999（2）：136–146.

[19] 方创琳. 区域可持续发展与水资源优化配置研究[J]. 自然资源学报，2001，4（7）：341–347.

[20] 冯桂芬. 苏州府志（1–6）[M]. 台北：成文出版社，1970.

[21] 冯娴慧，李明翰. 美国雨水管理理念与实践的发展历程研究与思考[J]. 中国园林，2018，34（09）：89–93.

[22] 付慧，高书伟，吴新广. 哈尔滨城市供水应急预案初探[J]. 水利科技与经济，2007，7（7）.

[23] 高洪深. 决策支持系统（DSS）理论·方法·案例[M]. 第2版. 北京：清华大学出版社，2000.

[24] 葛华军，施春红. 我国城市供水安全分析[J]. 安全，2007，28（08）：26–29.

[25] 龚道孝，郝天，莫罹，等. 统筹推进城市水系统治理方法研究[J]. 给水排水，2022，48（11）.

[26] 龚道孝，莫罹，高均海，等. 新型城市水系统构建的雄安模式研究[J]. 给水排水，2021，47（11）：54–61.

[27] 龚道孝，莫罹，刘曦，等. "四水统筹、人水和谐"的雄安新区城市水系统建设标准研究[J]. 给水排水，2021，47（11）.

[28] 官宝红，李君，曾爱斌，等. 杭州市城市土地利用对河流水质的影响[J]. 资源科学，2008. 30（6）：857–863.

[29] 郭嘉盛. 中国古代聚落防灾体系探究[D]. 天津：天津大学，2012.

[30] 国家环境保护总局. 2006中国环境状况公报[M]. 2007.

[31] 郝天，桂萍，龚道孝. 日本城市水系统发展历程[J]. 给水排水，2021，57（01）：84–89. DOI：10.13789/j. cnki. wwe1964. 2021. 01. 017.

[32] 郝天，莫罹，龚道孝. 中国古代治水理念及对城市水系统建设的经验启示[J]. 给水排水，2021，57（01）：72–76. DOI：10.13789/j. cnki. wwe1964. 2021. 01. 015.

[33] 何春阳，史培军. 水资源约束下和北京城市空间布局优化情景模拟研究[C]. 中国地理学会，2007年学术年会.

[34] 贺北方，周丽等. 基于遗传算法的区域水资源优化配置模型[J]. 水电能源科学，2002，20（3）：10–12.

[35] 贺北方. 区域可供水资源优化分配的大系统优化模型[J]. 武汉水利电力学院学报，1988，（5）：109–118.

[36] 环境保护部. 2015中国环境状况公报[M]. 2016.

[37] 郇庆治. 生态文明及其建设理论的十大基础范畴[J]. 中国特色社会主义研究，2018，（04）：16–26+2.

[38] 黄铎，易芳蓉，汪思哲，等. 国土空间规划中蓝绿空间模式与指标体系研究[J]. 城市规划，2022，46（01）：18–31.

[39] 姜亦华. 日本的水资源管理及启示[J]. 经济研究导刊，2008（18）：186–189.

[40] 孔彦鸿，徐一剑，石炼，等. 城市水环境系统规划编制研究[J]. 给水排水，2013，29（12）：25–29.

[41] 李蝶娟，张世法，竺士林，等. 太原市供水风险和外区调水水价预测[J]. 水科学进展，2000，11（1）：43–48.

[42] 李景波，董增川，王海潮，等. 城市供水风险分析与风险管理研究[J]. 河海大学学报（自然科学版），2008，36（1）：35–39.

[43] 李婧，龚道孝，莫罹，等. 城市健康水循环视角下海绵城市因地制宜建设的思考[J]. 中国给水，2022，（012）：038.

[44] 李平. 苏东坡杭州救灾治理[J]. 生命与灾害，2012（04）：36–39.

[45] 李伟. 世界农业法鉴下部[M]. 北京：中国民主法制出版社，2004.

[46] 李秀虹，刘则华，林青，等. 中日两国自来水水质的重要影响因素全面对比分析[J]. 中国给水排水，2018，34（20）：34–40.

[47] 李莹，赵珊珊. 2001–2020年中国洪涝灾害损失与致灾危险性研究[J]. 气候变化研究进展，2022，18（2）.

[48] 林祚顶. 认真贯彻落实"节水优先、空间均衡、系统治理、两手发力"的治水思路加快推进水文高质量发展[J]. 水利发展研究，2021，21（07）：38–42.

[49] 刘丹，张乾元，王修贵，等. 节水型社会运行机制体系研究[J]. 武汉大学学报（工学版），2005，38（1）：13.

[50] 刘付华东. 日本法制的发展轨迹对我国现代法制建设的启示[J]，法制与社会，2011，（01）：11–12.

[51] 刘惠芳. 基于水资源系统下的城市建设规模研究——水资源系统下的昆明城市建设规模研究[D]. 昆明：昆明理工大学，2001.

[52] 刘进. 城市总体规划环境影响评价指标体系建立及其应用研究[D]. 合肥：合肥工业大学，2009.

[53] 刘涛，邵东国，顾文权. 基于层次分析法的供水风险综合评价模型[J]. 武汉大学学报（工学版），2006，39（4）：25–28.

[54] 刘阳，吴钢，高正文. 云南省抚仙湖和杞麓湖流域土地利用变化对水质的影响[J]. 生态学杂志，2008，27（3）：447–453.

[55] 刘玉堂，李红珏. 危害识别与风险评估方法及事故预防[J]. 石油化工安全技术，2004，20（2）：29–32.

[56] 刘昭成，王文明，杨楠，等. 日本污水处理厂的监测探讨[J]. 环境科学与管理，2017，042（006）：122–127.

[57] 卢华友，郭元裕，等. 义乌市水资源系统分解协调决策模型研究[J]. 水利学报，1997，（6）：40–47.

[58] 吕谋，裘巧俊，李乃虎，等. 浅谈城市供水系统安全性[J]. 青岛建筑工程学院学报，2005，26（1）：14.

[59] 马育辰，王延博. 城市蓝绿空间生态敏感性评价体系构建[J]. 智能建筑与智慧城市，2021，（06）：47–49.

[60] 苗秀荣. 城市给水管网系统的优化设计研究[D]. 太原：太原理工大学，2004：36–37.

[61] 莫罹，龚道孝，高均海，等. 城市水系统从理念、方法到规划实践[J]. 给水排水，2021，57（01）：77–83. DOI：10.13789/j.cnki.wwe1964.2021.01.016.

[62] 倪林安. 管网平常水压法的分析与比较[J]. 中国给水排水，1992，8（1）：60.

[63] 聂相田，邱林，朱普生，等. 水资源可持续利用管理不确定性分析方法及应用[M]. 郑州：黄河水利出版社，1999.

[64] 逄勇，陆桂华，等. 水环境容量计算理论及应用[M]. 北京：科学出版社，2010.

[65] 钱程. 日本冲绳海绵城市建设的经验和启示[J]. 城镇供水，2017，000（005）：83–90.

[66] 秦秋莉，陈景艳. 我国城市供水安全状况分析及保障对策研究[J]. 水利经济，2001，5（3）：27–31.

[67] 曲久辉，等. 饮用水安全保障技术原理[M]. 北京：科学出版社，2007.

[68] 沙永杰，纪雁. 新加坡ABC水计划——可持续的城市水资源管理策略[J]. 国际城市规划，2021，36（04）：154–158. DOI：10.19830/j.upi.2019.180.

[69] 邵宏，曹徐齐，阮辰旼. 面向保障未来稳定的供水能力——供水服务的经验与挑战：东京都供水历史和现状[J]. 净水技术，2018，37（12）：13–18.

[70] 邵益生. 城市水系统及其综合规划[J]. 城市规划，2014，38（S2）.

[71] 邵益生. 城市水系统科学导论[M]. 北京：中国城市出版社，2014.

[72] 邵益生. 城市水系统控制与规划原理[J]. 城市规划，2004，28（10）：6.

[73] 邵益生. 中国城市水资源管理理论体系的框架研究[J]. 城市发展研究，1996，4.

[74] 生态环境部. 2020中国生态环境状况公报[M]. 2021.

[75] 盛辉．习近平生态思想及其时代意蕴[J]．求实，2017，（09）：4–13.

[76] 时京洪，邱俊，张培良．青藏铁路格拉段给排水集中控制系统建设过程的风险管理[J]．铁道劳动安全卫生与环保，2007，34（1）：27–30.

[77] 宋全香．城市水资源承载能力及优化配置研究[D]．郑州：郑州大学，2005.

[78] 孙傅，沙婧，张一帆，等．城市景观娱乐水体微生物风险评价[J]．环境科学，2013，34（3）：933–942.

[79] 孙伟，赵洪宾．城市供水系统宏观优化调度建模问题[D]．全国青年管理科学与系统科学论文集（第2卷），1993：116～119.

[80] 孙振世．浅谈我国突发性环境污染事故应急反应体系的建设[J]．中国环境管理，2003，22（2）：5–6+8.

[81] 陶建科．建立上海市计算机给水管网动态水力模型研究[J]．中国给水排水，1999，15（4）：11–13.

[82] 陶相婉，莫罹，龚道孝，等．雄安新区城市水系统全周期管理机制研究[J]．给水排水，2021，47（11）：77–81.

[83] 陶相婉，莫罹，龚道孝，等．政策工具视角下城市水系统全周期管理策略研究[J]．给水排水，2021，47（1）.

[84] 铁永波，唐川．城市灾害应急能力评价指标体系建构[J]．城市问题，2005（6）：76–79.

[85] 童祯恭．给水管网水质模拟与安全分析方法和应用研究[D]．上海：同济大学，2005.

[86] 万劲波，周艳芳．中日水资源管理的法律比较研究[J]．长江流域资源与环境，2002，011（001）：16–20.

[87] 万众华．城市供水水质安全监测系统与控制对策[J]．给水排水动态，2006，4：4–6.

[88] 汪劲柏．城市生态安全空间格局研究[D]．上海：同济大学，2006.

[89] 王丹．GIS技术在城市供水管网中的应用[J]．武汉大学学报（工学版），2004，（02）：92–94.

[90] 王浩，贾仰文．变化中的流域“自然—社会”二元水循环理论与研究方法[J]．水利学报，2016，47（10）：1219–1226. DOI：10.13243/j.cnki.slxb.20151297.

[91] 王君晗．基于智慧水务视角下的水务数字化转型策略[J]．智能建筑与智慧城市，2022，（07）：164–166.

[92] 王明远，黎颖露．美国城市雨水污染法律对策及其对我国的启示[J]．中国人口资源与环境，2009，（5）：136–142.

[93] 王强，刘遂庆，周建萍，等．供水管网调度系统信息化建设研究[J]．工业用水与废水，2005，36（5）：1–3.

[94] 王强．城市供水调度事件系统的研究与开发[J]．供水技术，2009，6（3）.

[95] 王强．供水管网科学调度决策支持系统理论和应用研究[D]．上海：同济大学，2006.

[96] 王绍玉．城市灾害应急管理能力建设[J]．城市与减灾，2003，（3）：4–6.

[97] 王文明，刘耘东，杨楠，等．日本琵琶湖水生态环境保护经验对中国的启示[J]．环境科学与管理，2014，039（006）：135–139.

[98] 王显明．基于GIS、GPS、DSS的城市供水调度决策系统[J]．中国给水排水，2006，20.

[99] 王郑，王祝来，张勇，等．城市供水安全应急保障体系研究[J]．灾害学，2006，（6）：106–108.

[100] 魏嵩山．杭州城市的兴起及其城区的发展[J]．历史地理，1981，000（001）：160–168.

[101] 翁文斌，史惠斌．基于宏观经济的区域水资源多目标集成系统[J]．水科学进展，1995，6（2）：139–144.

[102] 邬杨善. 日本中水发展概况、趋势及其运行机制分析[J]. 给水排水技术动态, 2001, （3）: 38–42.

[103] 吴佩林, 谈明洪. 产业结构升级与城市水资源可持续利用——以北京市为例[J]. 资源开发与市场, 2009, 25（12）.

[104] 吴庆洲. 中国古城防洪研究[M]. 北京: 中国建筑工业出版社, 2009.

[105] 吴险峰, 干丽萍. 枣庄城市复杂多水源供水优化配置模型[J]. 武汉水利电力大学学报, 2000, （1）: 30–32.

[106] 吴小刚, 张土乔. 城市给水管网系统的故障风险评价决策技术[J]. 自然灾害学报, 2006, 15（2）: 73–78.

[107] 吴泽宁, 蒋水心, 贺北方, 等. 经济区水资源优化分配的大系统多目标分解协调模型[J]. 水能技术经济. 1989, （1）: 1–6.

[108] 吴志强, 李德华. 城市规划原理[M]. 北京: 中国建筑工业出版社, 2010.

[109] 伍悦宾. 给水管网系统性能评价方法的研究[D]. 哈尔滨: 哈尔滨建筑大学, 2000.

[110] 辛玉深, 张志君. 长春市城市水资源优化管理模型研究[J]. 东北水利水电, 2000, （1）: 15–17.

[111] 徐启新, 车越, 杨凯. 中美水源地管理体系的比较研究[J]. 上海环境科学, 2003, 22（7）: 487–490.

[112] 徐一剑, 孔彦鸿. 城市水环境系统规划调控模型与技术[J]. 城市发展研究, 2016, 23（6）: 21–27.

[113] 徐一剑, 刘曦, 杨映雪, 等. 基于不确定性的雄安新区城市水系统安全保障技术研究[J]. 给水排水, 2021, 47（11）: 82–87, 102.

[114] 许新宜, 王浩, 甘泓, 等. 华北地区宏观经济水资源规划理论与方法[M]. 郑州: 黄河水利出版社, 1997.

[115] 严煦世, 刘遂庆. 给水排水管网系统[M]. 北京: 中国建筑工业出版社, 2002.

[116] 杨青, 田依林, 宋英华. 基于过程管理的城市灾害应急管理综合能力评价体系研究[J]. 中国行政管理, 2007, （3）: 103–106.

[117] 杨宗贵. 城镇供水安全建设问题探讨[J]. 福建建设科技, 2006, 3: 51–52.

[118] 叶陈雷, 徐宗学. 城市洪涝数字孪生系统构建与应用: 以福州市为例[J]. 中国防汛抗旱, 2022, 32（07）: 5–11+29.

[119] 袁少军, 王如松, 孙江. 城市产业结构偏水度评价方法研究[J]. 水利学报, 2004, 10.

[120] 张宏伟, 王晓杰, 杨芳. 城市供水运行调度决策支持系统的开发与应用[J]. 中国给水排水, 2003, 19.

[121] 张杰, 李冬. 城市水系统健康循环理论与方略[J]. 哈尔滨工业大学学报, 2010, 42（06）: 849–854+868.

[122] 张金松, 李旭, 张炜博, 等. 智慧水务视角下水务数字化转型的挑战与实践[J]. 给水排水, 2021, 57（06）: 1–8.

[123] 张兰芬, 邵方, 谢春, 等. 南京市自来水供水管网管理系统[J]. 国土资源遥感, 2002, 53（9）.

[124] 张翔, 夏军. 基于压力—状态—响应概念框架的可持续水资源管理指标体系研究[J]. 城市环境与城市生态, 1999, 12（5）: 23–25.

[125] 张晓军, 万旭东, 邢海峰. 国外城市规划指标的特点及启示——以美、英、法、德、日等国规划案例为例[J]. 城市发展研究, 2008, 15.

[126] 张英霖. 苏州古城地图[M]. 苏州：古吴轩出版社，2004.

[127] 张昱，刘超，杨敏. 日本城市污水再生利用方面的经验分析[J]. 环境工程学报，2011（5）：1221–1226.

[128] 张中华，张沛，王兴中，等. 国外可持续性城市空间研究的进展[J]. 城市规划学刊，2009，3.

[129] 章建明. 从西方城市规划理论流变看科学发展观[J]. 理论前沿，2009，15.

[130] 赵洪宾，周建华. 微观建模在城市供水管网系统中的实践[J]. 给水排水，2002，28（5）.

[131] 赵建世，王忠净，翁文斌. 水资源复杂适应配置系统的理论与模型[J]. 地理学报，2002，6（11）：639–647.

[132] 赵雪莲，陈华丽. 基于GIS的洪灾遥感监测与损失风险评价系统[J]. 地质与资源，2003，12（1）：54–60.

[133] 钟毓龙. 说杭州[M]. 杭州：浙江人民出版社，1983：116.

[134] 周建高. 日本城市如何应对暴雨灾害[J]. 社会观察，2013，000（008）：52–55.

[135] 周建华，赵洪宾. 城市给水管网系统所面临的问题及对策[J]. 中国给水排水，2002，

[136] 周建军. 资源短缺条件下中国城镇可持续发展与城市规划调控综述[J]. 上海城市规划，2001，（000）005.

[137] 朱东海. 神经网络用于给水管网模拟试验时的构造参数设计[J]. 给水排水，2001，27（2）：10–13.

[138] 朱长文. 吴郡图经续记[M]. 南京：江苏古籍出版社，1986.

[139] 住房和城乡建设部. 中国城市建设统计年鉴2006[M]. 北京：中国计划出版社，2006.

[140] 住房和城乡建设部. 中国城市建设统计年鉴2010[M]. 北京：中国计划出版社，2010.

[141] 住房和城乡建设部. 中国城市建设统计年鉴2015[M]. 北京：中国计划出版社，2015.

[142] 住房和城乡建设部. 中国城市建设统计年鉴2020[M]. 北京：中国计划出版社，2020.

[143] 住房和城乡建设部城市建设司相关负责人. 解读《关于加强城市地下市政基础设施建设的指导意见》[J]. 城市道桥与防洪，2021（05）：321–322.

[144] CLC: Center for Livable Cities. The active, beautiful, clean waters programme: water as an environmental asset[M]. 1st ed. Singapore: CLC, 2017: 1–93.

[145] Dufour A P. Health effects criteria for fresh recreational waters. EPA–600/1–84–004[M]. Cincinnati: US Environmental Protection Agency, 1984.

[146] e–Gov電子政府の総合窓口. 日本法律数据库[DB/OL]. 2019. https://www. e–gov. go. jp/law/.

[147] Fletcher T D, Shuster W, Hunt W F, et al. SUDS, LID, BMPs, WSUD and more–The evolution and application of terminology surrounding urban drainage[J]. Urban Water Journal, 2014, 12(7): 525–542.

[148] Haas C N, Rose J B, Gerba C P. Quantitative microbial risk assessment[M]. New York: John Wiley & Sons, Inc., 1999.

[149] Low Impact Development (LID), US. EPA[S/OL]. http://www. epa. gov/owow/nps/lid.

[150] Rogers P. Integrated urban water resources management. In: Proceedings of Natural Resources Forum. New York: Wiley Online Library, 1993.

[151] Rossman L A, Supply W. Storm Water Management Model, Quality Assurance Report: Dynamic Wave Flow Routing[M]. US Environmental Protection Agency, Office of Research and Development, National Research Management Research Laboratory, 2006.

[152] Sakarya B A，Mays L W. Optimal operation of water distribution pumps considering water quality[J]. Water

技术研究与应用 城市水系统规划建设

Resour Plng and Mgmt, 2000, 126(4): 210–220.

[153] Seyfried P L, Tobin R S, Brown N E, et al. A prospective study of swimming–related illness II. Morbidity and the microbiological quality of water [J]. American Journal of Public Health, 1985, 75(9): 1071–1075.

[154] USEPA. Risk Assessment Guidance for Superfund Volume I Human Health Evaluation Manual (PartA). EPA/540/1–89/002[M]. Washington, D.C.: USEPA, 1989.

[155] Wallingford H. The SUDS manual[G]. London:Environment Agency, 2007.

[156] Yacov Y H, Nicholas C M, James H L, et al. Reducing vulnerability of water supply to attack[J]. Journal of Infrastructure System, 1998, 4(4): 164–177.

[157] 東京都総務局人事部．職員定数の概要[EB/OL]．2019. https://www. soumu. metro. tokyo. lg. jp/03jinji/teisu. html.